Biología Molecular y Celular. Volumen I

Técnicas y fundamentos

Biología Molecular y Celular.
Volumen I

Técnicas y fundamentos

Juan Peragón Sánchez y M.ª Ángeles Peinado Herreros (eds.)

UJA EDITORIAL

Biología Molecular y Celular. Volumen 1, Técnicas y fundamentos / Juan Peragón Sánchez y Mª Ángeles Peinado Herreros (eds.) -- Jaén : Editorial Universidad de Jaén, 2019. -- (Ciencias Experimentales. Avances recientes ; 1)

208 p. ; 17 x 24 cm

ISBN 978-84-9159-208-2

1. Ciencias de la Salud I. Peragón Sánchez, Juan , ed.lit. II. Peinado Herreros, María de los Ángeles, ed.lit. III. Jaén. Editorial Universidad de Jaén, ed.

577.2

Esta obra ha superado la fase previa de evaluación externa realizada por pares mediante el sistema de doble ciego

Colección: Ciencias Experimentales
Directora: M.ª Ángeles Peinado Herreros

Serie: *Avances recientes, 1*

Primera edición, marzo 2019
ISBN: 978-84-9159-208-2
Depósito Legal: J-134-2019

Edita
Editorial de la Universidad de Jaén
Vicerrectorado de Proyección de la Cultura y Deportes
Campus Las Lagunillas, Edificio Biblioteca
23071 Jaén (España)
Teléfono 953 212 355
web: editorial.ujaen.es

editorial@ujaen.es

Diseño y maquetación
Yerro Servicios Editoriales

Imprme
Gráficas «La Paz» de Torredonjimeno, S. L.

Impreso en España/*Printed in Spain*

Contenido

Prólogo

Juan Peragón Sánchez, M.ª Ángeles Peinado Herreros
Editores

La investigación que se realiza actualmente en las áreas de Biología Molecular y Celular está orientada a la resolución de los principales problemas sanitarios de nuestra sociedad y a la obtención de nuevas herramientas tecnológicas con proyección en el ámbito farmacéutico-sanitario, agrícola, ganadero, industrial y ambiental.

El objetivo de esta obra es doble. En primer lugar, difundir la investigación que se realiza en estos campos en nuestra universidad y entidades colaboradoras y, en segundo, escribir un texto que pueda servir como obra de referencia para los alumnos del Máster Universitario en Biotecnología y Biomedicina por la Universidad de Jaén.

Concretamente, este volumen está dedicado a describir técnicas y fundamentos de biología molecular y celular en los que la contribución particular de los integrantes de los grupos de investigación implicados en dicho máster es muy destacada.

En el primer capítulo se describen las técnicas de microscopía más actuales y su uso como herramientas para localizar y analizar moléculas o estructuras celulares. El Dr. Juan Ángel Pedrosa Raya y sus colaboradores describen las técnicas inmunocitoquímicas a microscopía óptica, de fluorescencia, confocal y a microscopía electrónica y sus aplicaciones.

En el segundo capítulo se describen las herramientas de bioinformática que se utilizan para el análisis de datos procedentes de tecnologías de análisis masivo de proteínas o ácidos nucleicos. El Dr. Francisco Esteban Ruiz y sus colaboradores describen los principales programas informáticos utilizados, con ejemplos concretos que permiten entender la Biología de Sistemas como herramienta de integración y diagnóstico.

En el tercer capítulo, el Dr. Francisco Navarro Gómez y sus colaboradores explican la estructura y función de las subunidades comunes, presentes en las ARN polimerasas de células eucariotas. Estas enzimas son las responsables de la transcripción de la información genética, y en la regulación de su actividad descansa, en gran medida, la regulación de la expresión génica.

En el cuarto capítulo, el Dr. Diego Franco Jaime y sus colaboradores se centran en la descripción de los microARNs y su función durante la cardiogénesis. Son ARNs pequeños no codificantes que regulan la expresión génica de múltiples procesos biológicos en diferentes órganos y tejidos. En este trabajo se describen los microARNs implicados en las diferentes etapas del desarrollo cardiaco y en patologías asociadas.

A continuación, en el quinto capítulo, el Dr. Juan Bautista Barroso Albarracín y colaboradores describen la función del óxido nítrico como modulador del estrés celular y su contribución a la generación y regulación de procesos de carácter patológico en sistemas animales. El óxido nítrico, además de estar implicado en sistemas de señalización celular, puede originar modificaciones funcionales de proteínas y de otras moléculas implicadas en múltiples procesos celulares.

Por último, en el sexto capítulo, el Dr. Francisco Luque Vázquez y colaboradores describen la biología y métodos de detección temprana de la verticilosis del olivo, una de las principales enfermedades que actualmente afecta a este cultivo. Se describe el agente que la produce, la interacción entre el hongo y la planta, aquellos factores asociados a la tolerancia o susceptibilidad varietal a esta enfermedad, así como los métodos de diagnóstico más novedosos.

Como editores de esta obra esperamos que sea útil a los objetivos propuestos, subrayando muy especialmente la contribución de los grupos de investigación de la universidad de jaén al conocimiento y difusión de la ciencia, en un campo de tanto interés y actualidad como es el de la biología molecular y celular.

Localización y análisis de moléculas o estructuras celulares mediante distintos tipos de microscopía

Juan Ángel Pedrosa Raya, Raquel Hernández Cobo*, Eva Siles Rivas*, Esther Martínez-Lara*, Santos Blanco Ruíz*, María Luisa del Moral Leal*, Alma Rus Martínez***, Francisco Javier Molina Ortega**, María Ángeles Peinado Herreros**

* Departamento de Biología Experimental, Universidad de Jaén; ** Departamento de Fisioterapia, Universidad de Jaén; *** Departamento de Biología Celular, Universidad de Granada

jpedrosa@ujaen.es

Resumen

Desde mediados del siglo pasado y hasta la actualidad, los investigadores en diferentes campos de las ciencias de la vida han llegado a disponer de un amplio abanico de técnicas, mediante las cuales han podido conocer detalladamente la estructura celular, así como identificar la ubicación exacta en un determinado compartimento celular de prácticamente cualquier molécula de interés biológico. Tal tecnología carecería de utilidad si no se acompañara con el empleo de instrumentos de visualización adecuados, como son los microscopios. La observación de las muestras con cada uno de sus variados tipos aporta una información siempre diferente, pero a la vez complementaria, de las estructuras biológicas. Por otra parte, no solo es importante conocer la localización concreta de las estructuras y moléculas que las componen, sino también cuantificar su expresión, tanto en condiciones normales como experimentales, mediante el uso de aplicaciones informáticas al efecto (programas de análisis de imagen).

En cuanto a las técnicas descritas, destacan las inmunocitoquímicas, de aplicación para microscopía óptica convencional, de fluorescencia, confocal y las más actuales de superresolución (STORM y STED), además de la microscopía electrónica. Un interesante aspecto de estas técnicas, que permite estudiar las interrelaciones entre dos o más moléculas en el contexto celular y tisular, es el de su colocalización en la misma muestra, a través de los distintos tipos de microscopios. Por otro lado, la transferencia óptico-electrónica permite la observación del mismo campo de una muestra, primero con el microscopio óptico y luego con el electrónico, sirviendo así de eficaz enlace en el estudio con ambos instrumentos.

Palabras clave: inmunocitoquímica, análisis de imagen, microscopios

Abstract

Since the middle of the last century to the present day, researchers in different fields of life sciences have at their disposal a wide range of techniques that have allowed to know in detail the cell structure and to identify the exact location in a particular cell compartment of practically any molecule of biological interest. For this technology to be useful, it must be accompanied by suitable visualization instruments, such as microscopes. The observation of the samples with each type of microscope provides a different but complementary information of the biological structures. It is not only important to know the specific location of structures and molecules inside cells or tissues, but also to quantify their expression, both in normal and experimental conditions, through the use of image analysis software.

Concerning the previously mentioned techniques, we will focus on the immunocytochemistry, which can be used for conventional light microscopy, fluorescence microscopy, confocal microscopy and the most current superresolution microscopy (STORM and STED), as well as for electron microscopy. Interestingly, the immunocytochemistry allow to study the interrelations between two or more molecules inside a cell or a tissue, using the different types of microscopes, through their colocalization in the same sample. On the other hand, the optical-electronic transfer allows to observe the same field of a sample, first with the optical microscope and then with the electronic microscope, thus serving as an effective link for the study of a sample with both instruments.

Keywords: *immunocytochemistry, image analysis, microscopes*

Introducción

Desde mediados del siglo pasado y hasta la actualidad, los investigadores en diferentes campos de las ciencias de la vida han llegado a disponer de un amplio abanico de técnicas, mediante las cuales han podido conocer detalladamente la estructura celular, así como identificar la ubicación exacta en un determinado compartimento celular de prácticamente cualquier molécula de interés biológico. Tal tecnología carecería de utilidad si no se acompañara con el empleo de instrumentos de visualización adecuados, como son los microscopios. La observación de las muestras con cada uno de sus variados tipos aporta una información siempre, diferente pero a la vez complementaria, de las estructuras biológicas. En el presente capítulo se estudiarán algunas de las mencionadas técnicas, concretamente aquellas que tienen su base en las reacciones inmunohistoquímicas, dada su extremada especificidad en la detección de múltiples moléculas presentes en los diferentes compartimentos celulares y tisulares. Los productos de tales reacciones pueden visualizarse a través de cualquier modelo de microscopio, con las consiguientes ventajas en cuanto al tipo de información suministrada en cada caso. Por ello se tratarán por separado las técnicas referidas a la microscopía de luz, por un lado, y a la electrónica, por otro. Igualmente, y dado que no solo es importante conocer la localización concreta de las estructuras y moléculas que las componen, sino también cuantificar su expresión, se tratará además del uso de aplicaciones informáticas (*programas de análisis de imagen*) capaces de llevar a cabo este cometido.

Técnicas inmunohistoquímicas

Se basan en la existencia de dos tipos de moléculas presentes habitualmente en los seres vivos (*anticuerpos* y *antígenos*) y su capacidad para unirse específicamente entre sí, dando un *complejo antígeno-anticuerpo*. Tal complejo puede visualizarse, bien directamente o tras su unión a determinados marcadores que lo ponen en evidencia a través de los diferentes microscopios. Concretamente, estas técnicas tratan de conocer la ubicación a nivel celular de cualquier compuesto biológico con carácter antigénico, por su capacidad de unirse a un anticuerpo específico que se pone en contacto con una muestra obtenida del individuo, durante el tiempo y a la concentración necesaria para que se produzca el citado complejo de unión. Cuando posteriormente sea observada al microscopio la muestra, según el tipo de marcaje empleado, se hará perfectamente visible la localización exacta de la molécula problema, pudiendo incluso cuantificarse su expresión. En el caso de la microscopía de luz y dada la alta especificidad de la reacción, solamente se observarán las estructuras marcadas, permaneciendo el fondo transparente, siendo necesaria la aplicación de colorantes convencionales (*tinción de contraste*) para la oportuna orientación topográfica con el resto de componentes tisulares. En la **Figura 1** se presentan varios ejemplos de los resultados obteni-

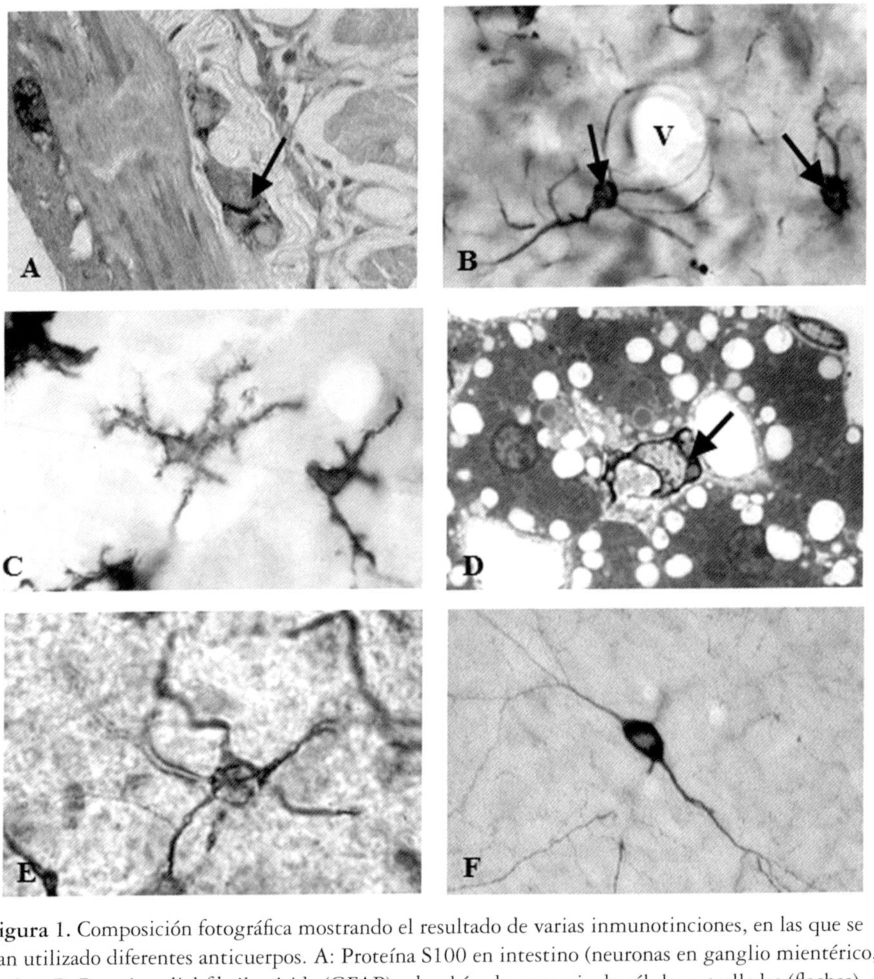

Figura 1. Composición fotográfica mostrando el resultado de varias inmunotinciones, en las que se han utilizado diferentes anticuerpos. A: Proteína S100 en intestino (neuronas en ganglio mientérico, flecha). B: Proteína glial fibrilar ácida (GFAP) sobre hígado, marcaje de células estrelladas (flechas) en torno a un vaso sanguíneo (V). C: Receptor de hormona concentradora de melanina (MCH-II) sobre hígado, marcaje de células de Kupffer. D: glutation S transferasa (GST7) sobre corte semifino de hígado, contrateñido con azul de toluidina, marcaje en negro de célula estrellada (flecha) (preparación procedente de transferencia óptico electrónico; explicación en el texto). E: vimentina sobre hígado, contrateñido com hematoxilina, marcaje de célula estrellada. F: isoforma neuronal de óxido nítrico sintetasa, sobre cerebro, marcaje de neurona.

dos con este tipo de técnicas a nivel de microscopía de campo claro. Existe una abundante literatura, a la cual se remite al lector, donde se recogen los detalles de estas metodologías (Peinado *et al.*, 1996; Polak y Van Noorden,1997; Martín-Lacave, García-Caballero, 2012; Burry, 2010; Polak y Priestley, 1992), exponiéndose a continuación solo algunos aspectos generales de los protocolos, no sin antes dar una breve idea de qué es un anticuerpo y cuáles son sus tipos.

Estructura de un anticuerpo

Se trata de macromoléculas del tipo de las inmunoglobulinas G (IgG), formadas por dos cadenas ligeras y otras dos pesadas, ambas idénticas entre sí y unidas por puentes disulfuro, adoptando una forma de Y (**Figura 2**). Cada cadena presenta una *región variable*, con una secuencia de aminoácidos típica del anticuerpo en cuestión, a través de la cual se establece la unión con los *epítopos* o determinantes antigénicos en el tejido, y una *región constante*, característica de la especie que corresponda. Cuando la molécula de anticuerpo se degrada enzimáticamente, se descompone en dos fragmentos: *Fab*, conteniendo las regiones variables, y *Fc*, incluyendo las fijas.

En la puesta a punto de cualquier técnica inmunohistoquímica, una vez elegida la molécula con poder antigénico cuya ubicación se quiere determinar, es necesario ante todo disponer de un anticuerpo que se una específicamente a los epítopos existentes en el tejido. Para ello se utiliza un animal de experimentación,

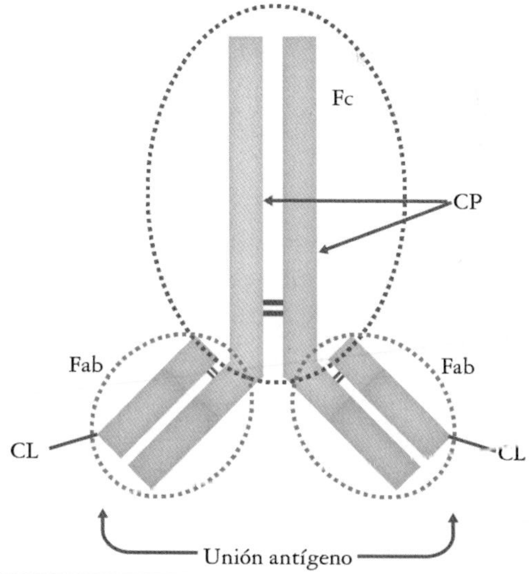

Figura 2. Representación esquemática de una molécula de anticuerpo, donde aparecen las cadenas pesadas (CP) y las ligeras (CL), de menor tamaño, unidas por puentes disulfuro (pequeños segmentos). Se indican también las zonas de unión con el antígeno complementario, así como las regiones Fc y Fab (en líneas de puntos). Las regiones constantes de cada cadena aparecen en azul (gris claro) y las variables, en gris oscuro.

al cual se inyecta la molécula con poder antigénico, con la finalidad de que su sistema inmunológico produzca el anticuerpo esperado. No obstante, existen dos tipos posibles de anticuerpos a obtener: *policlonales* y *monoclonales*.

Anticuerpos policlonales

Su obtención es básicamente como se ha comentado antes: inyección del antígeno a un animal (conejo, cabra, oveja, ratón son los más utilizados), con lo que éste queda inmunizado. Posteriormente se hacen otras dos inmunizaciones a intervalos de tiempo determinados, con lo que se consigue finalmente una alta concentración en plasma sanguíneo del anticuerpo deseado, el cual habrá de ser separado y purificado de la sangre extraída al animal. Se trata de un anticuerpo policlonal, puesto que realmente es una mezcla de distintos anticuerpos frente a diferentes epítopos del mismo antígeno, cada uno derivado de un clon de linfocitos B, las células responsables de su producción.

Anticuerpos monoclonales

El procedimiento de extracción, más complejo que en el caso anterior, fue puesto a punto por Köhler y Milstein (Premios Nobel de Medicina y Fisiología en 1985). Se inicia con la inyección al animal de experimentación del antígeno complementario al anticuerpo que se quiere obtener. Seguidamente, se extrae el bazo del animal y una suspensión de los linfocitos B que contiene, capaces de producir anticuerpos específicos frente diferentes epítopos del antígeno utilizado en la inmunización. A continuación, mediante técnicas de ingeniería genética, se fusionan dichos linfocitos con una suspensión de células de un tumor (mieloma) procedentes de un cultivo. De esta forma, aislados en un medio de selección, se obtienen *hibridomas*, células capaces de crecer de forma indefinida, produciendo un único tipo de anticuerpo, ya que proceden de un solo clon de linfocitos B (monoclonal). Estos anticuerpos gozan de una mayor especificidad que los policlonales, puesto que reconocen un solo epítopo, y no varios como aquellos.

Métodos inmunohistoquímicos para microscopía óptica

Según su mayor o menor complejidad, estas técnicas pueden ser de dos tipos: directas o indirectas, según que se utilice una sola molécula de anticuerpo (primario) o dos o más que luego se unirán entre sí (secundario, terciario).

Métodos directos

Consisten en una reacción de un único paso, en el que un anticuerpo que ha sido marcado tras su obtención (*primario*) se une, a través de la zona de unión de su molécula, con el correspondiente determinante antigénico presente en las células o tejidos. El marcaje se hace uniendo el anticuerpo a sustancias que hagan visible al microscopio el complejo de unión epítopo-anticuerpo, tales como fluorocromos, materiales radioactivos, enzimas, etc. (**Figura** 3).

En estos métodos, al igual que en los indirectos, que se expondrán a continuación, es imprescindible la realización de *controles* para tener la seguridad de que el resultado observado obedece a la reacción esperada y no a uniones inespecíficas que den falsos positivos. Dichos controles consisten en la omisión de alguno de los pasos de la reacción (*negativos*) o en el procesado de muestras donde se sabe con seguridad que existe el antígeno buscado (*positivos*). Es habitual llevar a cabo de forma previa a la reacción inmunohistoquímica el tratamiento con un detergente que abra poros en las membranas celulares para facilitar el paso de los anticuerpos. También es importante el cálculo previo de la dilución más idónea en tampón del anticuerpo marcado para obtener una señal óptima. Si esta dilución no es la

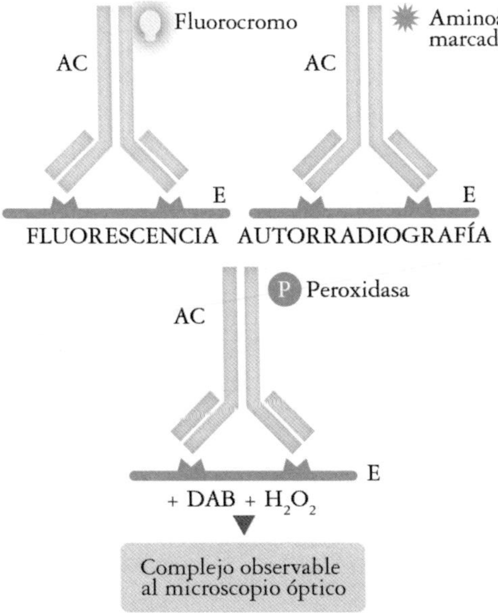

Figura 3. Esquema de un método inmunocitoquímico directo, utilizando un anticuerpo primario (AC), unido a diferentes marcajes (flouorocromo, compuesto marcado radiactivamente o peroxidasa), el cual se une específicamente al epítopo situado en el tejido (E), dando una señal visible al microscopio de fluorescencia u óptico, según cada caso.

adecuada, no se obtendrá la intensidad necesaria en la reacción de inmunotinción o esta será demasiado intensa, ocasionando un fondo inespecífico en la preparación histológica obtenida. En el procedimiento general de preparación de las muestras, antes de ponerlas en contacto con el anticuerpo, es necesario tener en cuenta factores que intervienen en el proceso, tales como el tipo de fijador utilizado (algunos pueden afectar a la antigenicidad del tejido, disminuyendo o eliminando la señal) o el uso de determinados medios habituales de inclusión como la parafina, que necesita altas temperaturas que podrían afectar también a la antigenicidad.

Métodos indirectos

Además del anticuerpo primario, se utilizan uno o dos más (*secundario*, *terciario*), marcado el último de ellos, que se van uniendo entre sí, hasta dar un complejo final de elevado tamaño que incrementa la señal inmunohistoquímica. El anticuerpo secundario se habrá producido en un animal diferente al del primario, mientras que, si se usa un terciario, este volverá a estar desarrollado en la misma especie que el primario. En caso de utilizarse tres anticuerpos, el secundario estará a una dilución baja con respecto al primario para evitar que sus dos regiones Fab se unan al primario y quede una libre que lo haga con el terciario. Frente a los métodos directos, tienen la ventaja de amplificar la señal inicial, como ya se ha comentado, pues a cada anticuerpo primario se unen varios secundarios, con lo que al final se origina mayor cantidad de producto de reacción, siendo por esta razón los procedimientos más utilizados.

Como ejemplo de un método indirecto con tres anticuerpos se describe a continuación el que utiliza la enzima peroxidasa, procedente del rábano picante, la cual se utiliza luego para poner en evidencia (*revelar*) la señal visible del complejo de unión, mediante una reacción de tipo histoquímico. Los pasos a seguir son los siguientes (**Figura** 4):

1. Bloqueo previo de la peroxidasa endógena existente de forma natural en el tejido, añadiendo el sustrato de la enzima (agua oxigenada).
2. Incubar con el anticuerpo primario contra el antígeno que se quiere demostrar, obtenido por ejemplo en conejo, durante el tiempo y a la dilución previamente establecidos.
3. Incubar con el anticuerpo secundario, complementario al primario, obtenido en diferente especie que este (oveja).
4. Incubar en el anticuerpo terciario, obtenido en conejo, contra el secundario y marcado con el complejo peroxidasa-antiperoxidasa, *PAP*.
5. Revelado mediante una reacción histoquímica de oxidación-reducción, añadiendo agua oxigenada que se reduce, en presencia de un donador de

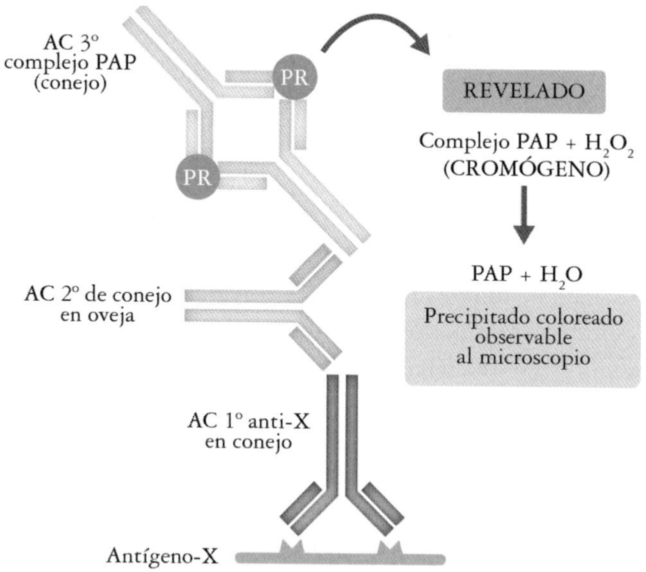

Figura 4. Esquema simplificado del método indirecto con peroxidasa-antiperoxidasa. Se utilizan sucesivamente tres anticuerpos. El revelado del complejo final PAP se lleva a cabo con agua oxigenada en presencia de un cromógeno (DAB), lo cual da un precipitado de color marrón, visible al microscopio, quedando libre el complejo PAP para poder intervenir en otra reacción, amplificándose así la señal.

electrones (*cromógeno*), que se oxida, dando un producto coloreado y agua. Uno de los cromógenos más utilizados es la diaminobencidina (*DAB*), que al oxidarse pasa de incoloro a un marrón característico, visible al microscopio. Este paso permite amplificar la reacción, ya que el producto final se recupera de nuevo tras la formación del complejo coloreado y puede reaccionar de nuevo con más cromógeno y agua oxigenada.

6. En caso de que la señal obtenida no sea muy intensa, puede recurrirse a una intensificación de la misma mediante un tratamiento posterior al revelado a base de sulfato de níquel, cloruro de amonio, D-glucosa y DAB. Seguidamente, se añade glucosa oxidasa, la cual provoca un viraje del color marrón al azul intenso.

Otro procedimiento indirecto utilizado también frecuentemente es el que se basa en el empleo de un complejo avidina-biotina (ambas sustancias presentes, respectivamente, en la clara y la yema de huevo). También se utiliza un anticuerpo primario contra el antígeno a determinar, con el que se incuba la muestra. Luego se vuelve a incubar con un secundario desarrollado contra el primario, unido a biotina, y finalmente se pone la muestra en contacto con una mezcla de avidina y biotina (complejo) unida a peroxidasa. El revelado se lleva a cabo como en el caso anterior, utilizando DAB u otro cromógeno. La eficacia de este método reside en su gran poder de amplificación de la señal en el tejido, dado el gran número de complejos de avidina conjugada a peroxidasa que se forman.

Tipos de marcaje utilizado

Tanto en los métodos inmunocitoquímicos directos como en los indirectos, se pueden utilizar diferentes tipos de marcador (molécula que se une al último anticuerpo para suministrar una señal visible en según qué tipo de microscopio). Los más utilizados son diferentes enzimas, flouorocromos o sustancias radiactivas.

Marcaje enzimático: se emplea una enzima unida a uno de los anticuerpos, la cual reaccionará después con su sustrato específico, en presencia de un cromógeno, para dar un precipitado coloreado, observable al microscopio. Suele utilizarse en métodos indirectos y se ha descrito en el apartado anterior (técnicas de peroxidasa, glucosa oxidasa o fosfatasa alcalina).

Marcaje con fluorocromos: en este caso, el último anticuerpo de la reacción se une con una molécula (*fluorocromo*) capaz de emitir fluorescencia visible cuando se excita con una radiación luminosa de una determinada longitud de onda. Existe en el mercado un amplio abanico de estas sustancias, las cuales se diferencian por sus espectros de absorción y emisión y los variados colores de la fluorescencia emitida, tales como *FITC* (isotiocianato de fluoresceína, verde), *TRICTC* (isotiocianato de rodamina, rojo), *DAPI* (diaminofenil indol, azul), *GFP* (proteína verde fluorescente), *RODAMINA* (rojo), etc. Para este tipo de marcaje es necesario contar con un microscopio de fluorescencia o de tipo confocal, los cuales disponen de una fuente de iluminación de longitud de onda controlada (un láser en el confocal) y los correspondientes filtros de excitación y barrera adecuados al tipo de fluorocromo empleado. Hay que tener en cuenta, por un lado, la elevada sensibilidad de este procedimiento y, por otro, la atenuación de la señal fluorescente con el tiempo, por lo que las preparaciones no son en modo alguno permanentes y no deben exponerse a la luz. (**Figura** 5).

En la última década se han desarrollado nuevos tipos de microscopios de fluorescencia que permiten la localización y perfecta visualización de estructuras marcadas con una resolución mucho mayor que la convencional para microscopía óptica (*superresolución, MSR*). Estas técnicas fueron desarrolladas principalmente por E. Betzig, S. Hell y W.E. Moerner (Lippincott-Schwartz, 2015), por lo que obtuvieron el Nobel de Química en 2014, suponiendo una auténtica revolución en el concepto de resolución en microscopía óptica. Hasta ese momento y desde que en 1873 fuera establecido por Abbe, se sabía que la capacidad de distinguir entre dos objetos muy próximos mediante un microscopio (*poder de resolución*) estaba limitada por la longitud de onda del sistema de iluminación y la apertura numérica del objetivo, en unos 200 nm, cifra que la MSR ha rebajado hasta menos de 20 nm. De esta forma pueden distinguirse con absoluta nitidez (algo poco usual en la microscopía de fluorescencia convencional) estructuras subcelulares en un solo plano o en reconstrucción tridimensional (**Figura 6**). Básicamente existen dos tipos de

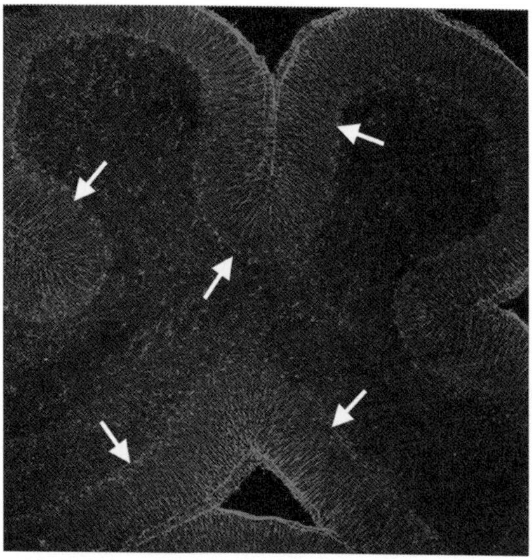

Figura 5. Sección de cerebelo marcada con dos fluorocromos unidos a sendos anticuerpos: contra la isoforma inducible de la óxido nítrico sintasa (iNOS, fluorescencia rojo) y contra la proteína glial fibrilar ácida (GFAP, fluorescencia en verde), observada a bajo aumento. Pueden apreciarse varias laminillas de la corteza cerebelosa, mostrando las células de Purkinje (flechas) y gran cantidad de prolongaciones gliales, en verde.

Figura 6. Composición mostrando dos dibujos que representan lo que en la realidad serían orgánulos celulares (citoesqueleto, marcado con fluorocromo verde, y vesículas intracelulares, marcadas con fluorocromo rojo) tal como se observarían con fluorescencia convencional (izquierda) y microscopía de superresolución (derecha). Nótese la marcada diferencia de resolución entre ambas imágenes.

MSR: microscopía de reconstrucción óptica estocástica (*STORM*) y de agotamiento estimulado por emisión (*STED*) (Tam y Merino, 2015). La primera consiste en activar la fluorescencia "iluminando" un reducido grupo de moléculas, obteniéndose una imagen nítida de las mismas. Sucesivamente se "apagan" o inactivan estas, activándose otro grupo y obteniendo la correspondiente imagen. Finalmente se suman o compilan todas estas imágenes, dando una final a resolución nanométrica. La técnica *STED* se basa en iluminar la muestra con dos láseres: el primero genera una imagen de fluorescencia convencional con su halo de difracción alrededor, responsable de su falta de nitidez, y el segundo elimina o desactiva precisamente ese halo dejando solo la imagen perfectamente enfocada.

Marcaje radioactivo: consistente en inyectar un precursor radioactivo de la molécula del anticuerpo a utilizar, habitualmente un aminoácido, al animal del que se obtendrá dicho anticuerpo. Una vez incorporado el precursor a través de la correspondiente vía biosintética y tras producirse la reacción inmunohistoquímica, se podrá detectar su presencia mediante procedimientos de *autorradiografía*. Ello requiere el empleo de una emulsión fotográfica colocada sobre la muestra y sensible a las radiaciones emitidas por la sustancia radiactiva, que, una vez revelada como si de una película fotográfica se tratase, muestra depósitos de plata sobre los lugares del tejido donde se localizaba el producto de reacción. Los resultados pueden observarse al microscopio, previa tinción de contraste para la necesaria orientación topográfica. Aparte de su gran sensibilidad, este método presenta el inconveniente del elevado coste del material y la necesidad de disponer de instalaciones especiales para su utilización.

Inmunotinción múltiple

Los métodos anteriormente descritos, tanto directos como indirectos, permiten en principio la detección de cualquier tipo de sustancia con poder antigénico en la muestra. No obstante, existe la posibilidad, con cualquiera de ellos, de determinar la presencia de dos o incluso más sustancias con cualquiera de estas técnicas, siempre y cuando se utilicen diferentes anticuerpos contra cada una de ellas, marcados de tal manera que las señales sean perfectamente diferenciables al microscopio. De esta forma, en un mismo territorio celular o tisular puede demostrarse la ubicación de dos o más antígenos (*colocalización*), tanto en condiciones normales como experimentales, al observar directamente la superposición o mezcla de los marcajes utilizados. Igualmente, como se verá más adelante y mediante técnicas de análisis de imagen, se puede cuantificar en qué medida hay una expresión mayor o menor de ambas moléculas en un mismo campo del microscopio.

En el caso de marcaje enzimático, si se trata de colocalizar dos antígenos diferentes, se puede utilizar una combinación de las técnicas con avidina y biotina y peroxidasa-antiperoxidasa, métodos indirectos descritos anteriormente, para dos anticuerpos primarios contra cada uno de los dos antígenos a localizar. Será necesario realizar la inmunotinción completa sucesivamente para cada uno de los dos anticuerpos, variando el tipo de revelado final. El primer anticuerpo se revela en presencia de algún cromógeno como el níquel, níquel y cobalto o bencidina, mientras que el segundo se revela con DAB. La localización del primer anticuerpo presentará un marcaje en azul y la del segundo, marrón, ambos perfectamente distinguibles al microscopio óptico, aunque se superpongan uno al otro. A un resultado similar se llegaría empleando un doble marcaje inmunocitoquímico e histoquímico, como es el caso que se muestra en la **Figura** 7, empleando un anticuerpo contra la isoforma neuronal de la óxido nítrico sintasa (marcaje en color marrón) y una reacción histoquímica para evidenciar la actividad diaforasa (marcaje en color azul).

Para los métodos de marcaje con fluorocromos, el procedimiento consistiría en utilizar dos diferentes que diesen un color distinto de fluorescencia, uno para cada anticuerpo complementario al antígeno a localizar. En este caso el procedimiento, directo o indirecto, es simultáneo para los dos anticuerpos, siendo al observar con el microscopio de fluorescencia o confocal a través de los filtros de excitación específicos cuando se evidenciarán las dos señales con sus colores correspondientes. En caso de que haya coexistencia de ambas señales en el mismo compartimento celular o tisular, al superponer las imágenes obtenidas para cada fluorocromo, se observará en dichas zonas una mezcla más o menos intensa de los dos colores (**Figura 8**).

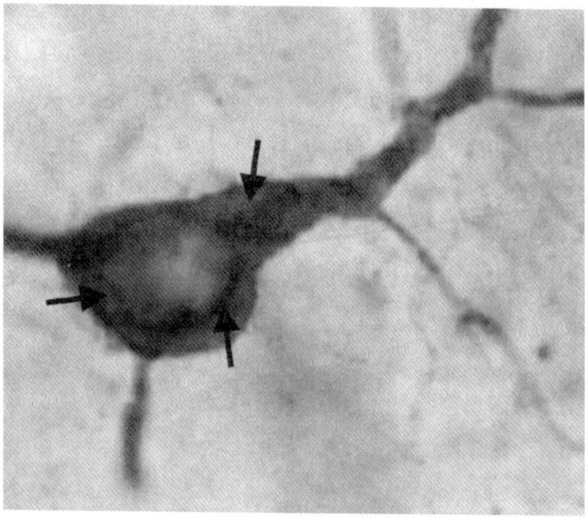

Figura 7. Doble marcaje inmunocitoquímico e histoquímico sobre una preparación de cerebro, con un anticuerpo contra la isoforma neuronal de la óxido nítrico sintasa (marcaje en color marrón) y la actividad diaforasa (marcaje en color azul). Ambos marcajes colocalizan en el soma neuronal, preferentemente alrededor del núcleo (flechas), aunque el segundo queda algo enmascarado por el marrón de fondo.

Inmunohistoquímica para microscopía electrónica

En principio, cualquiera de los métodos expuestos en el apartado anterior puede utilizarse con el material destinado a este tipo de microscopía, con excepción del marcaje con fluorocromos, que necesita específicamente de un microscopio de fluorescencia o de un confocal. En todos los casos, es imprescindible que el producto de la reacción inmunocitoquímica sea electrondenso, circunstancia que suele cumplirse en el caso de los marcajes enzimático y radioactivo. Además, y dado el mayor poder de magnificación disponible, se tiene la ventaja frente a la microscopía óptica de poder localizar con precisión a nivel ultraestructural la sustancia objeto de estudio.

Hay que tener en cuenta que alguno de los agentes utilizados en el protocolo especial de preparación de muestras para el microscopio electrónico puede causar problemas que afecten al buen resultado de la técnica (Renau y Megías, 1998). Por ejemplo, en el paso previo de la fijación, determinados fijadores pueden mermar la capacidad antigénica del tejido, por lo que habría que sustituirlos por otros más adecuados, como el paraformaldehído o alguna mezcla de este y glutaraldehído a baja concentración. Igual sucede con otros reactivos empleados en otras etapas del proceso de preparación de la muestra, como es el caso del tetróxido de osmio, usado habitualmente como postfijador y medio de contraste, con acción también considerable sobre los antígenos tisulares, por lo que habría que minimizar en este caso su concentración y tiempo en contacto con el tejido. Otro inconveniente puede derivarse de la dificultad de penetración de macromoléculas como los anticuerpos a través de las membranas celulares. En el caso

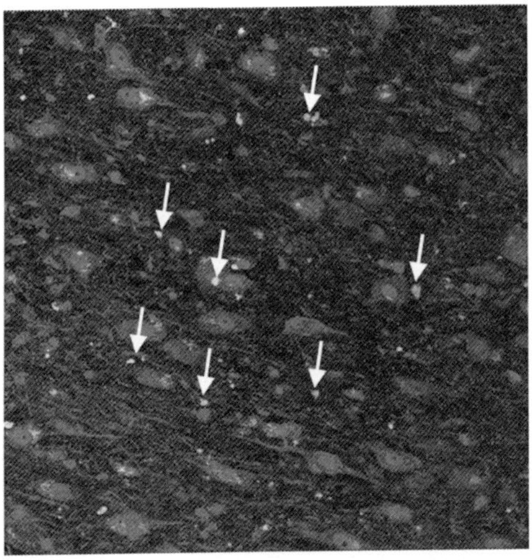

Figura 8. Sección de cerebelo, observada a gran aumento, marcada con dos fluorocromos unidos a sendos anticuerpos: contra la isoforma endotelial de la óxido nítrico sintasa (eNOS, fluorescencia en rojo) y contra nitrotirosina (NTyr, fluorescencia en verde). Las zonas con colocalización de ambos anticuerpos (fino punteado más claro, flechas) aparecen en color anaranjado o amarillo, dependiendo de la intensidad de señal de cada color.

de la microscopía óptica se usa un detergente con el anticuerpo primario para facilitar su entrada, cosa que no podría hacerse para el microscopio electrónico, ya que las membranas se verían alteradas. En su lugar se procede, después de la fijación por perfusión, postfijación y crioprotección, a sumergir la pieza de tejido durante unos segundos en nitrógeno líquido, lo cual provocará perforaciones no perceptibles en la membrana. Por último, en el momento de la inclusión en una resina epoxi, previa a la ultramicrotomía, las altas temperaturas de polimerización de la citada resina pueden también afectar a algunos antígenos. En este caso habrán de utilizarse resinas hidrófilas, de polimerización a baja temperatura (*Lowicryl*).

Marcaje con oro coloidal

Este método se emplea específicamente para la observación al microscopio electrónico de los resultados de la inmunotinción. Consiste en utilizar anticuerpos unidos por un procedimiento de adsorción a nanopartículas de oro de diferentes tamaños (5-50 nm). De esta forma, dondequiera que se localice el producto de reacción, se observarán las citadas partículas gracias a su electrodensidad, tratándose, por tanto, de un procedimiento enormemente específico y preciso. Una variante de este método consiste en utilizar la proteína A, molécula extraída de la pared celular de *Staphylococcus aureus*, capaz de unirse a la región Fc de los anticuerpos, dejando libre la Fab de estos, que se une a su vez con un determinante antigénico del tejido. Por otro lado, la proteína A va también unida a una nanopartícula de oro responsable del marcaje.

Inmunotinción múltiple

Como en el caso del microscopio óptico, también con el electrónico es posible la detección de dos o más antígenos en la misma muestra de tejido, siendo uno de los métodos de elección el anteriormente expuesto de marcaje con oro coloidal. Se emplean partículas de diferente tamaño para unirlas a los anticuerpos primarios, de tal manera que, al observar la muestra inmunomarcada al microscopio, serán visibles dichas partículas ubicadas sobre los lugares en que se ha producido la reacción (**Figura 9**). Como en otros casos, es posible determinar si existe colocalización, ahora a nivel de ultraestructura, por el acúmulo de partículas de diferente tamaño en un mismo orgánulo.

Métodos inmunohistoquímicos de uso general en microscopía electrónica

Existen dos modalidades generales de técnicas inmunocitoquímicas aplicadas al análisis ultraestructural, dependiendo de que el inmunomarcaje se lleve a cabo antes o después de la inclusión en resina de la pieza de tejido, denominadas técnicas en *preinclusión* y *postinclusión*, respectivamente. Las primeras permiten observar previamente los resultados, ya que la reacción se produce sobre cortes convencionales practicados con un vibratomo, los cuales son posteriormente incluidos en resina y observados al microscopio óptico para localizar las zonas de interés. Seguidamente, dichas zonas son recortadas de la preparación, vueltas a incluir y sometidas a ultramicrotomía para posteriormente visualizar las secciones obtenidas al microscopio electrónico. Constituyen, por tanto, un auténtico puente entre los dos tipos de microscopía, permitiendo una imprescindible orientación topográfica sobre el tejido, a la vez que una precisa localización a nivel ultraestructural de la reacción inmunohistoquímica. Por otro lado, en las técnicas en postinclusión, se llevan a cabo primero todos los pasos de preparación convencional de muestras para el microscopio electrónico hasta incluir la pieza y obtener los cortes ultrafinos. Seguidamente, sobre dichos cortes, montados sobre las rejillas portaobjetos, se realizan todos los pasos del inmunomarcaje y se observan los resultados al microscopio.

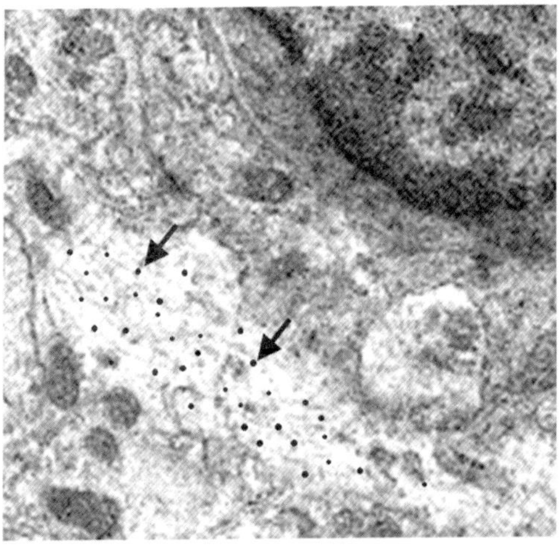

Figura 9. Simulación de un doble marcaje con oro coloidal sobre una imagen original de microscopía electrónica (cerebro). Supuestamente, como resultado de la utilización de dos anticuerpos, cada uno de ellos unido a partículas de oro coloidal de diferente tamaño, se observaría la señal de cada uno, mostrando una clara colocalización en el citoplasma (flechas).

En la práctica, cada uno de estos procedimientos tiene sus ventajas e inconvenientes. Así, la preinclusión permite detectar antígenos en bajas concentraciones que puedan verse alterados por los procesos de deshidratación, inclusión y/o polimerización de las resinas. Además, al aplicar la fijación con tetróxido de osmio después de haber realizado el inmunomarcaje y antes de la deshidratación, no se interfiere con la antigenicidad de los tejidos, por lo que permite una buena preservación de las membranas, un buen contraste en la definición de las mismas y un mayor grado de penetración de los anticuerpos. Por contra, estas técnicas se comportan peor cuando se utilizan anticuerpos con difícil capacidad de penetración en la muestra. En este caso sería necesario forzar su penetración por otros medios, como los detergentes, que comprometerían a nivel ultraestructural la correcta estructura tisular.

Por otro lado, en las técnicas de postinclusión, al realizar la inmunotinción sobre cortes ultrafinos, los anticuerpos de alto peso molecular pueden reaccionar con más facilidad con sus antígenos específicos, al no existir barreras de membrana que impidan su penetración. No obstante, este proceder ofrece algunos inconvenientes relacionados con la pérdida de antigenicidad de las estructuras celulares y tisulares, ya sea debido a la postfijación con el tetróxido de osmio, al proceso de deshidratación o a la fase de polimerización a alta temperatura de las resinas, si bien esto último podría paliarse con resinas que polimerizan a baja temperatura, como se ha indicado anteriormente.

Técnicas en preinclusión: transferencia óptico-electrónico

Técnica puesta a punto por Martínez-Murillo, Villalba y Rodrigo (1990), iniciándose como cualquier otra inmunohistoquímica convencional para microscopía óptica: perfusión con una mezcla de paraformaldehído y glutaraldehído, obtención de las piezas y postfijación por inmersión en la misma mezcla, pero sin glutaraldehído. A continuación, crioprotección de las piezas en sacarosa al 30%, lo cual las prepara para una rápida inmersión en nitrógeno líquido, con la finalidad, como se ha comentado antes, de facilitar la entrada de los anticuerpos en el tejido. Seguidamente, se procede a practicar con el vibratomo cortes de unas 40 µm de grosor y acto seguido iniciar la técnica inmunohistoquímica indirecta con peroxidasa-antiperoxidasa y revelado con DAB, tal como se ha descrito en apartado anterior. Por último, se fijan las secciones inmunomarcadas con tetróxido de osmio al 1% durante una hora, con lo que quedan listas para el procedimiento de transferencia que se describe seguidamente (**Figura 10**).

1. Deshidratación de los cortes en serie creciente de alcoholes, contraste con acetato de uranilo e inclusión en resina epoxi, según el procedimiento convencional de inclusión para microscopía electrónica, manteniéndolos en resina pura al vacío durante 12 horas para facilitar la infiltración de la misma. Durante todo el proceso hay que manejar los cortes con sumo cuidado, ya que se vuelven muy quebradizos tras su permanencia en el tetróxido de osmio.

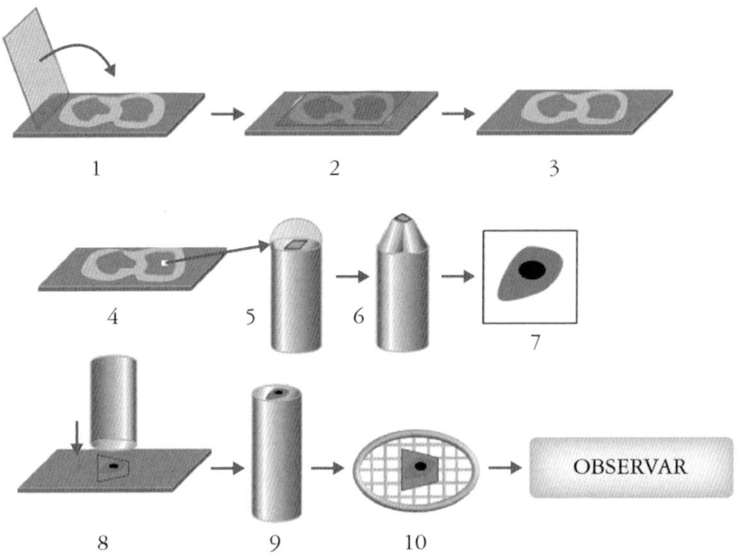

Figura 10. Esquema del proceso de transferencia óptico-electrónico: montaje en plano de los cortes sobre unas gotas de resina, taparlos con un cubreobjetos de plástico (1) y dejar polimerizar la resina en estufa (2). Despegar el cubre (3) y observar al microscopio, localizando y fotografiando las zonas de interés. Bajo la lupa (4) recortar dichas zonas y pegarlas a un molde de resina (5). Tras piramidar el molde (6), obtener cortes semifinos, teñirlos, localizar y fotografiar las zonas de interés (7). Pegar uno de estos cortes, sin teñir, con una gota de resina, directamente sobre un porta y polimerizar en la estufa (8). Tras despegar ambos (9), piramidar de nuevo, cortar directamente ultrafinos y llevarlos a las rejillas (10) para su observación al microscopio electrónico.

2. Inclusión "en plano" de las secciones en resina sobre portaobjetos, colocando un cubre de plástico termorresistente sobre las mismas como si de un cubreobjetos se tratara, y mantenerlas en la estufa a 60 °C durante 48 horas, tras lo cual puede retirarse el cubreobjetos de plástico, quedando una preparación histológica, que puede observarse perfectamente al microscopio para localizar las zonas de interés.
3. Bajo la lupa, con la ayuda de una cuchilla u otro instrumento afilado, recortar las mencionadas zonas, que previamente se habían marcado al microscopio.
4. Colocar cada una de las pequeñas piezas obtenidas sobre el extremo de sendos moldes de resina de los habitualmente usados para la inclusión en microscopía electrónica y fijarlas mediante una gota de pegamento de cianocrilato.
5. Realizar el piramidado de estos moldes (con una cuchilla, tallar un tronco de pirámide con la pieza pegada en la base superior) y cortar al ultramicrotomo secciones semifinas (1 µm de grosor), tiñéndolas mediante la técnica habitual a base de azul de toluidina, con lo que se comprueba

que están las mismas estructuras marcadas localizadas en la inclusión en plano. Seguidamente se obtendrán nuevos cortes consecutivos, los cuales no se teñirán, siendo visibles, no obstante, en ellos las zonas inmunomarcadas por su característico color marrón.

6. Reinclusión en resina de estos cortes semifinos, para lo que se colocará una gota de la citada resina sobre cada corte y luego sobre ella un molde de resina que presente la cara de contacto totalmente plana. Polimerizar en la estufa a 60 °C durante 48 horas.
7. Desprender los moldes con los cortes reincluidos de sus correspondientes portas, para lo cual se introducen en nitrógeno líquido hasta que dejen de producirse burbujas y seguidamente, con un ligero golpe, se desprende fácilmente el molde con su semifino pegado.
8. Piramidar de nuevo y practicar ahora cortes ultrafinos, colocarlos sobre una rejilla, teñir con citrato de plomo y observar al microscopio electrónico las mismas zonas que previamente se habían localizado al óptico y en las que aparecerán las estructuras marcadas, con el precipitado electrodenso del producto de reacción (**Figura 11**).

Técnicas en postinclusión

Pueden realizarse marcajes sencillos o múltiples (con dos anticuerpos frente a sendos antígenos diferentes), mediante métodos indirectos, utilizando siempre el oro coloidal o la proteína A unida al oro coloidal como marca visible al microscopio electrónico, dada la electrodensidad característica de las partículas de este metal.

Los primeros pasos de la técnica serán los comúnmente usados para la preparación del material con destino a la microscopía electrónica: fijación por perfusión, extracción de las piezas, postfijación, inclusión de las mismas en resina epoxi, ul-

Figura 11. Distribución ultraestructural de la inmunorreactividad para GST (glutatión-transferasa), localizada específicamente en una neurona piramidal de la corteza cerebral de rata, en cuyo interior se observa el producto de reacción electrodenso (flecha). La imagen procede de un corte ultrafino obtenido por transferencia óptico-electrónica de una preparación inmunomarcada, incluida en plano.

tramicrotomía y montaje de los cortes ultrafinos en las rejillas. A partir de este momento se inicia la reacción inmunocitoquímica sobre los cortes ultrafinos, con lo que las manipulaciones han de ser extremadamente cuidadosas y todos los reactivos habrán de pasar por filtros de unas 0.45 µm de poro, para evitar posibles precipitados visibles luego a altos aumentos. El tratamiento se hará rejilla a rejilla, colocadas en placas *microtest*, sobre agitador magnético y depositando los reactivos, gota a gota, a través de jeringuillas provistas del microfiltro.

En el caso de marcaje sencillo frente a un solo antígeno, los pasos a seguir, resumidamente, serán los siguientes: depositar el anticuerpo primario y posteriormente el secundario unido a partículas de oro coloidal, siempre sobre la rejilla, con los correspondientes lavados intermedios en diferentes tampones. Finalmente, tinción de contraste con acetato de uranilo y citrato de plomo, con lo que se visualizarán perfectamente las estructuras de fondo, localizándose las partículas de oro sobre las mismas.

Cuando se quiere hacer un doble marcaje para dos antígenos diferentes presentes en la misma muestra, la primera incubación se hará en una mezcla de los dos anticuerpos primarios. Tras los correspondientes lavados, se incubará en la mezcla de los dos anticuerpos secundarios, marcados cada uno de ellos con sendas partículas de oro coloidal de diferente tamaño (entre 10 y 20 nm), y por último se realizará la tinción de contraste como en el caso anterior. De esta forma, se observarán las partículas de oro de diferente tamaño en los distintos compartimentos celulares o en el mismo, en caso de que exista colocalización de ambos anticuerpos (**Figura** 9).

Técnicas autorradiográficas

Tienen el mismo fundamento que las anteriormente estudiadas para microscopía óptica: la detección, ahora a nivel ultraestructural y, por tanto, con mucha mayor precisión, de sustancias marcadas mediante isótopos radioactivos, basándose en la interacción de los mismos con una emulsión fotográfica colocada sobre la muestra de tejido (Caro, 1962). Los isótopos más usados para el marcaje son el ^{14}C y el ^{3}H, emisores ambos de partículas β, las cuales actúan sobre los cristales de haluro de plata de la emulsión durante un tiempo determinado de "exposición" (contacto con la misma). Tras un revelado fotográfico convencional, utilizando un revelador químico, fijador y lavado final, dichos cristales se evidenciarán al microscopio como más o menos numerosos precipitados de plata, de aspecto filamentoso y electrodenso, existiendo además la posibilidad de cuantificar la expresión de la sustancia marcada (**Figura** 12). El poder de resolución de esta técnica, entendiendo por tal la exactitud en la localización de un componente marcado, es de unas 0.1 µm. El procedimiento detallado a seguir sería el siguiente (**Figura 13**):

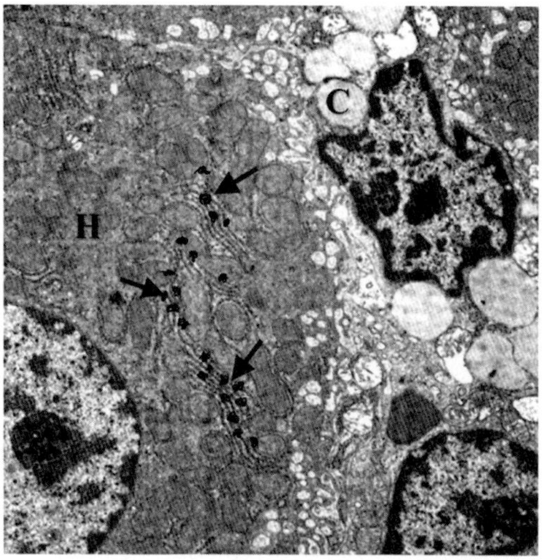

Figura 12. Simulación, mediante montaje fotográfico, de un marcaje autorradiográfico (flechas) localizado supuestamente en el retículo endoplasmático de un hepatocito (H), junto al que se encuentra una célula estrellada perisinusoidal (C), con gran cantidad de vacuolas.

1. Incorporación a un animal de experimentación de un precursor radioactivo de determinada molécula orgánica (aminoácido, monosacárido, etc.), el cual, siguiendo la correspondiente vía de síntesis, será utilizado por el organismo y, por tanto, posteriormente detectado a nivel celular.
2. Tras el sacrificio del animal, previa perfusión, se extrae una muestra del órgano donde se supone que se encontrará la sustancia a detectar, la cual se prepara según protocolo habitual para su inclusión en resina epoxi.
3. Realización de cortes ultrafinos, que se recogerán en rejillas de cobre cubiertas con una capa de carbón, a modo de soporte.
4. Cubrir los cortes sobre las rejillas con una fina emulsión fotográfica líquida, durante un tiempo variable (entre semanas o incluso meses), en la oscuridad y a baja temperatura. Durante este tiempo las radiaciones β emitidas por el isótopo contenido en el tejido chocarán con los cristales de haluro de plata de la emulsión, dando imágenes latentes de los mismos.
5. Revelado fotográfico convencional, utilizando un revelador químico, fijador y lavado final, con lo que se evidenciarán las imágenes latentes formadas durante la exposición.
6. Contraste de las rejillas con acetato de uranilo, procedimiento habitual en la preparación de muestras para el microscopio electrónico y observación.

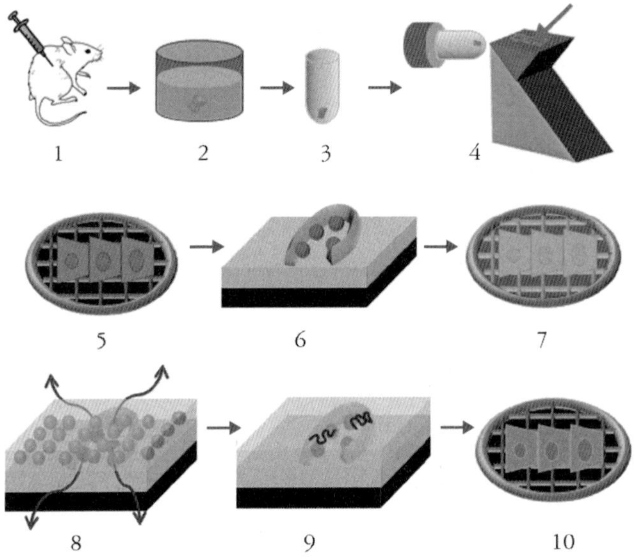

Figura 13. Esquema de la técnica de autorradiografía para microscopía electrónica. Tras inyectar un precursor marcado radiactivamente a un animal de experimentación (1), esperar hasta que sea incorporado por este, sacrificarlo y extraer una muestra que se procesará según procedimiento convencional (2). Deshidratar e incluir la pieza en un molde de resina (3) y obtener cortes ultrafinos de la misma, los cuales quedarán flotando sobre la balsa de la cuchilla (4, flecha). Trasladar los cortes a una rejilla cubierta con carbón, como soporte (5). Suponiendo que las moléculas marcadas (esferas) estuviesen en algún compartimento intracelular de membrana (6), al depositar sobre la rejilla una emulsión fotográfica líquida (7), tras un tiempo de exposición, el isótopo emite radiaciones (8, flechas) que impresionan los cristales de plata de la emulsión (múltiples esferas). Tras el revelado, dicha reacción se manifiesta como precipitados visibles al microscopio (9). Solo resta contrastar las rejillas con acetato de uranilo para su observación al microscopio electrónico (10).

Histoquímica de lectinas

Además de las técnicas inmunohistoquímicas, referidas anteriormente, existe otro gran grupo que no se basan en fenómenos de naturaleza inmune, si no en reacciones químicas de una alta especificidad, por lo que poseen un valor similar a las anteriores en lo que se refiere a la detección de determinadas moléculas a nivel tisular. Este es el caso de las *lectina*, glucoproteínas presentes en diferentes especies vegetales y que tienen la capacidad de unirse específicamente a determinados monosacáridos de la membrana celular a través de zonas de reconocimiento de su molécula. El hecho de que exista en la naturaleza una amplia variedad de estos glúcidos susceptibles de ser reconocidos por las lectinas, con una especificidad similar a la de antígeno-anticuerpo, ha contribuido a que su empleo se haya ido generalizando cada vez más. A ello hay que unir el hecho de que los protocolos de su utilización guarden bastante semejanza con los de tipo inmunocitoquímico, incluyendo los mismos reactivos. Además, las lectinas pueden marcarse del mismo modo que los anticuerpos, con fluorocromos, enzimas u oro coloidal. Entre sus muchas aplicaciones y dada su alta especificidad, destaca la posibilidad de detectar cambios funcionales a nivel celular antes de que se manifiesten, como alteraciones morfológicas (transformaciones neoplásicas, por ejemplo).

Del mismo modo que los anticuerpos, pueden utilizarse en métodos directos o indirectos, con cualquier tipo de microscopía, admitiendo la unión con anticuerpos marcados e incluso la posibilidad de dobles marcajes, combinando una técnica a base de lectina con otra inmunocitoquímica, con lo que se detectarán dos moléculas diferentes. A continuación y como ejemplo se expone resumidamente el protocolo a seguir:

Se inicia con la fijación por perfusión, seguida de extracción de las piezas y postfijación en el mismo fijador que la perfusión. Seguidamente, se practican cortes en criostato de unas 20 µm de grosor y se lleva a cabo el bloqueo de la peroxidasa endógena con agua oxigenada. A continuación, se añaden los anticuerpos primario y secundario, con los correspondientes lavados intermedios, incubándose después con el complejo avidina-peroxidasa. Por último, se procede al revelado del primer anticuerpo, utilizando DAB como cromógeno, intensificando la reacción con sulfato de níquel y amonio (dará una señal en color azul). Ahora comenzaría la técnica con lectina, iniciándose como siempre con el bloqueo de la peroxidasa endógena mediante agua oxigenada, previo a la incubación con la lectina correspondiente. Sigue otra incubación con el complejo avidina-peroxidasa y revelado de la lectina con DAB, que dará una señal en marrón. De esta forma, al observar al microscopio los preparados, aparecerán las señales del anticuerpo en cuestión y la lectina en colores azul y marrón, respectivamente.

Cuantifiación de la expresión de las moléculas localizadas al microscopio

Cualquiera de las técnicas estudiadas anteriormente facilita imágenes en color o niveles de grises, según el tipo de microscopía utilizada, las cuales informan con gran exactitud de la localización de la molécula o moléculas objeto de estudio. Igualmente, el investigador, a la vista de ellas, puede hacer una estimación inmediata, en términos relativos de su expresión, según la mayor o menor intensidad del marcaje o la presencia del mismo generalizada o escasa, aunque nunca traducirla a números absolutos. Para cumplir este objetivo, se han ido desarrollando en los últimos años una serie de aplicaciones informáticas mediante las cuales se pueden cuantificar con exactitud una gran cantidad de parámetros referidos a características de las zonas marcadas en una preparación histológica. Se trata de las llamadas aplicaciones o *programas de análisis de imagen*, desarrolladas en diferentes lenguajes informáticos y que trabajan con los archivos gráficos correspondientes a las imágenes capturadas del microscopio a través de una cámara fotográfica digital. Tales archivos, más aún si corresponden a imágenes en color, contienen una ingente cantidad de información, superior a la que realmente necesita el programa para realizar muchos de los cálculos numéricos que se le piden. Por ello y con la finalidad de obtener el mejor rendimiento para determinadas imágenes, al primer paso de *digitalización* o captura de la imagen debe seguirle un segundo de *procesamiento* o preparación de la misma, en el que se eliminarán zonas innecesarias o, por el contrario, se seleccionarán aquellas de interés. Posteriormente, el procedimiento de *segmentación* permitirá reducir al mínimo la información a tratar, obteniendo una imagen binaria, solo en blanco y negro, sobre la cual realizará la aplicación sus cálculos.

Con un programa de análisis de imagen se pueden realizar dos tipos de medidas: morfométricas y densitométricas. Dentro de las primeras se encuentran: cálculo del número de objetos o partículas marcadas en la imagen, medidas de longitud, perímetro, diámetro o superficie, tanto de forma manual como automática, no siendo necesario en algunos casos pasar por el procesamiento y segmentación de la imagen. Por otro lado, las medidas densitométricas permiten calcular la concentración de determinadas sustancias integrantes de las estructuras presentes en la muestra, en función de los niveles de grises que presentan.

De entre la gran variedad de aplicaciones de análisis de imagen disponibles actualmente en el mercado, unas bajo licencia comercial y otras de uso gratuito, esta sección se referirá específicamente a *ImageJ*, programa de uso público orientado hacia el ámbito de las ciencias de la salud y desarrollado en lenguaje de programación Java por el National Institutes of Health de Estados Unidos. Aparte de su sencilla interfaz, su mayor ventaja es que al ser un programa de código abierto, permite que los propios usuarios con conocimientos de programación en Java puedan desarrollar módulos (*plugins*) que se adapten a la resolución sus propios problemas de tratamiento digital de imágenes. De hecho, en la página del desarrollador, desde la que se puede descargar la aplicación (https://imagej.nih.gov/ij/), se encuentra un extenso listado de estos módulos, clasificados por su utilidad, que el usuario puede descargar, incorporándolos a su propia versión del programa, así como el manual del mismo (Ferreira y Rasband, 2012). En la **Figura 14** se presentan aspectos de la interfaz de *ImageJ* y a continuación se exponen algunos ejemplos de su empleo en la cuantificación relacionada con las técnicas inmunohistoquímicas.

Realización de medidas morfométricas

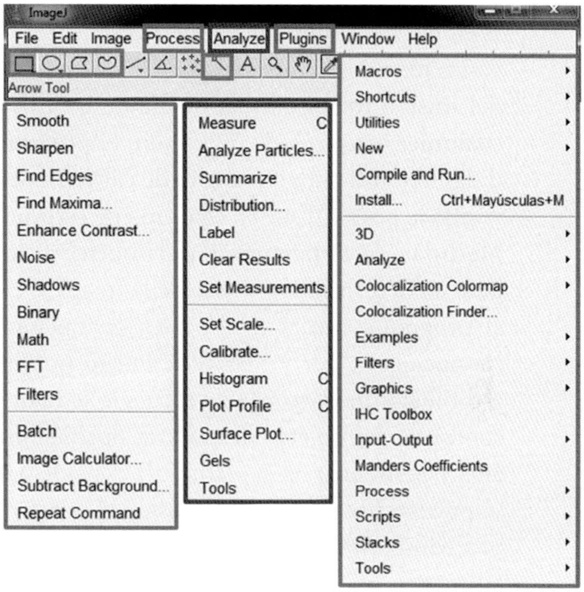

Figura 14. Montaje con diferentes capturas de pantalla de la aplicación *ImageJ*. Aparece la sencilla interfaz (arriba) y algunos de los menús más usados: *Process* (izquierda), *Analyze* (medio) o *Plugins* (derecha). También se observan algunos de los botones, como los correspondientes a las herramientas de selección y, más a la derecha, a la varita mágica (destacados).

Sobre las imágenes capturadas con cualquier tipo de microscopio y en principio sin necesidad de ningún tratamiento previo de las mismas, pueden realizarse de forma manual los tipos de medidas que se relacionan a continuación, previa calibración del programa. Este paso es obligatorio siempre que se utiliza esta u otra aplicación de análisis de imagen, dado que trabajan con archivos gráficos cuya unidad integrante es el *píxel* (acrónimo de *picture element* o elemento de imagen) y todos los datos numéricos que suministran se expresan por defecto en dicha unidad. Mediante la calibración, el usuario introduce en el programa una distancia conocida con la unidad que va a usar en su trabajo (micras, por ejemplo) y la aplicación calcula su equivalencia con respecto a píxeles, manteniéndola para todas las medidas, que desde ahora vendrán expresadas en micras. Esta operación se realiza abriendo una imagen que contenga una distancia conocida en micras y el menú *Analize*, opción *Set scale*, donde se introduce la distancia conocida, junto a la real en píxeles suministrada por el programa, para que este calcule la equivalencia. Habitualmente se utilizan imágenes de un micrómetro de objeto (portaobjetos que incluye un preciso dibujo de una escala de 10 mm con divisiones de 0.01 mm) tomadas con cada objetivo del microscopio. Antes de analizar cualquier imagen, será necesario calibrar el programa usando la del micrómetro obtenida previamente con el mismo objetivo.

1. **Medidas de longitud:** una vez abierta la imagen a analizar, pulsar el botón *Straight* (segmento) y trazar una línea recta entre los dos puntos cuya distancia quiera medirse. Seguidamente, el menú *Analyze*, opción

Measure, y el programa facilitará la medida en micras. Se pueden realizar varias medidas consecutivas de la misma distancia y la opción *Summarize* del mismo menú dará la media de las mismas. Tanto en esta como en cualquier otro tipo de operación, el programa permite exportar las medidas obtenidas a un paquete de cálculo estadístico avanzado, con lo que se puede profundizar en este tipo de estudio.

2. **Medidas de superficie y perímetro:** si interesa calcular estos valores para un determinado objeto de la imagen, es necesario primero indicarlo al programa con el menú *Analyze*, opción *Set measurements,* marcando las opciones *Area* y *Perimeter*. Luego pulsar el botón *Freehand selections* y dibujar con el ratón (cuyo cursor se habrá convertido en una cruz) el contorno del objeto, después la opción *Measure* facilitará los datos de área y perímetro de la estructura considerada. Como en el caso anterior, se pueden hacer varias medidas y obtener la media de las mismas. Este procedimiento se aplica, por ejemplo, cuando interesa saber el área de la imagen que presenta marcaje inmunocitoquímico y comparar su extensión con la expresada en otras imágenes o situaciones experimentales.
3. **Contaje de partículas:** de forma manual o automática. En el primer caso (contar estructuras marcadas en la imagen), pulsar el botón *Multi-point* y sucesivamente cada una de las partículas a contar. Aparecerán marcas de color con un número de orden sobre cada objeto señalado. Para llevar a cabo el conteo automático es necesario que los objetos se puedan aislar fácilmente del fondo de la imagen, para lo cual habrá que someterla a un procesamiento y segmentación previa por umbrales. Una de las formas más simples de procesamiento consiste en sustraer parte del fondo de la imagen, con la finalidad de aislar del mismo las estructuras marcadas, hecho lo cual se continuaría con uno de los procedimientos descritos a continuación. Así, una vez abierta la imagen, se recurre al menú *Process*, opción *Subtract Background*, tras lo cual se abre una ventana desde la que se puede controlar la cantidad de fondo sustraído (*Rolling ball radius*) en píxeles. Otras veces es necesario convertir previamente la imagen original en color (RGB) en otra en niveles de gris, desde el menú *Image*, opción *Type* y *8-bits*. Hecha la conversión, desde el mismo menú *Image*, opción *Adjust* y *Threshold* (umbral), con lo que aparece una ventana donde el usuario puede controlar el rango de píxeles en blanco o negro que tendrá la imagen binaria obtenida y conseguir una separación neta de los objetos entre sí. Finalmente, en el menú *Analyze*, opción *Analyze Particles*, se obtiene un listado con todas las partículas (su número total por tanto) y las características de área y perímetro de cada una si previamente se había especificado ello con la opción *Set measures*. Cuando se trata de

imágenes obtenidas por microscopía de fluorescencia y las estructuras están marcadas con fluorocromos de algún color primario (rojo, azul o verde), se puede recurrir a una segmentación por canales (menú *Image*, opción *Color* y *Split channels*). De esta forma se obtienen tres imágenes en niveles de grises, correspondientes a los tres canales de los colores primarios. Si se quieren contar y medir objetos con fluorescencia en el rojo por ejemplo, la imagen correspondiente a ese canal se segmenta por umbrales y se trata con la opción *Analyze Particles*, como se ha explicado anteriormente.

Realización de medidas densitométricas

Como ya se ha mencionado antes, las medidas densitométicas permiten el cálculo de la concentración de las sustancias marcadas, en función de los niveles de grises que presentan las zonas inmunoteñidas en las microfotografías. En *ImageJ*, lo que realmente se calcula es la *densidad óptica integrada*, producto del área seleccionada por el valor medio de sus niveles de grises, además del parámetro *Raw Integrated Density* (suma de los valores de los píxeles en la selección). Para realizar la medida, en primer lugar hay que convertir la imagen capturada del microscopio en otra de 8 *bits* (niveles de grises). Después, en el menú *Analyze*, opción *Set measurements*, marcar las opciones *Area*, *Min&Max Grey value, Mean grey value* e *Integrated density.* A continuación, pulsar el botón *Freehand selections* y dibujar con el ratón (cuyo cursor se habrá convertido en una cruz) el contorno de la estructura marcada objeto de estudio. Al terminar de dibujar el contorno, abrir menú *Analyze*, opción *Measure,* y se obtendrán los valores deseados. En caso de que en la misma imagen existan varias estructuras con la misma inmunotinción, lo cual suele ser bastante habitual, esta operación manual de medida se repite, para cada una de ellas, manteniendo la tecla de mayúsculas pulsada mientras se trazan sus contornos. Después, mediante la opción *Summarize* del menú *Analyze*, se obtendrán los valores correspondientes a todas las zonas marcadas y la media del total.

En algunos casos, en lugar de separar las zonas marcadas de forma manual, dibujando una selección sobre ellas, se puede realizar la selección de forma automática mediante la herramienta *Wand* (*varita mágica*). Al pasarla por la imagen, reconoce los píxeles con similares características, englobándolos en la misma selección, pudiendo controlarse su sensibilidad mediante la opción *Tolerance.* También pueden sumarse varias zonas seleccionadas pulsando la tecla Mayúsculas al mismo tiempo que la herramienta pasa por las mismas. Una vez realizada la selección, única o múltiple, la opción *Measure*, del menú *Analyze*, da las medidas del mismo modo que se ha especificado anteriormente.

Cuantificación de la colocalización

Cuando se realizan inmunotinciones múltiples, especialmente en el caso del marcaje con fluorocromos, es frecuente que las mismas estructuras celulares o subcelulares expresen inmunotinción positiva para los anticuerpos utilizados, por lo que en ellas el color de la fluorescencia será mezcla de los producidos por ambos fluorocromos. Se dice entonces que existe una colocalización de dos o más marcadores o solapamiento total o parcial de la distribución física de determinadas moléculas dentro de un cierto volumen. Ello es bastante fácil de distinguir al microscopio, aunque no tanto a la hora de expresarlo numéricamente. Existe una amplia literatura en la que se plantean diferentes procedimientos, a base de algoritmos matemáticos y complejos tratamientos estadísticos, para tratar de cuantificar la colocalización. Así, se han establecido una serie de coeficientes para expresar numéricamente la propia colocalización o solapamiento de señales de marcaje, o bien de correlación de intensidades de fluorescencia. La aplicación *ImageJ* dispone de varios módulos desarrollados en este sentido, describiéndose a continuación dos de ellos, a modo de ejemplo.

Colocalization Colormap

Basado en un algoritmo que calcula la correlación de intensidades entre parejas de píxeles individuales en dos canales (rojo y verde), correspondientes a sendos colores primarios (Jaskolski *et al.*, 2005). Facilita un *índice de correlación* (*Icorr,* a mayor índice, mayor correlación) que representa la fracción de píxeles correlacionados positivamente y una imagen compuesta por las dos señales colocalizadas a partir de las imágenes originales. Como otros módulos, se descarga desde la página del desarrollador el archivo con extensión "*.jar*", el cual se copia luego en la carpeta "*plugins*" del programa, apareciendo en el menú *Plugins,* cuando se ejecute *ImageJ*. Las imágenes originales, correspondientes, por ejemplo, a la fluorescencia en el rojo y en el verde, han de convertirse en 8 *bits* antes de ejecutar el módulo, hecho lo cual se abre el menú *Plugins*, opción *Colocalization Colormap* y *Colocalization.* El módulo proporciona además el parámetro *nMDP* (*normalized mean deviation product*) que expresa la correlación entre pares de píxeles, en porcentaje y en forma de histograma, en función de cuyos valores (siempre entre +1 y -1) se construye la imagen compuesta de colocalización. Dicha imagen muestra en tonos cálidos las zonas con alta correlación (valores de *nMDP*>0) y en tonos fríos (valores de *nMDP*<0), las zonas con baja correlación (**Figura 15**).

Colocalization Finder

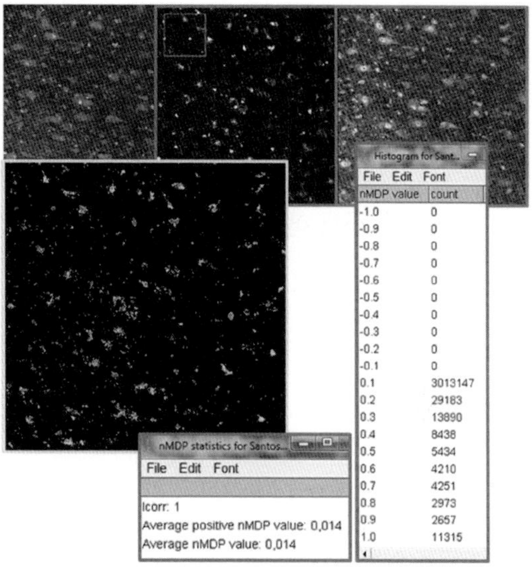

Figura 15. Montaje, con diferentes capturas de pantalla, explicando la utilización del módulo *Colocalization Colormap* de *ImageJ*. Arriba, de izquierda a derecha, imagen original RGB con colocalización, obtenida por microscopía confocal y las correspondientes a los canales rojo y verde (8 *bits*) con contorno en estos dos colores. Debajo, resultados: imagen compuesta (contorno amarillo) mostrando las zonas de mayor o menor correlación y dos ventanas con el valor del índice de correlación (*Icorr*) y el histograma con los valores del índice nMDP. La imagen original es la que aparece en la **Figura 8**, correspondiente a un núcleo del cerebelo de rata, cuyas neuronas presentan inmunoflouorescencia para óxido nítrico sintasa, isoforma endotelial (rojo) y nitrotirosina (verde).

La descarga e instalación del módulo se lleva a cabo como en el caso anterior, e igualmente se trabaja con dos imágenes de 8 *bits* e igual tamaño. Como resultado aporta un diagrama de correlación para las dos imágenes, una imagen combinada de las anteriores, en rojo y verde, incluyendo una máscara con las zonas de colocalización y, opcionalmente, una tercera imagen mostrando solo estas últimas zonas, en verde. Además aparece una ventana con datos numéricos, entre los que destacan el coeficiente de correlación de Pearson (entre los valores +1 y -1, el valor 1 indica máxima correlación) y el de superposición. En el diagrama de correlación aparece una selección (ROI) que el usuario puede desplazar a voluntad, obteniendo nuevos valores y representación gráfica de los mismos en las correspondientes imágenes mostradas por el programa.

Puntos más importantes del capítulo

1. De entre las numerosas técnicas empleadas para el conocimiento de la estructura de los organismos vivos, destacan las inmunohistoquímicas, dada su elevada especificidad para la detección de las distintas moléculas presentes en los diferentes compartimentos celulares y tisulares.

2. Es imprescindible la utilización de diferentes tipos de microscopía (de luz y electrónica) para observar *in situ* la localización y/o colocalización de los productos de las reacciones inmunohistoquímicas.
3. Una vez evidenciada la ubicación de las moléculas objeto de estudio, es posible cuantificar su presencia, mediante aplicaciones informáticas al efecto, como son los programas de análisis de imagen.

Bibliografía

Burry, R. W. (2010): *Immunocytochemistry: A Practical Guide for Biomedical Research*. New York: Springer-Verlag.

Caro, L. G. y Van Tubergen, R. P. (1962): "High-resolution autoradiography: I. Methods". *The Journal of Cell Biology*, 15.2, 173-188.

Ferreira, T. y Rasband, W. (2012): "ImageJ User Guide". Descargado de: https://imagej.nih.gov/ij/docs/guide/user-guide.pdf.

Jaskolski, F., Mulle, C. y Manzoni, O. J. (2005): "An automated method to quantify and visualize colocalized fluorescent signals". *Journal of Neuroscience Methods*, 146, 1, 42-49.

Lippincott-Schwartz, J. (2015): "Profile of Eric Betzig, Stefan Hell, and W. E. Moerner, 2014 Nobel Laureates in Chemistry". *Proceedings of the National Academy of Sciences of the United States of America*, 112(9), 2630-2632.

Martínez-Murillo, R., Villalba, R. M. y Rodrigo, J. (1990): "Immunocytochemical localization of cholinergic terminals in the region of the nucleus basalis magnocellularis of the rat: A correlated light and electron microscopic study". *Neuroscience*, 36(2), 361-76.

Martín-Lacave, I. y García-Caballero, T. (2012): *Atlas de inmunohistoquímica: caracterización de células, tejidos y órganos normales*. Madrid: Ediciones Díaz de Santos S.A.

Peinado, M. A., Pedrosa, J. A. y Rodrigo, J. (1996): *Avances en inmunocitoquímica y técnicas relacionadas*. Jaén: Ediciones Universidad de Jaén.

Polak, J. M. y Priestley, J. V. (1992): *Electron Microscopic Immunocytochemistry: Principles and Practice (Modern Methods in Pathology)*. Oxford: Oxford University Press.

Polak, J. M. y Van Noorden, S. (1997): *Introduction to immunocytochemistry* (2ª edición). New York: Springer-Verlag.

Renau, J. y Megías, L. (1998): *Manual de técnicas de microscopía electrónica (MET): aplicaciones biológicas (fundamentos y procedimientos)*. Granada: Universidad de Granada.

Tam, J. y Merino, D. (2015): "Stochastic optical reconstruction microscopy (STORM) in comparison with stimulated emission depletion (STED) and other imaging methods". *J. Neurochem.*, 135 (4), 643-58.

Integración y análisis de datos mediante biología de sistemas

Eva Vargas Liébanas, Leticia Díaz Beltrán y Francisco J. Esteban

Departamento de Biología Experimental, Universidad de Jaén

festeban@ujaen.es

Resumen

En los últimos años se ha producido un desarrollo significativo de las técnicas empleadas en biología molecular y celular, especialmente en el campo de las llamadas tecnologías *ómicas* de alta resolución. Dicho avance supone un reto para la investigación biomédica y biotecnológica pues, a pesar de sus múltiples ventajas, genera un gran volumen de información que debe ser analizado cuidadosamente utilizando potentes herramientas computacionales. En este sentido, la biología de sistemas, encargada de la integración y análisis de datos a distintos niveles, se está convirtiendo en un referente a la hora de estudiar la complejidad de los sistemas biológicos en diferentes situaciones experimentales o patológicas. Este nuevo enfoque de carácter multidisciplinar hace posible, entre otras diversas aplicaciones, la detección de biomarcadores y predictores de enfermedad.

Se presenta una descripción de las herramientas actuales para el análisis de datos procedentes de tecnologías *ómicas* (R y paquetes de Bioconductor; TM4 *software suite*; STRING; Cytoscape) acompañada de ejemplos de aplicación con datos procedentes de bases de datos públicas (principalmente *Gene Expression Omnibus*), con el objetivo de poner de manifiesto su importancia.

Palabras clave: biología computacional, biomedicina, expresión génica, *ómicas,* redes moleculares

Abstract

Molecular and cellular biology techniques have been suffering a significant development in the last years, especially in the field of the so-called "omics" technologies. This advance represents a challenge for biomedical and biotechnological research, mainly due to the many advantages it generates when a large amount of information needs to be analyzed using powerful computational tools. Systems biology, that allows the integration and interpretation of omics data at different levels, is becoming crucial for studying the complexity underlying biological systems in different experimental and pathological situations. This new multidisciplinary approach has led to the detection of biomarkers and disease predictors, among other several applications.

In this chapter, the current tools for omics data analysis (mainly R and Bioconductor packages; TM4 software suite; STRING; Cytoscape) are presented including examples of applications using public databases datasets (such as Gene Expression Omnibus) and with the final aim of highlighting their relevance.

Keywords: *computational biology, biomedicine, gene expression, omics, molecular networks*

Introducción

Biología de sistemas, un enfoque interdisciplinar

El desarrollo tecnológico y metodológico que ha tenido lugar en las últimas décadas ha supuesto un espectacular avance en el campo de la biología molecular y celular. Dicho avance se debe en parte a la aparición de las tecnologías *ómicas* de alta resolución, que analizan entidades (que pueden ser conjuntos de genes, proteínas u organismos, entre otros) de manera global y de forma que hablamos de genómica, proteómica, metabolómica o epigenómica. Así pues, se plantea un enfoque holístico que complementa a los análisis tradicionales reduccionistas, en los que se consideraba un único elemento como objeto de estudio, pues cada vez está más claro que en raras ocasiones se puede atribuir una función biológica a un único gen o proteína (Schneider y Klabunde, 2013). Sin embargo, y a pesar del gran impacto de las tecnologías *ómicas* en el conocimiento, el volumen de información que se genera debe ser cuidadosamente analizado e interpretado y, para ello, se utilizan potentes herramientas computacionales. Este hecho, además de suponer un reto para la investigación biomédica y biotecnológica, ha provocado el desarrollo de nuevas áreas de conocimiento de carácter multidisciplinar centradas en el análisis de datos a escala masiva (Esteban *et al.*, 2008).

Y es en este punto cuando entra en juego el término "biología de sistemas", que podría definirse como la disciplina encargada de la integración y el análisis de datos biológicos a distintos niveles utilizando métodos computacionales. En un sentido más amplio, se podría considerar como una herramienta interdisciplinar para la investigación que emplea métodos biológicos, químicos, estadísticos, físicos, matemáticos y computacionales con el objetivo de integrar y analizar la información molecular, fisiológica y clínica obtenida a partir de experimentos de laboratorio (Díaz-Beltrán *et al.*, 2013). Como disciplina emergente, la biología de sistemas se está convirtiendo en un referente a la hora de estudiar la complejidad biológica en diferentes situaciones, experimentales o biomédicas, y son cada vez más los científicos que han hecho de este método de trabajo su rutina.

Entre algunas de las aplicaciones biomédicas más destacadas de la biología de sistemas, en cuyo caso podemos hablar de medicina de sistemas, sirvan como ejemplo la clasificación de pacientes con cáncer en distintos grupos dependiendo de la naturaleza de los tumores en base a sus perfiles de expresión génica (Golub *et al.*, 1999); la construcción de redes de enfermedades a partir de los genes implicados en ellas (Moore y Weeks, 2011), o la detección de potenciales biomarcadores en distintos tipos de muestras biológicas como el plasma (Zhang y Chen, 2010) o la orina (Pisitkun *et al.*, 2012).

Así pues, de estos ejemplos se puede deducir que los ámbitos de aplicación de la biología de sistemas son tan amplios como queramos y que, en última instancia, su objetivo es no solo comprender, sino también predecir, el comportamiento de los sistemas biológicos como un todo (Moore y Weeks, 2011).

En el presente capítulo nos centraremos en la utilidad de la biología de sistemas como herramienta para analizar datos procedentes de experimentos de expresión génica, fundamentalmente obtenidos mediante el uso de la tecnología de *microarrays*, si bien estas directrices generales pueden aplicarse a cualesquiera otros conjuntos de datos de similar naturaleza.

Microarrays

Un *microarray* es un chip de pequeño tamaño que permite el análisis simultáneo de miles de genes del genoma con una gran precisión, en muy poco tiempo y en un único experimento (Lee *et al.*, 2007). Esta herramienta, ampliamente usada en biomedicina, se basa en el principio de complementariedad de bases del ADN, de manera que un único *microarray* puede contener cientos a miles de secuencias cortas de ADN (sondas) que hibridan de manera específica con secuencias complementarias, todo ello dispuesto sobre una superficie sólida.

Sus características los convierten en una herramienta versátil y clave en la llamada era genómica (Rogers *et al.*, 2007), pues permiten monitorizar la expresión génica en la situación que se desee con un coste y esfuerzo relativamente bajos. Además, un número significativo de estudios recientes sugieren la idea de que cada uno de los estados biológicos se podrían describir mediante una firma de expresión génica, es decir, un conjunto muy bien definido de genes con un patrón de expresión exclusivamente ligado a ese estado (Schneider y Klabunde, 2013), lo cual sitúa a los *microarrays* como uno de los métodos de elección a la hora de estudiar cambios globales a nivel de genoma.

Aunque, por lo general, cuando se habla de *microarrays* se considera como sonda a una molécula de ADN (*array*s de expresión), la naturaleza de la misma puede variar, de forma que también podríamos hablar de *arrays* de proteínas o de hidratos de carbono, por ejemplo. Este tipo de plataformas escapan del objetivo que se persigue con este capítulo, aunque una amplia revisión de las mismas puede ser consultada en otras fuentes (Lee *et al.*, 2013; Oyelaran y Gildersleeve, 2007).

Por su parte, los *arrays* de expresión pueden ser clasificados atendiendo fundamentalmente a dos de sus características: la naturaleza de la sonda de ADN y los fluoróforos empleados para el marcaje de las mismas. Así pues, en el primer grupo hablaríamos de *arrays* de ADN complementario (ADNc) o de oligonucleótidos, mientras que el segundo estaría integrado por *arrays* de uno o dos colores.

Los *arrays* de ADNc utilizan como sonda fragmentos de ADN procedentes de transcritos (ARN mensajero). Debido a la baja estabilidad que presenta el ARN, es necesario transformarlo en ADN copia o complementario mediante un proceso de transcripción inversa. De esta manera, sobre la superficie del *array* quedarían inmovilizadas cientos o miles de sondas de los transcritos de genes concretos.

En lo que respecta a los *arrays* de oligonucleótidos, los elementos utilizados para la hibridación son sondas de ADN de cadena sencilla con una longitud comprendida entre 10 y 50 nucleótidos. Estas sondas están diseñadas para su unión a regiones de genes concretas o predichas.

En cuanto a los fluoróforos empleados, los *arrays* de dos colores se utilizan para analizar dos muestras, que son marcadas empleando dos fluoróforos diferentes. Generalmente se utilizan las cianinas Cy3 —verde— y Cy5 —rojo—, consideradas buenos fluoróforos por presentar un alto nivel de emisión de fotones, lo que resulta en una mayor sensibilidad, así como resistencia al fenómeno de fotoblanqueo o destrucción fotoquímica del fluoróforo (van Hal *et al.*, 2000). Ambas muestras son mezcladas e hibridadas sobre un único *array*, emitiendo una señal que puede ser visualizada mediante un escáner. Tras el escaneo, las intensidades relativas de cada fluoróforo permitirán la identificación de genes con una expresión diferencial.

Los *arrays* de un color, por su parte, emplean un único fluoróforo y están diseñados para estimar valores absolutos de expresión génica. Aunque se necesita un mayor número de *arrays* para comparar muestras en un experimento, el hecho de trabajar con valores absolutos facilita la comparación con otras investigaciones. Dentro de este grupo podemos encontrar los *arrays* de tipo *Affymetrix* (https://www.affymetrix.com/site/mainPage.affx), a los cuales son de aplicación los procedimientos que se detallarán a lo largo de este capítulo.

De modo general, existen diferentes casas comerciales encargadas de la fabricación de *microarrays*, como por ejemplo Affymetrix (https://www.affymetrix.com/site/mainPage.affx), Illumina (https://www.illumina.com/techniques/microarrays.html) o GE Healthcare (http://www.gelifesciences.com). La variedad de plataformas que podemos encontrar es, por lo tanto, amplia, y la elección de unas u otras dependerá en gran medida de las necesidades del experimento que se vaya a llevar a cabo.

Una vez que se produce la hibridación, existen métodos para la detección y cuantificación de la señal generada por la misma. Toda esta información es recopilada en forma de matrices de expresión génica, un objeto matemático fundamental para el análisis de datos de *microarrays*. En dichas matrices se recogen, para cada muestra, los valores de expresión de cada uno de los genes analizados.

Convertir todos estos datos derivados de los experimentos con *microarrays* en conocimiento biológico aplicado conlleva un análisis no trivial que, de modo general, puede describirse a través de la serie de pasos que a continuación se desarrollan.

Análisis de datos de expresión bajo un enfoque de biología de sistemas

Bases de datos analizadas

Uno de los mayores retos que se presenta al trabajar con *microarrays* es el almacenamiento de los datos que se generan de los experimentos (Dudoit *et al.*, 2003). El espectacular avance tecnológico que ha tenido lugar en las últimas décadas ha provocado un aumento en las colecciones de datos disponibles para su análisis. Estas colecciones de datos o *datasets* constituyen un elemento clave para el desarrollo del conocimiento, pues en ellos se refleja el trabajo de cientos de investigadores que a diario vuelcan sus resultados en las distintas bases de datos existentes.

Probablemente, dos de las bases de datos públicas para el acceso a colecciones de datos de experimentos *ómicos* más conocidas sean *Gene Expression Omnibus* y *Array Express*, si bien existen otras muchas (**Tabla 1**) en las que se encuentra información sobre otros organismos modelo útiles en la investigación biomédica.

Tabla 1. Bases de datos públicas para el acceso a *datasets* de expresión génica en diferentes organismos modelo. Esta lista no pretende ser excluyente

Nombre	Institución	URL	Referencia
Expression Atlas	European Molecular Biology Laboratory	https://www.ebi.ac.uk/gxa/home	(Petryszak *et al.*, 2016)
Phenopedia	Centers for Disease Control and Prevention, Atlanta	https://phgkb.cdc.gov/HuGE Navigator/startPagePhenoPedia.do	(Yu *et al.*, 2010)
GXD	The Jackson Laboratory	http://www.informatics.jax.org	(Ringwald *et al.*, 2000)
FlyBase	Department of Genetics, University of Cambridge	http://flybase.org/	(Gramates *et al.*, 2017)
WormBase	European Molecular Biology Laboratory	http://www.wormbase.org	(Harris *et al.*, 2010)
Mammalian Transcriptomic Database	Beijing Institute of Genomics	http://mtd.cbi.ac.cn/	(Sheng *et al.*, 2017)
Colombos	Department of Computational Biology, Research and Innovation Center, Fondazione Edmund Mach	http://colombos.net/	(Moretto *et al.*, 2016)

La primera de ellas, *Gene Expression Omnibus* (https://www.ncbi.nlm.nih.gov/geo/), es un repositorio público de genómica funcional en el que se almacenan conjuntos de datos que contienen un mínimo de información sobre experimentos con *microarrays*. Esta información la conforman, al menos, los datos puros para cada experimento; en algunos casos, los datos normalizados; la anotación empleada para describir las muestras, y el diseño experimental utilizado. El proyecto se inició en el año 2002 en respuesta a la demanda creciente de la comunidad científica de un repositorio público de datos de expresión génica obtenidos gracias a la aplicación de tecnologías de alta resolución (Edgar *et al.*, 2002) y, desde entonces, ha permanecido en constante actualización.

Por su parte, *Array Express* (https://www.ebi.ac.uk/arrayexpress/), aunque se desarrolló con posterioridad, sigue la misma línea establecida por *Gene Expression Omnibus* (de hecho, importa *datasets* procedentes de ella) y es uno de los repositorios recomendados por las principales revistas científicas para archivar datos de genómica funcional y, de esta manera, apoyar la reproducibilidad de las investigaciones (Parkinson *et al.*, 2007).

No cabe duda de que estos repositorios, en permanente actualización, continúan ofreciendo información cada vez más completa de experimentos de alta resolución; además, el constante desarrollo tecnológico permitirá la incorporación de nuevas entradas por parte de los investigadores para, de esta manera, garantizar el acceso a colecciones de datos.

Herramientas para el tratamiento de los datos

A pesar de que la mayor parte de las casas comerciales encargadas de la fabricación y distribución de *microarrays* también desarrollan software para el análisis de datos derivados de la aplicación de esta tecnología, en los últimos años se han creado diferentes herramientas computacionales que permiten realizar los mismos análisis de manera gratuita. Estos paquetes de software posibilitan el análisis de manera automatizada, e incluso algunos de ellos integran los datos de expresión génica con otra información como la ontología génica, rutas metabólicas o minería de texto (Fundel *et al.*, 2008).

En este sentido, uno de los proyectos más populares que se pueden encontrar es *Bioconductor* (http://www.bioconductor.org/; Reimers y Carey, 2006), un recurso gratuito y de desarrollo abierto para el análisis y comprensión de datos genómicos basado en el lenguaje de programación de R (Zhang *et al.*, 2009). El proyecto comenzó a desarrollarse en el año 2001 y se actualiza de modo constante. Entre algunos de sus objetivos principales, destaca el proporcionar un acceso generalizado a un amplio rango de métodos estadísticos y gráficos para el análisis de datos genómicos, así como mejorar el conocimiento científico asegurando la reproducibilidad de las investigaciones. Se encuentra organizado en una serie de paquetes, para cada uno de los cuales se incluye una descripción de la funcionalidad del mismo, así como ejemplos de aplicación.

A pesar de las múltiples ventajas que presenta, *Bioconductor* muestra una interfaz "poco amigable", pues los distintos algoritmos son ejecutados utilizando comandos específicos en un entorno de consola. En ocasiones, puede suponer una ardua tarea lidiar con este tipo de análisis si no se tienen unos conocimientos básicos de programación o de interpretación de comandos. Por ello, se han desarrollado herramientas alternativas que facilitan el manejo de datos por parte de los investigadores en un entorno amigable. La aplicación *Multiple experiment Viewer* (MeV) (http://mev.tm4.org) fue desarrollada bajo esta premisa y con el objetivo de superar dicho obstáculo, haciendo posible el análisis, visualización y estratificación de datos genómicos a gran escala, particularmente de *microarrays* y secuenciación masiva (Saeed *et al*., 2006), todo ello en un entorno más intuitivo y sencillo de utilizar. La **Figura 1** muestra las diferencias a nivel de interfaz entre R y MeV.

Independientemente de la plataforma que se escoja para analizar e interpretar los datos, la metodología de trabajo que se sigue es generalmente común. Si bien en algunos aspectos concretos puede variar dependiendo de los analistas, la gran mayoría opta por seguir unas pautas generales que se articulan en torno a una serie de etapas: preprocesamiento, normalización, análisis exploratorio, análisis estadístico, análisis funcional y análisis de redes.

Preprocesamiento y normalización

Constituye la primera etapa de análisis y tiene el objetivo de facilitar el manejo de los datos en operaciones computacionales posteriores. Aunque existe multitud de metodologías asociadas a la fase de preprocesamiento, dos de las más habituales son la transformación logarítmica y la corrección de fondo. Cabe decir que es importante que esta fase se detalle en las publicaciones, ya que es muy dependiente de quién la lleve a cabo.

La transformación logarítmica constituye el procedimiento más sencillo para estabilizar la varianza de las muestras y, en última instancia, uniformar la escala en las tasas de expresión, pues hace que se obtenga una mayor homogeneidad de los datos (Esteban *et al*., 2008). Cuando se trabaja con datos procedentes de *microarrays* de ADNc, los niveles de expresión son representados como el coa)

b)

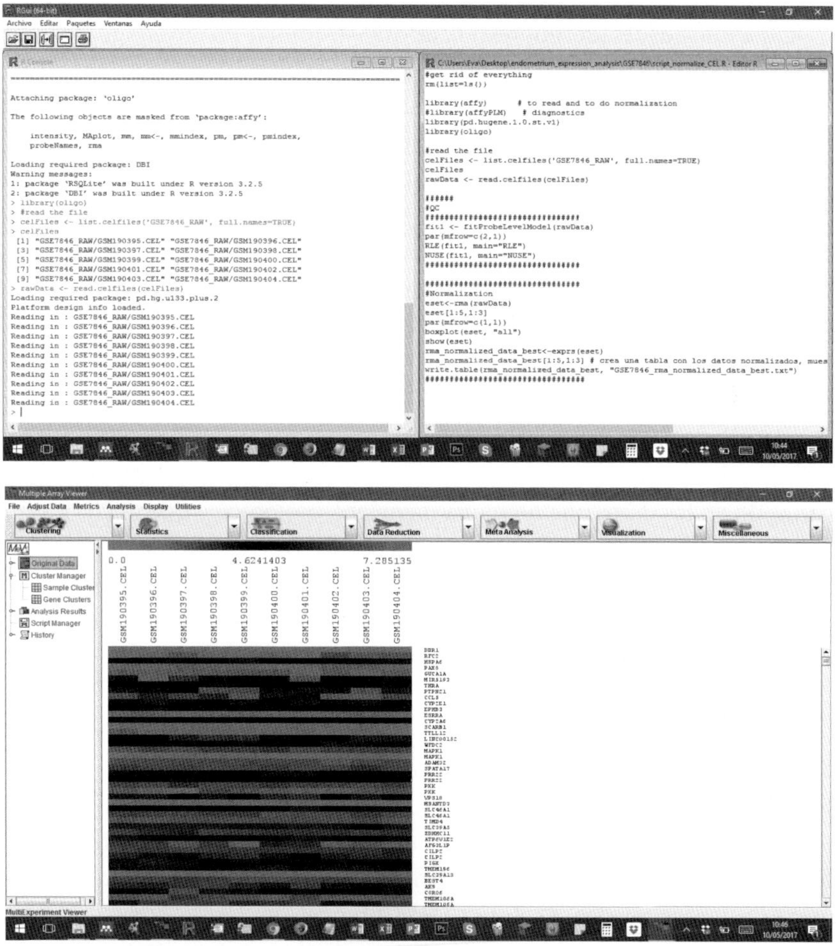

Figura 1. a) Interfaz de *Bioconductor* ejecutado en R. b) Entorno de trabajo del software MeV TM4.

ciente entre la expresión de la muestra problema con respecto a la muestra de referencia. Por este motivo, el rango de valores entre los que oscilan los niveles de expresión se sitúa entre 0 e ∞, de manera que los valores situados entre 1 e ∞ representarían una sobreexpresión de la muestra problema con respecto a la muestra de referencia, y unos valores entre 0 y 1, por su parte, indicarían una expresión a la baja. Es por ello por lo que, con el objetivo de facilitar los análisis posteriores, se suele aplicar el proceso de transformación logarítmica (generalmente, en base 2 o utilizando logaritmos neperianos). De esta forma, la expresión a la baja quedaría representada por valores negativos (–∞, 0), mientras que la sobreexpresión se vería reflejada por valores positivos (0, +∞) (Cano, 2010).

Las intensidades de fluorescencia que se miden en un *array* están sujetas, además, a la aparición de distintas fuentes de ruido que, a su vez, varían dependiendo de la plataforma empleada. La corrección de fondo trata de ajustar estos efectos teniendo en cuenta las intensidades alrededor de cada *spot* del *array* (Silver *et al.*, 2009). Otros métodos alternativos para el preprocesamiento cuya utilidad cabe destacar son la sumarización, el control de calidad o la substracción de fondo (Sui *et al.*, 2009).

Debido a su importancia, a veces la normalización es considerada como otra etapa general de análisis, si bien hay autores que la incluyen en la fase de preprocesamiento. Con independencia de esta cuestión meramente clasificatoria, la normalización constituye un paso crítico para la obtención de datos tanto fiables como útiles para etapas de análisis posteriores (Do y Choi, 2006). Se puede definir como el proceso mediante el cual se trata de eliminar cualquier tipo de variación en los datos que no tenga un origen biológico y que pueda afectar a las medidas de los niveles de expresión (Wu, 2009). Algunos ejemplos de fuentes de variación que hacen necesaria la normalización son el propio proceso de manufacturación del *array*, la preparación de la muestra biológica, la hibridación de la misma o la cuantificación de las intensidades de las zonas de hibridación (*spots*) del *array* (Do y Choi, 2006).

Entre los métodos más utilizados se incluyen cuantiles, MAS5.0, RMA o dCHIP (Fundel *et al.*, 2008). A pesar de que los objetivos de la normalización son los mismos para cualquier *array*, las técnicas actuales varían dependiendo del tipo de chip que se pretenda analizar (Reimers, 2005). Es imprescindible ser cuidadosos al elegir entre un método de normalización u otro, pues distintos procedimientos pueden dar lugar a distintos resultados de expresión diferencial (Do y Choi, 2006). Por lo general, se considera un buen método de normalización aquel que modifica los datos lo menos posible. A pesar de ello, en determinadas ocasiones los datos muestran características fuera de lo normal que no pueden ser procesadas mediante los métodos de normalización tradicionales. En la revisión llevada a cabo por Fundel se sugieren algunas pautas a seguir en estos casos (Fundel *et al.*, 2008).

Análisis exploratorio

En ocasiones los investigadores desean buscar patrones dentro de los datos que están analizando, sin tener ideas preconcebidas y con el objetivo de encontrar relaciones *a priori* desconocidas entre ellos (Reimers, 2005). En estas circunstancias resultan de especial utilidad los denominados análisis exploratorios, que pueden definirse como un conjunto de técnicas que permiten extraer de la totalidad de los datos un conjunto de los mismos con un comportamiento relacionado (Esteban *et al.*, 2008). Cuando este tipo de técnicas se aplican a datos biológicos, es posible detectar relaciones entre muestras o grupos de genes con niveles de expresión altamente correlacionados, por ejemplo.

Entre los métodos más representativos del análisis exploratorio encontramos el agrupamiento (*clustering*) y el análisis de componentes principales (PCA).

Métodos de agrupamiento

El agrupamiento, también denominado *clustering* o análisis de conglomerados, es un ejemplo de clasificación no supervisada de tipo multivariante y uno de los primeros pasos que se realiza cuando se desea obtener información de datos de expresión génica (Esteban *et al.*, 2008; Jaskowiak *et al.*, 2013). Consiste en agrupar datos en un conjunto de clases separadas (denominadas *clusters*), de manera que los objetos dentro de una clase dada tienen un alto parecido entre sí, mientras que los objetos de clases separadas muestran diferencias mayores (Jiang *et al.*, 2004). Dichas diferencias en los perfiles de expresión pueden cuantificarse a partir de distancias métricas (Reimers, 2005).

Para el caso concreto de los datos de expresión génica, los objetos pueden ser agrupados en función de los genes (*cluster* de genes), de las muestras (*cluster* de muestras) o de la combinación de ambos (*biclustering*), como se describirá más adelante. Independientemente del criterio que se siga (que dependerá, sin duda, de las necesidades del experimento), cuando se realiza un análisis de conglomerados es necesario decidir tanto el tipo de distancia a medir entre objetos como el algoritmo de agrupamiento que se vaya a emplear.

Las medidas de proximidad indican el parecido (distancia) entre dos elementos (Jiang *et al.*, 2004) y la elección de unas u otras condiciona en cierta medida los resultados (Reimers, 2005). Aunque no existe una pauta general para elegir la métrica de distancia, algunas de las más utilizadas y que mejores resultados parecen proporcionar, desde el punto de vista biológico, son la distancia euclídea, el coeficiente de correlación de Pearson o la distancia Manhattan. Por ejemplo, se ha demostrado que la distancia euclídea constituye una buena opción cuando se intenta agrupar genes con niveles similares de expresión (sobreexpresados frente a expresados a la baja), mientras que el coeficiente de correlación de Pearson parece más apropiado cuando el interés del estudio se centra en la detección de genes con un patrón similar de expresión dentro de un conjunto de experimentos (como puede ser el estudio del cambio de expresión en un intervalo de tiempo) (Saeed *et al.*, 2006). La distancia Manhattan, por su parte, es recomendada por algunos autores para hacer *clusters* de muestras (Reimers, 2005).

Por otra parte, existen distintos algoritmos de agrupamiento que pueden clasificarse atendiendo a la filosofía que empleen para formar los grupos de objetos (Esteban *et al.*, 2008). Así, se distingue entre algoritmos exclusivos o no exclusivos, dependiendo de si el hecho de asignar un objeto a un grupo impide o no que sea asignado a otro; y algoritmos particionales o jerárquicos, en función de si buscan obtener directamente una partición del conjunto de objetos o si, por el contrario, actúan realizando agrupamientos de manera secuencial. Dentro de este último grupo, además, podemos encontrar algoritmos de tipo aglomerativo (*bottom-up*) y divisivo (*top-down*): los primeros serían aquellos que parten de grupos formados por un único objeto y van incorporando progresivamente los pares de objetos más parecidos hasta que finalmente todos los grupos acaban combinados en un solo *cluster*; los algoritmos divisivos, por su parte, comienzan con un *cluster* que contiene todos los objetos y va siendo dividido en grupos de menor tamaño. Indistintamente de si se trata de un agrupamiento de tipo aglomerativo o divisivo, el resultado de aplicar algoritmos jerárquicos se puede representar gráficamente mediante un árbol de *clusters* denominado dendrograma, cuyas ramas no solo muestran la disposición de los *clusters*, sino que también indican la semejanza entre ellos (Jiang *et al.*, 2004).

En lo que respecta a las aproximaciones para el cálculo de las distancias o similitudes entre los *clusters*, se habla de agrupamiento simple (*single linkage*) cuando la distancia entre dos conglomerados es la mínima entre los elementos que la forman; por lo general, esta aproximación encadena un gran número de elementos juntos. En el agrupamiento completo (*complete linkage*), por su parte, se toma la máxima distancia entre los elementos de dos conglomerados y habitualmente el resultado es la generación de muchos *clusters* compactos pequeños. Por último, en el agrupamiento promedio (*group average clustering*) se toma la distancia media. Cabe destacar que, aunque distintos métodos dan lugar a resultados diferentes, si existen grandes diferencias podemos pensar que el *clustering* no es apropiado, pues haría indicar que los datos no se separan en grupos de forma natural (Reimers, 2005).

Además, como se ha comentado anteriormente, en función del conjunto de datos que se utilice para realizar los agrupamientos podemos encontrar diferentes tipos de *clustering*:

a) *Clustering de genes.* Permite agrupar genes con niveles de expresión similares para distintas muestras (Esteban *et al.*, 2008). Esta estrategia sienta las bases para investigaciones posteriores acerca de la función y regulación de los grupos de genes detectados (Jiang *et al.*, 2004), pues cabe esperar que aquellos pertenecientes a un mismo *cluster* realicen funciones similares o, al menos, relacionadas.

b) *Clustering de muestras*. Las muestras pueden ser particionadas en grupos en función de los niveles de expresión de los genes. Mediante este tipo de estrategia se persigue detectar fenotipos o subestructuras de las muestras, ya que pueden existir grupos de muestras para los cuales se mantenga un patrón de expresión génica similar.
c) *Biclustering*. También denominado "análisis *cluster* de bloques", consiste en agrupar de manera simultánea genes y muestras (Esteban *et al.*, 2008). Se ha convertido en una técnica popular de análisis gracias a aplicaciones como el descubrimiento de conjuntos de genes relacionados funcionalmente bajo distintos grupos de condiciones experimentales (Pontes *et al.*, 2015).

Como se puede deducir, la variedad de algoritmos de agrupamiento disponible es amplia, lo que dificulta la elección de la técnica más apropiada por parte de los analistas. En este sentido, cabe concluir que, aunque no existe un algoritmo «ganador», la elección del método de *clustering* más apropiado resulta ser una combinación del criterio y la experiencia del usuario (Jiang *et al.*, 2004), sin descuidar en ningún momento la naturaleza de los elementos objeto de análisis. En definitiva, para profundizar en las debilidades y fortalezas específicas de las distintas técnicas, recomendamos la consulta de revisiones como las de Jaskowiak, Jiang, Pontes o Reimers (Jaskowiak *et al.*, 2013; Jiang *et al.*, 2004; Pontes *et al.*, 2015; Reimers, 2005).

Análisis de componentes principales

El análisis de componentes principales (*PCA* como siglas en inglés) es una técnica de análisis estadístico multivariante que tiene como objetivo reducir la dimensionalidad de los datos. Esto se consigue mediante la transformación del conjunto de observaciones descritas por variables correlacionadas en combinaciones lineales de variables no correlacionadas entre sí, denominadas *componentes principales*. De esta manera, se puede extraer información importante del conjunto de datos, representarlos como un conjunto de variables ortogonales y detectar patrones de similitud entre los mismos (Esteban *et al.*, 2008). La **Figura 2** muestra un ejemplo acerca de cómo las muestras pueden agruparse sin seguir un patrón específico (a), o bien mostrando un patrón diferencial de agrupamiento (b).

a) b)

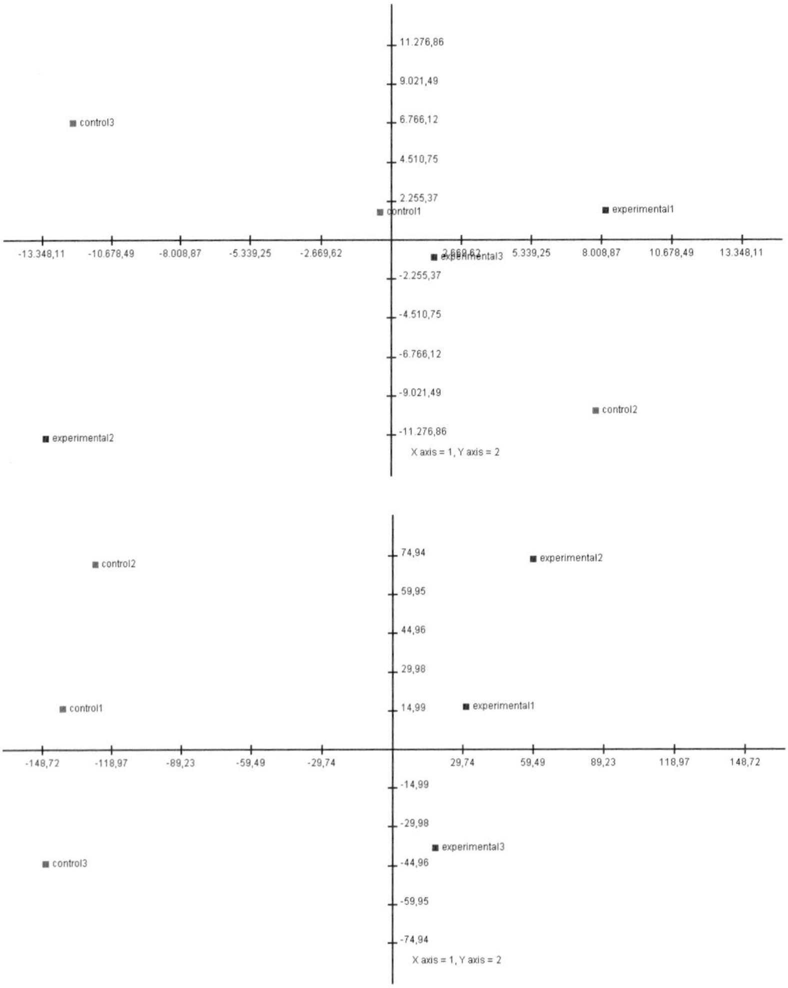

Figura 2. Análisis de componentes principales. Los datos proceden de un experimento con *microarrays* en el que se analizó la expresión de 54675 secuencias génicas en seis muestras de explantes de placenta humana: tres de las muestras fueron cultivadas en un medio sin tratar (control) y las tres restantes, en un medio con un tratamiento determinado (experimental) (código de acceso GSE36083). La figura a) muestra los resultados del agrupamiento de las muestras para la totalidad de los genes y la b) únicamente para los 388 genes diferencialmente expresados cuando se comparan ambos grupos experimentales ($p < 0'01$).

Análisis estadístico para la detección de genes diferencialmente expresados

Llegados a este punto, la cuestión fundamental que se plantea es si, para cada gen, existe una modificación de su expresión en diferentes condiciones experimentales. A lo largo del tiempo han sido varias las estrategias que se han seguido con la finalidad de dar respuesta a esta pregunta, tratando de transformar la información visual procedente del *array* (de los llamados *spots*) en información apta para su interpretación biológica (Fundel *et al.*, 2008).

En las primeras publicaciones acerca de experimentos con *microarrays* se solía emplear un método sencillo que consideraba un gen como significativamente cambiante si sus niveles de expresión variaban en cierta medida (generalmente el doble) entre las muestras control y las experimentales. Sin embargo, este método parecía no tener la significación deseada y, por tanto, los resultados no parecían ser lo suficientemente apropiados (Hatfield *et al.*, 2003).

Es por ello por lo que la aplicación de análisis estadísticos se convirtió en el método de elección. Estos procedimientos se basan en la selección de genes atendiendo a sus valores de significación estadística o p-valores, que a su vez se obtienen mediante la aplicación de tests estadísticos paramétricos o no paramétricos, dependiendo de las necesidades del experimento. Estos p-valores indican la probabilidad de que, al realizar un experimento, la detección de un gen como diferencialmente expresado difiera de lo ocurrido al azar (Esteban *et al.*, 2008). Suelen considerarse como significativos aquellos genes cuyos p-valores estén por debajo de 0'01 o 0'05, es decir, solo en 1 o 5 de cada 100 experimentos, respectivamente, los cambios de expresión se deberían al azar.

Cuando se obtienen los valores de significación estadística es recomendable realizar un ajuste o corrección de los mismos, pues, debido al gran número de genes que podemos encontrar en un *array*, el número de falsos positivos para un p-valor no corregido puede ser muy elevado. Por ejemplo, si basamos la significación estadística en un p-valor no corregido de 0'01 y utilizamos el *array* de Affymetrix "Human Genome U133 Plus 2.0", que contiene sondas para más de 47.000 transcritos, hasta 470 de los genes que se obtuviesen como diferencialmente expresados podrían deberse al azar. Es por ello por lo que, como solución a este problema, se aplican métodos de corrección del p-valor, entre los que destacan el *False Discovery Rate* (FDR) y la corrección de Bonferroni. El primero se define como la proporción de falsos positivos esperada entre los resultados significativos, y su fácil interpretación lo convierte en una escala más útil para trabajar que el p-valor no corregido. La corrección de Bonferroni, por su parte, propone como p-valor corregido el p-valor no corregido dividido entre el número de genes del *array* (para el ejemplo anterior, $0'01/47.000 = 2'13 \cdot 10^{-7}$).

La mayoría de los métodos que se usan están basados en el t-test (Esteban *et al.*, 2008). Su aplicación presenta el inconveniente de que, en ocasiones, el número de muestras es pequeño (debido al coste y la dificultad que supone incluir réplicas en un experimento con *microarrays*) como para considerar los valores estadísticos como robustos. Por ello, se hace necesaria una aproximación que permita superar estos obstáculos (Hatfield *et al.*, 2003), como puede ser la aplicación de tests de tipo no paramétrico como el *Rank Product*, especialmente útil para los análisis de datos de *microarrays*. Este análisis resulta particularmente interesante, pues incluye un test de hipótesis múltiple para la corrección del p-valor inicial (la llamada corrección de pfp), mediante el que se establece una tasa de falsos positivos que tiene una naturaleza similar a la corrección de *False Discovery Rate* (FDR) (Franco *et al.*, 2016).

En ocasiones, además, la interpretación de los resultados se ve afectada por la aparición de discrepancias que hacen que los p-valores no muestren la significación biológica que debieran. Así, podemos detectar p-valores bajos (y, por tanto, significativos) para genes que no tengan relación alguna con la condición objeto de estudio y, en contraposición, p-valores altos (que se descartarían en los análisis por este motivo) de genes que juegan importantes papeles en mecanismos biológicos de interés y que guardan relación con la situación experimental estudiada (Esteban y Wall, 2011). Esta circunstancia propició el desarrollo de algunos métodos alternativos para el estudio de la expresión génica diferencial, como el basado en Teoría de Juegos Cooperativos. Aunque la descripción de este método no es el objetivo de este capítulo, se ha podido comprobar cómo su aplicación aumenta la sensibilidad en la detección de genes diferencialmente expresados con respecto a algunas técnicas de análisis convencional (Esteban y Wall, 2011).

Tal y como se puede deducir de estas líneas, los métodos que se pueden utilizar para el cálculo de los p-valores son muy variados y el uso de unas aproximaciones u otras puede repercutir en los resultados obtenidos. A pesar de ello, se ha demostrado que son capaces de detectar en gran medida genes o grupos de genes cuya expresión cambia significativamente en distintas situaciones.

Análisis funcional y construcción de redes

Una vez que se han detectado los genes que muestran una expresión diferencial entre tipos de muestras, el análisis puede continuar por distintos caminos en función del propósito del investigador. Entre ellos se encuentra el análisis funcional, que podría definirse como el proceso mediante el cual se identifican las funciones en las que participa un determinado conjunto de genes.

El análisis funcional puede ser abordado mediante un enfoque reduccionista gracias al uso de bases de datos como *Gene Cards* (http://www.genecards.org/) o *Uniprot* (http://www.uniprot.org/), y puede resultar útil para conocer las funciones y procesos en los que participan los genes, o productos génicos, detectados como diferencialmente expresados cuando su número es bajo. Sin embargo, cuando se trabaja con datos procedentes de la aplicación de tecnologías *ómicas* de alta resolución como los *microarrays*, a menudo la cantidad de genes detectados es elevada, lo que convierte el análisis funcional en un proceso largo, tedioso e incluso sesgado si se realiza de forma manual (Esteban *et al.*, 2008). Para solucionar este problema, existe software especializado que permite analizar simultáneamente grupos de genes, facilitando en gran medida la anotación funcional. Todas estas herramientas tienen la ventaja de que, además, proporcionan valores de significación para los distintos procesos biológicos representados, lo cual facilita la interpretación de los resultados.

A principios de la pasada década comenzó a desarrollarse una serie de plataformas entre las que destaca la *Database for Annotation, Visualization and Integrated Discovery* (DAVID) (https://david.ncifcrf.gov/), que proporciona un conjunto de herramientas de anotación funcional mediante las cuales se puede extraer información biológica a partir de listas de genes (Jiao *et al.*, 2012). Dichas listas pueden corresponder a diferentes especies y haber sido obtenidas mediante la aplicación de diversas técnicas, pues DAVID es capaz de reconocer nomenclatura específica de sondas de muy diferentes tipos de *arrays*.

A partir del desarrollo de este tipo de plataformas, el enriquecimiento funcional se convirtió en un campo de obtención de información muy productivo, y desde entonces se han ido desarrollando herramientas similares de dominio público. Siguiendo la línea establecida por DAVID, en el año 2005 se creó g:Profiler, que se ha convertido en una de las bases de datos más potentes para el análisis funcional que se encuentran disponibles (Reimand *et al.*, 2016).

Otro de los tratamientos que se le puede dar a los datos consiste en la construcción de redes biológicas. Se trata de una manera elegante de representar la interacción entre moléculas en biología de sistemas y que, además, permite estudiar y predecir el comportamiento de un sistema complejo.

En la estructura de una red, típicamente encontramos una serie de elementos (nodos) que están enlazados entre sí a través de un conjunto de conexiones (aristas). Esta disposición permite mostrar de forma intuitiva datos biológicos como la interacción proteína-proteína o rutas celulares y de transducción de señales. Además, se puede extraer información cuantitativa de los nodos y de esta manera inferir el comportamiento y la importancia de los mismos en el sistema.

Cuando se construye una red es necesario conocer previamente la relación entre los nodos que la conforman. Para lograr este objetivo es de gran utilidad la herramienta STRING (http://string-db.org; Szklarczyk *et al.*, 2015), que incluye información acerca de la asociación existente entre más de 9 millones de proteínas pertenecientes a más de 2000 organismos. Las interacciones incluyen asociaciones de tipo directo (físico) e indirecto (funcional) y proceden fundamentalmente de predicciones computacionales y de la integración de otras bases de datos. Sin embargo, y a pesar de sus múltiples ventajas, STRING tiene aplicaciones limitadas, en el sentido de que apenas permite extraer información cuantitativa de los nodos.

Cuando se pretende analizar la estructura (*topología*) de una red, es necesario el uso de otras herramientas complementarias como *Cytoscape* (http://www.cytoscape.org/; Shannon *et al.*, 2003), que gracias a su interfaz sencilla hace posible la lectura, anotación y manipulación de redes como funciones básicas (Diez *et al.*, 2014). Además, se trata de un proyecto gratuito y de código abierto por lo que, al igual que ocurre con *Bioconductor*, desde su creación se han ido incorporando distintos paquetes o *plugins* que permiten extender su funcionalidad, convirtiéndola así en la herramienta gratuita por excelencia para el análisis de la interacción entre biomoléculas.

Ejemplo de aplicación

Para ilustrar con un ejemplo los contenidos expuestos a lo largo del capítulo, en el presente apartado se analizará un *dataset* de la base de datos pública *Gene Expression Omnibus* (https://www.ncbi.nlm.nih.gov/geo/) con paquetes de *Bioconductor* ejecutados en R.

Además, también se indicarán pautas para la construcción de redes de interacción a partir de listados de genes implicados en una enfermedad obtenidos de *Phenopedia*, una plataforma que genera información de genes relacionados con determinadas enfermedades (https://phgkb.cdc.gov/HuGENavigator/startPagePhenoPedia.do).

Análisis de datos de *microarrays*

Trabajaremos con el *dataset* de *Gene Expression Omnibus* con código de acceso GSE7846 (https://www.ncbi.nlm.nih.gov/geo/query/acc.cgi?acc=GSE7846), que corresponde al perfil de expresión génica de 10 muestras de células endoteliales de origen endometrial obtenido mediante el uso de un *microarray* de la casa comercial *Affymetrix*. Se trata de datos puros (*raw data*), es decir, que no han sufrido un procesamiento previo, almacenados en ficheros de extensión .CEL.

Se realizará un análisis típico de comparación de dos clases, pues son dos los grupos experimentales: 5 muestras proceden de pacientes sanas y 5 de pacientes con endometriosis, un desorden ginecológico.

El primer paso consiste en importar las muestras a R para que puedan ser leídas y transformadas en una matriz de expresión, ya que los archivos .CEL recogen de manera independiente los valores de expresión para cada muestra. El código en R es:

```
library(affy)      # to read and to do normalization
library(affyPLM)   # diagnostics


#read the file
data<- ReadAffy()
```

Una vez que los datos han sido importados, el preprocesamiento suele comenzar con la aplicación de modelos que permiten evaluar la calidad del análisis de expresión. En este punto es particularmente útil el paquete *oligo* de *Bioconductor* (Carvalho y Irizarry, 2010), compuesto por una colección de herramientas de diferentes autores. Mediante este paquete se puede llevar a cabo la visualización de los datos, sustracción de fondo y normalización, entre otras.

Además, cuando se trabaja con datos de expresión es frecuente la transformación de los mismos a escala logarítmica, que, tal y como se ha comentado previamente, tiene por objetivo uniformar la escala en las tasas de expresión. Asimismo, es de vital importancia proceder a la normalización de los datos con el objetivo de eliminar las variaciones con origen no biológico (fundamentalmente errores de tipo humano asociados al manejo de los *arrays*). Para los *arrays* de tipo *Affymetrix,* estos procedimientos pueden llevarse a cabo en un único paso gracias al algoritmo RMA (*robust multi-array average*) (Irizarry *et al.*, 2003), integrado en el paquete de análisis *affy* (Gautier *et al.*, 2004). El código en R para nuestro *dataset* ejemplo es:

```
#normalization
par(mfrow=c(2,4))
data_rma<-rma(data)

boxplot(data, main="RAW DATA", outline =FALSE, col="blue", las=3)
boxplot(data_rma, main="RMA normalized DATA", outline =FALSE, col="red", las=3)

rma_normalized_data<-exprs(data_rma)
rma_normalized_data[1:5,1:3]
write.table(rma_normalized_data, "rma_normalized_data.txt")
```

En la **Figura 3** se muestran los cambios producidos en la distribución de los valores de expresión de los datos brutos tras aplicar el algoritmo RMA del paquete *affy* (Gautier *et al.*, 2004), que corrige el fondo, hace una transformación logarítmica y normaliza por cuantiles.

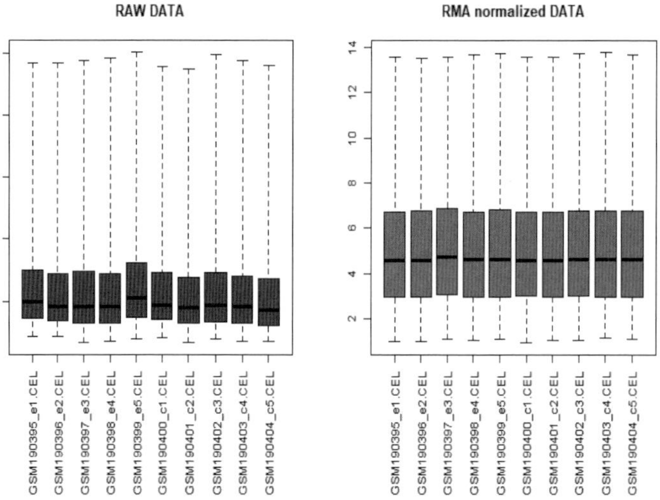

Figura 3.1_1. Distribución de los valores medios de expresión para cada muestra (c: muestras control; e: muestras experimentales) antes (izquierda) y después (derecha) de la aplicación del algoritmo RMA.

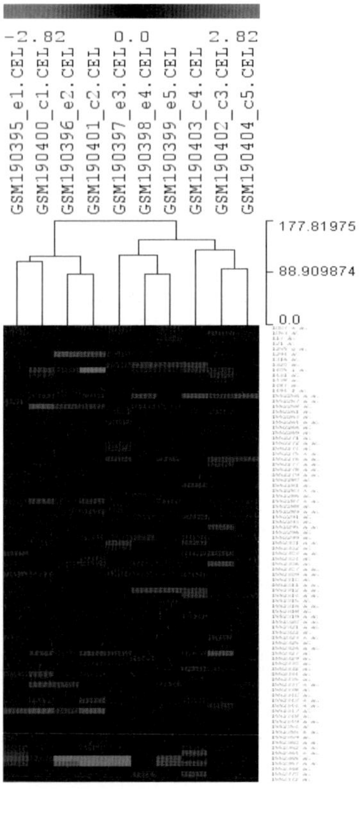

El siguiente paso en el esquema típico de trabajo es un análisis exploratorio a través de la construcción de *clusters*, que nos permite detectar la existencia de patrones de distribución entre las muestras. La **Figura 3.1_2** muestra el resultado de la realización de un *cluster* de tipo jerárquico, utilizando como distancia la euclídea y como método de agrupamiento, el de tipo completo.

Por otro lado, también como parte del análisis exploratorio, es habitual realizar

Figura 3.1_2. *Clustering* jerárquico de las muestras del experimento GSE7846. No se detecta una agrupación diferencial entre las muestras control (c) y las muestras experimentales (e) cuando se tiene en cuenta todo el conjunto de genes incluido en el *array* (la longitud de la figura se ha truncado).

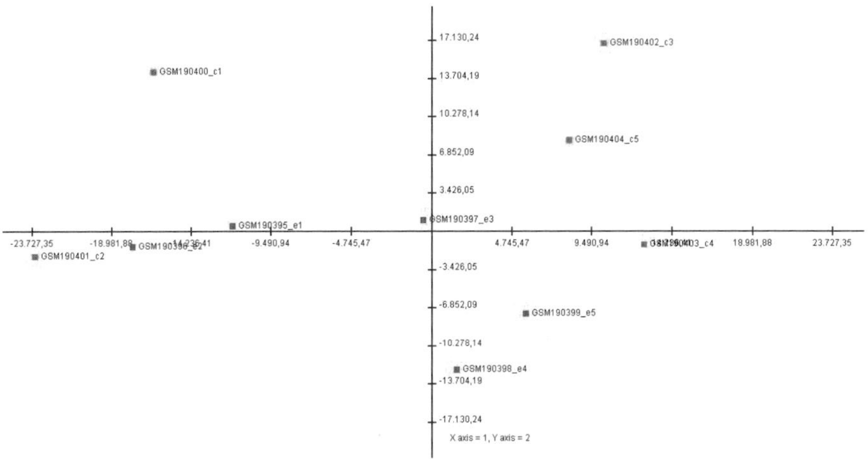

Figura 3.1_3. Análisis de componentes principales de las muestras de tipo control (c) y experimental (e) del experimento GSE7846. Al igual que en el *clustering*, las muestras se agrupan sin seguir un patrón específico.

un análisis de componentes principales con el objetivo de detectar patrones de distribución de los datos en forma de combinaciones lineales de variables no correlacionadas entre sí. La **Figura 3.1_3** muestra el resultado del análisis de componentes principales aplicado a las muestras del experimento GSE7846.

Cuando se analiza la expresión diferencial de genes entre ambos grupos experimentales utilizando métodos paramétricos (concretamente, el test de Welch), se observa que existe un grupo de 431 genes cuya expresión se modifica de forma significativa (p-valor < 0'01). Si se realiza un nuevo *cluster* con este grupo de genes, puede observarse cómo el patrón de distribución es claro en este caso **(Figura 4)**.

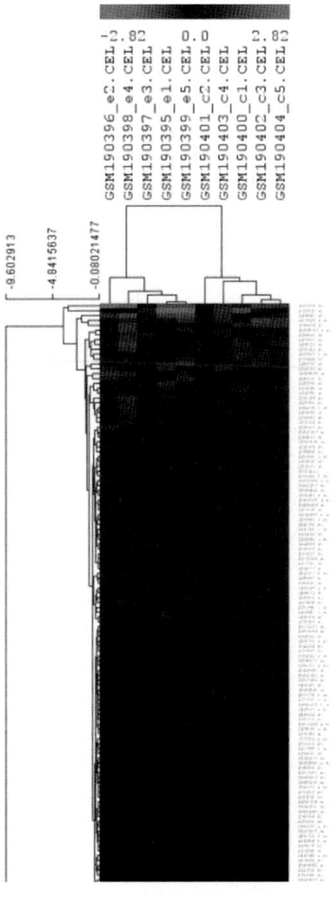

Figura 4. *Biclustering* jerárquico realizado a partir del grupo de 431 genes diferencialmente expresados (p-valor < 0'01) tras el análisis estadístico de tipo paramétrico (la longitud de la figura se ha truncado).

El análisis funcional mediante DAVID revela los procesos biológicos en los que se encuentran enriquecidos los genes diferencialmente expresados (**Figura 5**), fundamentalmente relacionados con motilidad celular y angiogénesis.

Sublist	Category	Term	RT	Genes	Count	%	P-Value	FDR
	GOTERM_BP_DIRECT	angiogenesis	RT		15	4,2	3,6E-5	5,9E-2
	GOTERM_BP_DIRECT	cytoskeleton organization	RT		11	3,1	5,1E-4	8,5E-1
	GOTERM_BP_DIRECT	positive regulation of cell migration	RT		11	3,1	1,4E-3	2,3E0

Figura 5. Análisis de enriquecimiento funcional de los 431 genes diferencialmente expresados (p-valor < 0'01).

Estos resultados permiten avanzar en el conocimiento de las bases moleculares de enfermedades de tipo complejo, como es el caso de la endometriosis, mostrando los procesos biológicos que se encuentran alterados cuando se comparan tejidos sanos con tejidos afectados por la patología.

Construcción de redes

La construcción de una red permite visualizar la relación entre moléculas. Puede ser elaborada a partir de listas de genes propias (un grupo de genes obtenidos como diferencialmente expresados en un análisis, por ejemplo), o bien empleando información obtenida a partir de otras fuentes como *Phenopedia* (https://phgkb.cdc.gov/HuGENavigator/startPagePhenoPedia.do), una base de datos pública en la que se almacena información de genes relacionados con enfermedades. A modo de ejemplo, elegiremos como enfermedad modelo el síndrome del colon irritable (*Irritable Bowel Syndrome*), un desorden gastrointestinal crónico y complejo cuyas causas aún no se conocen con exactitud.

Phenopedia ofrece la opción de descargar la lista de genes en formato de texto plano y, a partir de ese documento, se pueden obtener las interacciones existentes a nivel molecular entre ellos. Para ello se hace uso de la plataforma STRING, en la cual, tras seleccionar la especie a la que pertenece el grupo de genes indicado, se elabora una red de interacción (**Figura 6**).

Además de la representación gráfica, es posible acceder a los valores de interacción asociados a cada nodo; es con esta información con la que se realizan análisis posteriores de topología de redes utilizando, como software más específico, *Cytoscape*.

Dos de los parámetros más característicos empleados en el análisis de topología de redes son el grado (*degree*) y la intermediación (*betweenness*). El primero

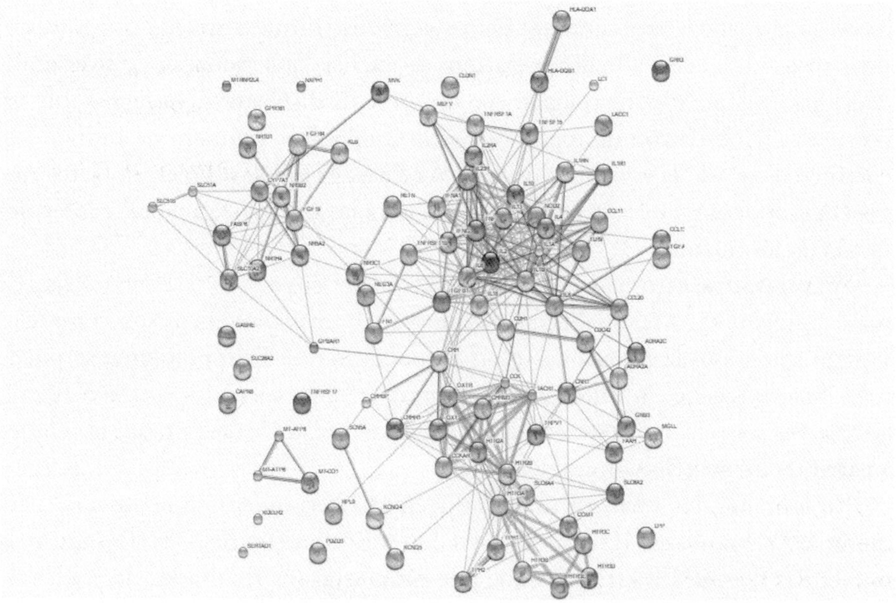

Figura 6. Captura de pantalla de STRING que muestra la red construida a partir de la lista de genes obtenidos de *Phenopedia*. Los nodos representan proteínas (las de gran tamaño tienen una estructura tridimensional conocida y predicha; las de pequeño tamaño, no) y los colores de las interacciones representan el tipo de asociación establecida entre cada par de nodos. En este caso se han elegido los parámetros por defecto de la plataforma.

de ellos representa el número de nodos a los cuales un nodo dado está conectado y permite extraer información acerca de la importancia de un nodo en la red. El segundo parámetro, por su parte, es una medida de la estabilidad que aporta un nodo a la red, pues indica la forma en que un nodo actúa como "puente", o cuello de botella, uniendo partes de la red que parecen estar desconectadas. Gracias a la versatilidad de *Cytoscape*, además, es posible destacar los nodos que muestren mayores valores para estos parámetros (y para otros muchos) (**Figura 7**).

Limitaciones del uso de *microarrays*

Son muchos los autores que se muestran críticos con la utilización de *microarrays*, pues consideran que no en todos los casos los niveles de ARNm se corresponden con el nivel final de proteína y, por tanto, los niveles de expresión diferenciales no siempre tendrían por qué representar lo que está ocurriendo a nivel celular. Además, se ha demostrado que existe una gran fuente de error de tipo técnico asociada al manejo experimental de los *microarrays* (que se puede contrarrestar mediante el uso adecuado de algoritmos de análisis que reduzcan esta variabilidad). El coste que supone trabajar con este tipo de dispositivos hace inviable, en ocasiones, la obtención de replicados tanto biológicos (número de individuos) como técnicos (de la misma muestra). Además, el gran volumen de datos que genera la aplicación de esta tecnología dificulta las labores de análisis e interpretación de los mismos.

Por otra parte, otros autores consideran que los ensayos *in silico* no reflejan de manera fidedigna la realidad, puesto que los sistemas biológicos son complejos y están sometidos a variaciones de manera constante. Este problema se puede solucionar mediante la validación, con otras técnicas como hibridación *in situ*, *western-blot* o la reacción en cadena de la polimerasa, de los resultados obtenidos a partir de los análisis computacionales.

No obstante, los *microarrays* constituyen una herramienta fundamental para monitorizar los niveles de expresión en determinadas condiciones. Debido a las numerosas fuentes de variación que pueden afectar los resultados derivados de

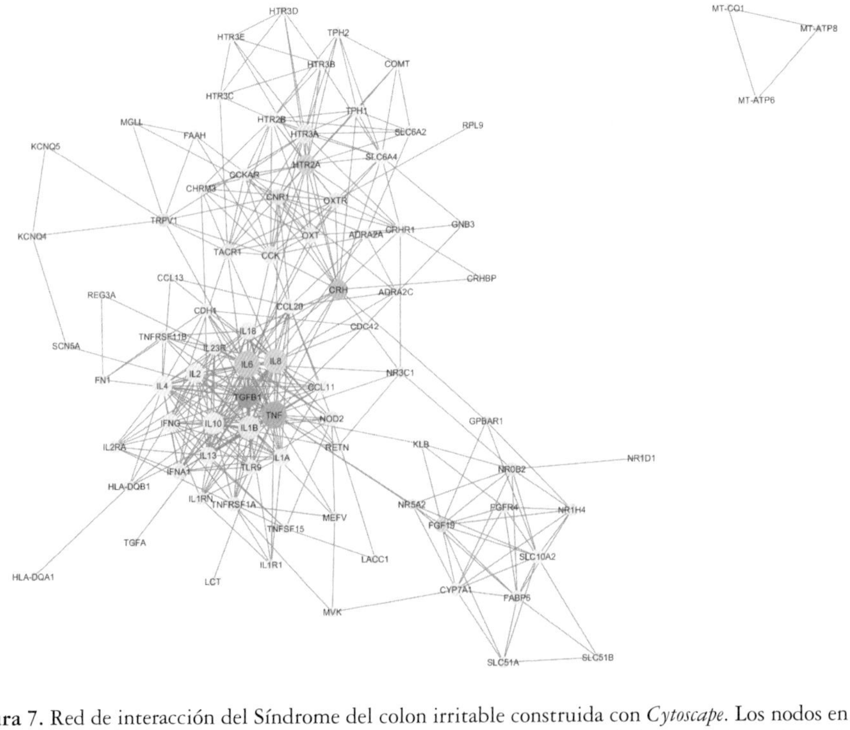

Figura 7. Red de interacción del Síndrome del colon irritable construida con *Cytoscape*. Los nodos en mayor tamaño presentan los valores más altos de grado (*degree*) y las tonalidades se van intensificando a medida que la intermediación (*betweenness*) aumenta.

los experimentos, se hace imprescindible la aplicación de estrategias de preprocesamiento y normalización de los datos, así como un adecuado análisis computacional de los mismos.

Perspectivas futuras

La aplicación de la tecnología de *microarrays* al estudio de la expresión génica ha supuesto una verdadera revolución en la biología molecular y celular. Aunque los esfuerzos actuales se centran en el análisis de la expresión génica, los *microarrays* permiten monitorizar otros perfiles moleculares, como, por ejemplo, el análisis de perfiles peptídicos o de carbohidratos. Cabe esperar que en los próximos años se consiga caracterizar con éxito la firma molecular asociada a una amplia variedad de patologías, favoreciendo la descripción de los procesos biológicos subyacentes a las mismas.

Todos los descubrimientos derivados del uso de estas tecnologías están permitiendo, además, la incorporación de nuevos biomarcadores de uso diagnóstico y predictivo, favoreciendo el abordaje del estudio de enfermedades complejas, como, por ejemplo, el autismo (Díaz-Beltrán *et al.*, 2016). Dentro de este ámbito cabe destacar el hecho de que la gran mayoría de biomarcadores que están siendo incorporados se obtienen mediante procedimientos no invasivos. De igual forma, gracias a la mejora de las tecnologías del ADN recombinante y de las técnicas de biología molecular en general, a partir de pequeñas cantidades de material se pueden realizar análisis complejos. Todos estos avances están favoreciendo la evolución hacia una medicina personalizada en función de los perfiles moleculares propios de cada paciente.

La constante mejora en las técnicas de computación está permitiendo, además, hacer frente al reto de analizar los grandes volúmenes de datos derivados de la aplicación de nuevas tecnologías *ómicas*, y cada vez se están desarrollando más plataformas y herramientas con una interfaz amigable, que hacen posible el análisis e interpretación de datos sin necesidad de un profundo conocimiento computacional.

En definitiva, este nuevo enfoque holístico, con el que se trabaja cuando se sigue una estrategia de biología de sistemas, representa un verdadero cambio, pues va encaminado en última instancia hacia la descripción de la complejidad de los sistemas biológicos en su sentido más amplio, con lo cual se consigue abordar las variaciones que se producen en los mismos como consecuencia de alteraciones fisiopatológicas.

Conclusiones

1. La biología de sistemas permite hacer frente a los grandes volúmenes de datos derivados de la aplicación de las tecnologías *ómicas* de alta resolución.
2. Los continuos avances en los procedimientos experimentales están teniendo como consecuencia la emergencia de nuevas herramientas para el análisis de datos, que tienen como objetivo simplificar la extracción de conocimiento a partir de grandes volúmenes de información.
3. El esquema general de trabajo cuando se sigue una estrategia de biología de sistemas se articula en torno a una serie de etapas que pueden resumirse en preprocesamiento, normalización, análisis exploratorios, análisis estadísticos, análisis funcionales y análisis de redes.
4. Es necesario ser cuidadosos a la hora de escoger la metodología de análisis que mejor se ajuste a las necesidades de los experimentos, pues en ocasiones puede condicionar los resultados obtenidos.
5. La aplicación de estrategias de análisis propias de la biología de sistemas, como la Teoría de Redes, permiten profundizar en el conocimiento de las bases moleculares de enfermedades complejas, así como predecir el comportamiento de los sistemas biológicos.

Bibliografía

Cano, C. (2010): *Extracción de conocimiento de microarrays y literatura biomédica para el estudio de la regulación genética* (Tesis Doctoral). Granada: Universidad de Granada.

Carvalho, B. S. e Irizarry, R. A. (2010): "A framework for oligonucleotide microarray preprocessing". *Bioinformatics,* 26(19), 2363-2367.

Díaz-Beltrán, L., Cano, C., Wall, D. P. y Esteban, F. J. (2013): "Systems Biology as a comparative approach to understand complex gene expression in neurological diseases". *Behavioral Sciences*, 3(2), 253-272.

Díaz-Beltrán, L., Esteban, F. J. y Wall, D. P. (2016): "A common molecular signature in ASD gene expression: following Root 66 to autism". *Translational Psychiatry, 6*: e705.

Díez, D., Agustí, A. y Wheelock, C. E. (2014): "Network analysis in the investigation of chronic respiratory diseases: from basics to application". *American Journal of Respiratory and Critical Care Medicine, 190*(9), 981-988.

Do, J. H. y Choi, D. K. (2006): "Normalization of microarray data: single-labeled and dual-labeled arrays". *Molecules and Cells*, 22(3), 254-261.

Dudoit, S., Gentleman, R. y Quackenbush, J. (2003): "Open source software for the analysis of microarray data". *Biotechniques,* (Suppl), 45-51.

Edgar, R., Domrachev, M. y Lash, A. E. (2002): "Gene Expression Omnibus: NCBI gene expression and hybridization array data repository". *Nucleic Acids Res*, 30(1), 207-210.

Esteban, F. J., Cano, C., de la Haza, I., Cano-Ortiz, A., Mendizábal, N. V., Goñí, J. y Horcajadas, J. A. (2008): "Análisis bioinformático de datos: aplicación en microarrays". *Cuadernos de medicina reproductiva,* 14, 87-96.

Esteban, F. J. y Wall, D. P. (2011): "Using game theory to detect genes involved in Autism Spectrum Disorder". *Top*, 19(1), 121-129.

Franco, D., Bonet, F., Hernández-Torres, F., Lozano-Velasco, E., Esteban, F. J. y Aránega, A. E. (2016): "Analysis of microRNA microarrays in cardiogenesis". *Microarray Data Analysis,* 207-221.

Fundel, K., Küffner, R., Aigner, T. y Zimmer, R. (2008): "Normalization and gene p-value estimation: issues in microarray data processing". *Bioinformatics and Biology Insights*, 2, 291-305.

Gautier, L., Cope, L., Bolstad, B. M. e Irizarry, R. A. (2004): "affy-analysis of Affymetrix GeneChip data at the probe level." *Bioinformatics*, 20(3), 307-315.

Golub, T. R., Slonim, D., Tamayo, P., Huard, C., Gaasenbeek, M., Mesirov, J., Coller, H., Loh, M. L., Downing, J. R., Caligiuri, M. A., Bloomfield, C. D. y Lander, E. S. (1999): "Molecular classification of cancer: class discovery and class prediction by gene expression monitoring". *Science*, 286(5439), 531-537.

Gramates, L. S., Marygold, S. J., Santos, G. D., Urbano, J. M., Antonazzo, G., Matthews, B. B., Rey, A. J., Tabone, C. J., Crosby, M. A., Emmert, D. B., Falls, K., Goodman, J. L., Hu, Y., Ponting, L., Schroeder, A. J., Strelets, V. B., Thurmond, J., Zhou, P. y the Flybase Consortium (2017): "FlyBase at 25: looking to the future". *Nucleic Acids Research*, 45 (Database issue), D663-D671.

Harris, T. W., Antosheckin, I., Bieri, T., Blasiar, D., Chan, J., Chen, W. J., De La Cruz, N., Davis, P., Duesbury, M., Fang, R., Fernandes, J., Han, M., Kishore, R., Lee, R., Müller, H. M., Nakamura, C., Ozersky, P., Petcherski, A., Rangarajan, A., Rogers, A., Schindelman, G., Schwarz, E. M., Tuli, M. A., Van Auken, K., Wang, D., Wang, X., Williams, G., Yook, K., Durbin, R., Stein, L. D., Spieth, J. y Sternberg, P. W. (2010): "WormBase: a comprehensive resource for nematode research". *Nucleic Acids Research*, 38 (Database issue), D463-D467.

Hatfield, G. W., Hung, S. y Baldi, P. (2003): "Differential analysis of DNA microarray gene expression data". *Molecular Microbiology*, 47(4), 871-877.

Irizarry, R. A., Hobbs, B., Collin, F., Beazer-Barclay, Y. D., Antonellis, K. J., Scherf, U. y Speed, T. P. (2003): "Exploration, normalization, and summaries of high density oligonucleotide array probe level data". *Biostatistics*, 4(2), 249-264.

Jaskowiak, P. A., Campello, R. J. G. B. y Costa, I. G. (2013): "Proximity measures for clustering gene expression microarray data: a validation methodology and a comparative analysis". *IEEE/ACM Transactions on Computational Biology and Bioinformatics*, 10(4), 845-857.

Jiang, D., Tang, C. y Zhang, A. (2004): "Cluster analysis for gene expression data: a survey". *IEEE Transactions on Knowledge and Data Engineering*, 16(11), 1370-1386.

Jiao, X., Sherman, B. T., Stephens, R., Baseler, M. W., Lane, H. C. y Lempicki, R. A. (2012): "DAVID-WS: a stateful web service to facilitate gene/protein list analysis". *Bioinformatics*, 28(13), 1805-1806.

Lee, J. R., Magee, D. M., Gaster, R. S., LaBaer, J. y Wang, S. X. (2013): "Emerging protein array technologies for proteomics". *Expert Review of Proteomics*, 10(1), 65-75.

Moore, J. G. y Weeks, M. E. (2011): "Proteomics and Systems Biology: current and future applications in the nutritional sciences". *Systems Biology*, 3, 355-364.

Moretto, M., Sonego, P., Dierckxsens, N., Brilli, M., Bianco, L., Ledezma-Tejeida, D., Gama-Castro, S., Galardini, M., Romualdi, C., Laukens, K., Collado-Vides, J., Meysman, P. y Engelen, K. (2016): "COLOMBOS v3.0: leveraging gene expression compendia for cross-species analyses". *Nucleic Acids Research*, 44 (Database issue), D620-D623.

Oyelaran, O. y Gildersleeve, J. C. (2007): "Application of carbohydrate array technology to antigen discovery and vaccine development". *Expert Review of Vaccines*, 6(6), 957-969.

Parkinson, H., Kapushesky, M., Shojatalab, M., Abeygunawardena, N., Coulson, R., Farne, A., Holloway, E., Kolesnykov, N., Lilja, P., Lukk, M., Mani, R., Rayner, T., Sharma, A., William, E., Sarkans, U. y Brazma, A. (2007): "ArrayExpress – a public database of microarray experiments and gene expression profiles". *Nucleic Acids Research*, 35 (Database issue), D747-D750.

Petryszak, R., Keays, M., Tang, Y. A., Fonseca, N. A., Barrera, E., Burdett, T., Füllgrabe, A., Fuentes, A. M., Jupp, S., Koskinen, S., Mannion, O., Huerta, L., Megy, K., Snow, C., Williams, E., Barzine, M., Hastings, E., Weisser, H., Wright, J., Jaiswal, P., Huber, W., Choudhary, J., Parkinson, H. E. y Brazma, A. (2016): "Expression atlas update-an integrated database of gene and protein expression in humans, animals and plants". *Nucleic Acids Research*, 44 (Database issue), D746-D752.

Pitsikun, T., Gandolfo, M., Das, S., Knepper, M. y Bagnasco, S. (2012): "Application of systems biology principles to protein biomarker discovery: urinary exosomal proteome in renal transplantation". *Proteomics Clinical Applications*, 6(5-6), 268-278.

Pontes, B., Giráldez, R. y Aguilar-Ruiz, J. S. (2015): "Biclustering on expression data: a review". *Journal of Biomedical Informatics*, 57, 163-180.

Reimand, J., Arak, T., Adler, P., Kolberg, L., Reisberg, S., Peterson, H. y Vilo, J. (2016): "g:Profiler–a web server for functional interpretation of gene lists (2016 up- date)". *Nucleic Acids Research*, 44(W1), W83-W89.

Reimers, M. (2005): "Statistical analysis of microarray data". *Addiction Biology*, 10(1), 23-35.

Reimers, M. y Carey, V. J. (2006): "[8] Bioconductor: an open source framework for Bioinformatics and Computational Biology". *Methods in Enzymology*, 411, 119-134.

Ringwald, M., Eppig, J. T., Kadin, J. A. y Richardson, J. E. (2000): "GXD: a gene expression database for the laboratory mouse: current status and recent enhancements. The Gene expression database group". *Nucleic Acids Research*, 28(1): 115-119.

Saeed, A. I., Bhagabati, N. K., Braisted, J. C., Liang, W., Sharov, V., Howe, E. A., Li, J., Thiagarajan, M., White, J. A. y Quackenbush, J. (2006): "TM4 Microarray Software Suite". *Methods in Enzymology*, 411, 134-193.

Schneider, H. C. y Klabunde, T. (2013): "Understanding drugs and diseases by systems biology?". *Bioorganic and Medicinal Chemistry Letters*, 23(5), 1168-1176.

Shannon, P., Markiel, A., Ozier, O., Baliga, N., Wang, J., Ramage, D., Amin, N., Schwikowski, B. e Ideker, T. (2003): "Cytoscape: a software environment for integrated models of biomolecular interaction networks". *Genome Research*, 13(11), 12- 16.

Sheng, X., Wu, J., Sun, Q., Li, X., Xian, F., Sun, M., Fang, W., Chen, M., Yu, J. y Xiao, J. (2017): *Briefings in Bioinformatics, 18*(1), 28-36.

Silver, J. D., Ritchie, M. E. y Smyth, G. K. (2009): "Microarray background correction: maximum likelihood estimation for the normal-exponential convolution". *Biostatistics*, 10(2), 352-363.

Sui, Y., Zhao, X., Speed, T. P. y Wu, Z. (2009): "Background adjustment for DNA microarrays using a database of microarray experiments". *Journal of Computational Biology*, 16(11), 1501-1515.

Szklarczyk, D., Franceschini, A., Wyder, S., Forslund, K., Heller, D., Huerta-Cepas, J., Simonovic, M., Roth, A., Santos, A., Tsafou, K. P., Kuhn, M., Bork, P., Jensen, L. J. y von Mering, C. (2015): "STRING v10: protein–protein interaction networks, integrated over the tree of life". *Nucleic Acids Research*, 43 (Database issue), D447-D452.

van Hal, N. L., Vorst, O., van Houwelingen, A. M., Kok, E. J., Peijnenburg, A., Aharoni, A., van Tunen, A. J. y Keijer, J. (2000): "The application of DNA microarrays in gene expression analysis". *Journal of Biotechnology*, 78(3): 271-280.

Wu, Z. (2009): "A review of statistical methods for preprocessing oligonucleotide microarrays". *Statistical Methods in Medical Research*, 18(6), 533-541.

Yu, W., Clyne, M., Khoury, M. J. y Gwinn, M. (2010): "Phenopedia and Genopedia: disease-centered and gene-centered views of the evolving knowledge of human genetic associations". *Bioinformatics*, 26(1): 145-146.

Zhang, F. y Chen, J. Y. (2010): "Discovery or pathway biomarkers from coupled proteomics and systems biology methods". *BMC Genomics*, 11 (Suppl 2), S12.

Zhang, Y., Szustakowski, J. y Schinke, M. (2009): "Bioinformatic analysis of microarray data". *Methods in Molecular Biology*, 573, 259-284.

Subunidades comunes de las RNA polimerasas eucariotas

Abel Cuevas-Bermúdez, Verónica Martínez-Fernández, Ana I. Garrido-Godino y Francisco Navarro

Departamento de Biología Experimental, Universidad de Jaén

fngomez@ujaen.es

Resumen

Las RNA polimerasas son complejos heteromultiméricos que se encargan de la síntesis de los RNAs. En levaduras, como en otros eucariotas, estos complejos contienen cinco subunidades comunes (Rpb5, Rpb6, Rpb8, Rpb10 y Rpb12) que podrían tener una función similar en las tres RNA polimerasas. Sin embargo, algunas de estas proteínas están implicadas en funciones específicas. En esta revisión describimos las subunidades comunes de las RNA polimerasas, con especial atención no solo a sus funciones comunes en la transcripción, sino también a aquellas funciones específicas que han sido descritas en los diferentes complejos transcripcionales.

Palabras clave: RNA polimerasas, transcripción, complejos proteicos.

Abstract

RNA polymerases are heteromultimeric complexes responsible of RNA synthesis. In yeast, as in the other eukaryotes, these complexes contain five common subunits (Rpb5, Rpb6, Rpb8, Rpb10 and Rpb12) that must have similar functions in the three RNA polymerases. However, some of these proteins have been shown to have also specific roles. In this review, we describe the common subunits of RNA polymerases, placing attention not only on their common roles in transcription, but also on their reported specific roles for some of the complexes.

Keywords: *RNA polymerases, transcription, protein complexes*

Introducción

La transcripción es realizada por las RNA polimerasas (RNA pols). Arqueas y bacterias contienen una sola RNA pol (RNA pol), mientras que la mayoría de los eucariotas contienen tres enzimas diferentes que se encargan de la síntesis de los distintos tipos de RNAs (Werner y Grohmann, 2011). La RNA pol I sintetiza el precursor de los tres rRNAs maduros mayores, mientras que la RNA pol III sintetiza los tRNAs y el rRNA 5S, junto con diferentes RNAs cortos no traducidos. La RNA pol II produce todos los mRNAs y muchos RNA no codificantes, ncRNAs (Werner y Grohmann, 2011; Werner, Thuriaux y Soutourina, 2009). Por otro lado, en plantas existen dos RNA pols adicionales, IV y V (o RNA pols nucleares D y E), para las que se ha descrito su función en síntesis de RNAs de interferencia pequeños (siRNAs) con un papel en la regulación de la metilación y en el silenciamiento génico, así como en síntesis de RNAs largos no codificantes implicados en desarrollo y respuesta a cambios ambientales (Haag y Pikaard, 2011; Bohmdorfer *et al.*, 2014; Haag *et al.*, 2014).

Mientras que la enzima del bacteriófago T7 y otras relacionadas que transcriben el genoma mitocondrial contribuyen a la transcripción del cloroplasto son RNA pols de subunidad única (Kwapisz, Beckouet y Thuriaux, 2008), las enzimas bacterianas, arqueanas y eucarióticas son complejos heteromultiméricos (**Tabla 1**). Al igual que en otros eucariotas, las RNA pols I, II y III de levaduras están compuestas por 14, 12 y 17 subunidades, respectivamente, de las cuales, las dos mayores, Rpa190 y Rpa135, en la RNA pol I, Rpb1 y Rpb2 en la RNA pol II y Rpc160 y Rpc128 en la RNA pol III, altamente conservadas en la evolución, forman el núcleo catalítico. Además, de entre todas las subunidades de las RNA pols de eucariotas, cinco presentan homólogos bacterianos (Rpb1, Rpb2, Rpb3, Rpb6 y Rpb11) y otras son comunes a arqueas, sin homólogos en bacterias (Rpb4, Rpb5, Rpb7, Rpb8, Rpb9, Rpb10, y Rpb12) (Werner y Grohmann, 2011; Werner, Thuriaux y Soutourina, 2009; Kwapisz, Beckouet y Thuriaux, 2008; Cramer, Bushnell y Kornberg, 2001; Ruprich-Robert y Thuriaux, 2010; Cramer *et al.*, 2008). Finalmente, las RNA pols eucarióticas

Tabla 1. Composición de subunidades de las RNA polimerasas (RNA pols)

Eucariotas						
Bacterias	Arqueas	RNA pol I	RNA pol II	RNA pol III	RNA pol IV (plantas)	RNA pol V (plantas)
β	Rpo1 (RpoA)	RPA190	RPB1	RPC160	NRPD1	NRPE1
β	Rpo2 (RpoB)	RPBA135	RPB2	RPC128	NRPD/E2	NRPD/E2
α	Rpo3 (RpoD)	RPAC40	RPB3	RPAC40	RPB3	RPB3
α	Rpo11 (RpoL)	RPAC19	RPB11	RPAC19	RPB11	RPB11
ω	Rpo6 (RpoK)	RPB6	RPB6	RPB6	RPB6	RPB6
	Rpo5 (RpoH)	RPB5	RPB5	RPB5	RPB5	NRPES5
	Rpo8 (RpoG)*	RPB8	RPB8	RPB8	RPB8	RPB8
	Rpo10 (RpoN)	RPB10	RPB10	RPB10	RPB10	RPB10
	Rpo12 (RpoP)	RPB12	RPB12	RPB12	RPB12	RPB12
	Rpo4 (RpoF)	RPA14	RPB4	RPC17	NRPD/E4	NRPD/E4
	Rpo7(RpoE)	RPA43	RPB7	RPC25	NRPD7	NRPE7
		RPA12	RPB9	RPC11	NRPD9b	RPB9
	Rpo13*					
		RPA49		RPC53		
		RPA34.5		RPC37		
				RPC82		
				RPC34		
				RPC31		

* Las subunidades RpoG y Rpo13 han sido identificadas solo en algunas especies de arqueas (Werner y Grohmann, 2011; Kwapisz, Beckouet y Thuriaux, 2008). Los números entre corchetes indican el número de ortólogos de subunidades las RNA pols IV y V de plantas. Para eucariotas se utiliza la nomenclatura más general entre diferentes reinos.
Diferentes nombres para las subunidades comunes de las RNA pols de levaduras: Rpb5: ABC27; Rpb6: ABC23 o Rpo26; Rpb8: ABC14.5; Rpb10: ABC10b; Rpb13: ABC10a.

contienen cinco subunidades comunes a las mismas (Rpb5, Rpb6, Rpb8, Rpb10 y Rpb12), que presentan homólogos en arqueas (**Figura 1** y **Figura 2**) (Zaros *et al.*, 2007; Woychik *et al.*, 1990; Shpakovski *et al.*, 1995).

En las últimas décadas se ha avanzado en el conocimiento de la función de las subunidades comunes de las RNA pols en la transcripción, pero su participación en la actividad de cada enzima sigue siendo poco clara. Esta revisión presenta una visión general sobre las cinco subunidades comunes de las RNA pols, con un enfoque principal en las subunidades de la levadura *Saccharomyces cerevisiae* y prestando especial atención no solo a sus funciones comunes en la actividad de las RNA pols, sino también describiendo sus funciones específicas para algunos de los complejos transcripcionales.

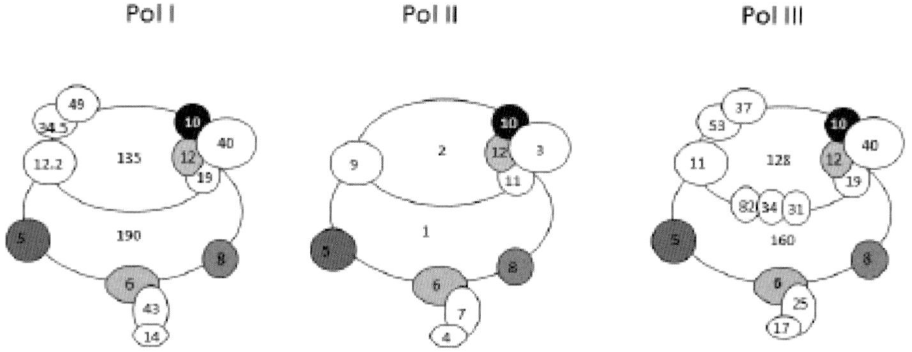

Figura 1. Representación esquemática de la estructura de las RNA pol I, II y III. Con fondo coloreado, cada subunidad común a las RNA pols. Los números corresponden con cada subunidad indicada en la Tabla 1.

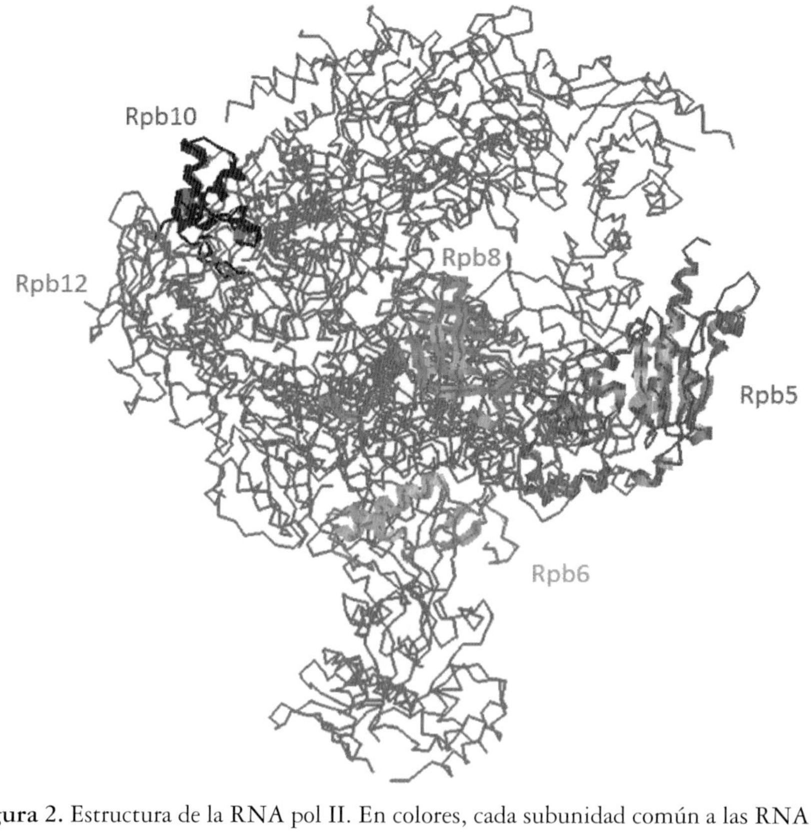

Figura 2. Estructura de la RNA pol II. En colores, cada subunidad común a las RNA pols. Coordenadas cristalográficas de la RNA pol II, pdb 1wcm.

Rpb5

Rpb5, también denominada ABC27, es un polipéptido compuesto por 215 aminoácidos y con un peso molecular de 27 kDa en la levadura *Saccharomyces cerevisiae* (Woychik *et al.*, 1990; Navarro y Thuriaux, 2000; Odawara *et al.*, 2011; Nonet *et al.*, 1987). Contrariamente al resto de subunidades comunes a las RNA polimerasas, el homólogo humano de Rpb5 (RPB5), con alta identidad y similitud de secuencia con la subunidad en levaduras (44% y 80%, respectivamente), no es capaz de complementar el alelo no funcional en *S. cerevisiae* (Shpakovski *et al.*, 1995). Rpb5 muestra homología con la subunidad "H" de arqueas, así como con la de virus de DNA nucleares y citoplasmáticos (Iyer y Struhl, 1996; Langer *et al.*, 1995). En *Trypanosoma brucei*, *T. cruzi* y *Leishmania major* existen dos parálogos de Rpb5 (Devaux *et al.*, 2007). De igual manera, se ha descrito que en cuatro linajes eucariotas relacionados (plantas y protistas) existen diferentes isoformas de Rpb5 como resultado de la diversificación de funciones (Devaux *et al.*, 2007).

A nivel estructural Rpb5 muestra una organización bipartita que combina dos dominios globulares separados por una estructura en forma de bisagra: el dominio N-terminal (dominio *garra*), únicamente presente en eucariotas (posiciones 1-142 en *S. cerevisiae*), y un dominio globular C-terminal altamente conservado en todas las enzimas no bacterianas (dominio *ensamblaje*) (Cramer, Bushnell y Kornberg, 2001; Langer *et al.*, 1995; Cramer *et al.*, 2000; Todone *et al.*, 2000; Siaut, *et al.*, 2003). Ambos módulos son esenciales *in vivo*, y son funcionalmente intercambiables con sus homólogos humanos, excepto por un segmento central localizado entre las posiciones 121-146 en *S. cerevisiae* (Zaros *et al.*, 2007). El módulo eucariota de Rpb5 presenta dos bloques de secuencias conservadas. Uno de ellos comprende los últimos 12 aminoácidos y el otro, las posiciones 11-30, y se corresponden con una larga hélice hidrofílica, Rpb5-α1, que ocupa la región inferior distal de la zona de unión al DNA (Cramer, Bushnell y Kornberg, 2001; Armache *et al.*, 2005; Bushnell y Kornberg, 2003). Por otro lado, el dominio C-terminal de Rpb5 establece conexión con las subunidades mayores de las RNA pols I, II y III (Rpa190, Rpb1 y Rpc160, respectivamente) (Zaros *et al.*, 2007; Flores *et al.*, 1999). Aunque Rpb5 no pertenece directamente al dominio catalítico de la RNA pol II (Cramer, Bushnell y Kornberg, 2001; Bushnell y Kornberg, 2003; Gnatt *et al.*, 2001), varios estudios señalan a su región N-terminal como un posible elemento que establece conexión con la hélice de DNA entre quince y veinte nucleótidos aguas abajo del sitio de iniciación de la transcripción de las RNA pols III (Bartholomew *et al.*, 1993) y II (Kim *et al.*, 1997). Además, el módulo N-terminal marca el final del extremo distal del canal de DNA en la

RNA pol II (Cramer, Bushnell y Kornberg, 2001; Bushnell, Cramer y Kornberg, 2002), y probablemente también en las RNA pols I y III (Engel *et al.*, 2013; Fernandez-Tornero *et al.*, 2011; Fernandez-Tornero *et al.*, 2013). Cabe destacar que los dominios garra inferior y de *ensamblaje* de Rpb5 pertenecen a uno de los 4 dominios móviles de la RNA pol II en *S. cerevisiae* (Cramer, Bushnell y Kornberg, 2001; Cramer *et al.*, 2000).

La localización periférica de Rpb5 en las tres RNA pols (Cramer, Bushnell y Kornberg, 2001; Fernandez-Tornero *et al.*, 2013; Hoffmann *et al.*, 2015) la convierte en una plataforma para la unión de diversos factores de transcripción o reguladores específicos. En levaduras, Rpb5 interacciona con el extremo C-terminal de Rsc4, subunidad perteneciente al complejo remodelador de cromatina RSC, siendo esta interacción clave en la estructura de la cromatina en la región promotora de genes dependientes de RSC y en la correcta función de las RNA pols II y III (Soutourina *et al.*, 2006). Por otro lado, en la levadura *Schizosaccharomyces pombe* Rpb5 interacciona con el factor general de transcripción TFIIE (Hayashi *et al.*, 2005). En humanos, RPB5 interacciona directamente con la proteína X del virus de la hepatitis B (HBx), esencial para el proceso de infección de este virus, y tanto RPB5 como HBx interaccionan con el factor general de transcripción TFIIB, pero a través de distintos dominios (Lin *et al.*, 1997). Se han descrito otros factores que interaccionan con RPB5 en humanos, como es el factor II 68 asociado a la proteína de unión a la caja TATA (hTAFII68) con homología a los proto-oncogenes EWS (Ewing's Sarcoma) y TLS (del inglés "*translocated in liposarcoma*") (Bertolotti *et al.*, 1996; Bertolotti *et al.*, 1998; Morohoshi *et al.*, 1996). Además de estas interacciones, experimentos *in vitro* han mostrado una posible interacción entre RPB5 y la proteína 120 (RIP120) que interactúa con la proteína de unión a la caja TATA, estimulando la transcripción mediada por las RNA pols I y III (Makino *et al.*, 1999). Por otro lado, RPB5 en humanos ha sido descrito como una proteína que interactúa con el factor general de transcripción TFIIF, siendo esta asociación crítica para la asociación entre este factor y la RNA pol II (Le *et al.*, 2005).

La transactivación de HBx parece ser modulada por la proteína URI/RMP, una proteína descrita inicialmente por su interacción con RPB5. URI/RMP se une de manera específica a RPB5 tanto *in vivo* como *in vitro,* y modula negativamente la transcripción a través de esta (Dorjsuren *et al.*, 1998), pudiendo participar en la regulación del receptor de andrógenos en células humanas (Mita *et al.*, 2011). Esta interacción se extiende a *S. cerevisiae,* y la correcta asociación entre Rpb5 y el ortólogo de URI, Bud27, es esencial para el correcto ensamblaje citoplasmático de las tres RNA pols antes de su entrada al núcleo (Miron-Garcia *et al.*, 2013). De igual manera, en mamíferos, RPB5 forma un complejo con las proteínas URI, UXT, WDR92/Monad, PDRG1, PFDN2 y PFDN6, el cual adopta una estructura tipo prefoldina y coopera con el complejo cochaperona R2TP para ensamblar la RNA pol II (Gstaiger *et al.*, 2003; Boulon *et al.*, 2010; Boulon, Bertrand y Pradet-Balade, 2012).

Por otro lado, en *S. cerevisiae* se ha propuesto que Bud27 podría modular la asociación de la proteína Sth1 (subunidad del complejo RSC) a la RNA pol II, posiblemente vía Rpb5(Miron-Garcia *et al.*, 2014).

Rpb6

Rpb6 (también conocido como ABC23 o Rpo26) es una subunidad acídica de 155 aminoácidos con masa molecular aparente de 23 kDa y predicha de 18 kDa (Woychik *et al.*, 1990; Archambault, Schappert y Friesen, 1990). Rpb6 se fosforila en las tres RNA pols mayoritariamente en residuos de serina y treonina (Bell, Valenzuela y Rutter, 1976; Bell, Valenzuela y Rutter, 1977; Buhler *et al.*, 1976; Kolodziej *et al.*, 1990). En concordancia, se ha demostrado la fosforilación *in vitro* de RPB6 de rata por la caseinkinasa II (CKII) (Kayukawa *et al.*, 1999). La subunidad Rpb6 de eucariotas es homóloga en secuencia, estructura y función a la subunidad RpoK de arqueas y a la subunidad ω de bacterias (Minakhin *et al.*, 2001). Por otro lado, Rpb6 de *S. cerevisiae* es intercambiable funcionalmente con su homólogo humano *in vivo* (Shpakovski *et al.*, 1995; McKune *et al.*, 1995), lo que demuestra su conservación estructural y funcional.

En *S. cerevisiae RPB6* es un gen esencial para el crecimiento (Woychik *et al.*, 1990; McKune y Woychik, 1994). La RNA pol I de esta levadura, carente de Rpb6, es inactiva en la síntesis de RNA *in vitro* y adquiere su actividad tras la adición de Rpb6 (Lanzendorfer *et al.*, 1997).

Se ha descrito un papel para Rpb6 en la elongación de la transcripción. Algunos mutantes de *S. pombe* con fenotipo de termosensibilidad son incapaces de crecer en presencia de la droga 6-azauracilo que afecta a mutantes de elongación de la transcripción. Además se ha demostrado una interacción física y funcional entre Rpb6 y el factor de elongación TFIIS (Ishiguro *et al.*, 2000). Por otra parte, un estudio reciente ha demostrado una interacción *in vitro* entre la subunidad Rpb6 y la región carboxi-terminal de RPAP2, el homólogo humano de la fosfatasa del dominio C-terminal, CTD, de Rpb1 en *S. cerevisiae*, Rtr1, que participa en la transición entre la iniciación y elongación de la transcripción por la RNA pol II (Wani, Hirose y Ohkuma, 2014). Rpb6 podría también participar en la iniciación de la trascripción, como sugiere la interacción *in vitro* entre esta subunidad y el homólogo al factor de iniciación de la transcripción TFIIB en arqueas (Magill, Jackson, y Bell, 2001).

En acuerdo con un papel global para Rpb6 en la transcripción, el gen *RPB6* ha sido identificado como un supresor del fenotipo de criosensibilidad de células mutantes *tgs1Δ* de *S. cerevisiae* que carecen de caperuzas de trimetilguanosina (TMG) en sus RNAs pequeños nucleares snRNAs (Qiu, Schwer y Shuman, 2015).

Rpb6 contacta con las subunidades comunes de las RNA pols Rpb5 y Rpb8, y en la RNA pol II con la subunidad Rpb7, con las subunidades mayores Rpb1 y Rpb2, así como con la región del pie de la misma (Cramer, Bushnell y Kornberg, 2001; Briand, Navarro, Rematier *et al.*, 2001). Rpb6 también interacciona en la estructura cristalina de la RNA pol I con el parálogo de Rpb1, Rpa190 (Fernandez-Tornero *et al.*, 2013), sugiriendo estos datos que debe interaccionar probablemente también con el parálogo en la RNA pol III, Rpc160. Es interesante destacar que la interacción entre Rpb6 y Rpb7 se establece entre los residuos Gln100 de Rpb6 y Gly66 de Rpb7 en el núcleo de la RNA pol II, y que la mutación *rpb6Q100R* en *S. cerevisiae* conlleva la disociación del dímero Rpb4/7 de la enzima a altas temperaturas (Armache *et al.*, 2005; Tan, Prysak y Woychik, 2003).

El domino carboxi-terminal de Rpb6, entre los aminoácidos 72-155, está bien organizado en la estructura cristalina de la RNA pol II (Cramer, Bushnell y Kornberg, 2001), mientras que su dominio amino-terminal aparece desorganizado, al igual que en la estructura cristalina de RNA pol I, aunque con ciertas diferencias (Gnatt *et al.*, 2001; Engel *et al.*, 2013; Fernandez-Tornero *et al.*, 2013). En la estructura cristalina de la RNA pol I, el dominio amino-terminal de Rpb6 (posiciones 55-71) contacta con las subunidades específicas de la enzima, Rpa43 y Rpa14 (Engel *et al.*, 2013; Fernandez-Tornero *et al.*, 2013). La región amino-terminal de Rpb6 parece ser dispensable para las funciones de esta subunidad, lo que explica su falta de conservación con la misma región de la subunidad de arqueas y el bajo grado de similitud en las subunidades de diversos eucariotas (Nouraini, Archambault y Friesen, 1996). Por el contrario, un dominio de 13 aminoácidos de la región carboxi-terminal está altamente conservado en eucariotas y arqueas, sugiriendo una función esencial (Nouraini, Archambault y Friesen, 1996). En la estructura cristalina de la RNA pol II, la subunidad Rpb6 aparece conectada a un módulo flexible que contiene porciones de Rpb1 y Rpb2, denominado "clamp", a través de un conjunto de cinco zonas, "switches", que controlan el movimiento del mismo (Cramer, Bushnell y Kornberg, 2001). Por otro lado, la asociación de Rpb6 con el dímero Rpb4/Rpb7 sugiere que estas dos subunidades modulan el movimiento del "clamp" y podrían regular la posición del mismo a través Rpb6 (Tan, Prysak y Woychik, 2003).

Se ha propuesto que Rpb6 y su ortólogo en bacterias podrían participar en el ensamblaje y en la estabilidad de la RNA pol II y de la RNA pol bacteriana, a través de sus interacciones específicas con las subunidades mayores de las enzimas (Minakhin *et al.*, 2001; Lanzendorfer *et al.*, 1997; Nouraini, Archambault y Friesen, 1996; Garrido-Godino, Garcia-Lopez y Navarro, 2013). En concordancia, estudios recientes demuestran que mutaciones en la región conservada del pie de la RNA pol II en *S. cerevisiae* causan un defecto de integridad de la enzima, alterando la asociación entre Rpb1 y Rpb6 y la correcta asociación del dímero Rpb4/7. Esta alteración del ensamblaje provoca un defecto transcripcional que afecta a la cantidad de enzima asociada a los genes y a su actividad (Garrido-Godino, Garcia-Lopez y Navarro, 2013). Por otro lado, la disociación parcial del dímero Rpb4/7 conlleva un incremento de la estabilidad general de los mRNAs por una pérdida del mecanismo conocido como impronta del mRNA (Garrido-Godino *et al.*, 2016; Shalem *et al.*, 2011). Curiosamente, todos estos defectos se corrigen por sobreexpresión de *RPB6*, lo que concuerda con datos que apuntan a un importante papel de Rpb6 en la integridad/ensamblaje de la RNA pol II (Archambault, Schappert y Friesen, 1990; Nouraini, Archambault y Friesen, 1996; Garrido-Godino, Garcia-Lopez y Navarro, 2013; Garrido-Godino *et al.*, 2016).

En *S. cerevisiae* el ensamblaje de las RNA pols tiene lugar en el citoplasma antes de su entrada al núcleo. Rpb6 y Rpb5 se ensamblan en una etapa final en un proceso dependiente de la proteína tipo prefoldina Bud27 (Miron-Garcia *et al.*, 2013). También en humanos, se ha propuesto el ensamblaje citoplasmático de la RNA pol II (Boulon *et al.*, 2010). En acuerdo con esta función la falta de Bud27 altera el correcto ensamblaje citoplasmático de Rpb5 y Rpb6 a las tres RNA pols en *S. cerevisiae* y conlleva inestabilidad de la RNA pol II (Miron-Garcia *et al.*, 2013).

De las cinco subunidades comunes, en *T. brucei*, *T. cruzi* y *L. major*, Rpb6 presenta dos parálogos, al igual que ocurre con Rpb5 (Devaux *et al.*, 2007). Uno es idéntico en organización de dominios a la subunidad canónica eucariota, denominado RPB6, mientras que el otro difiere en la organización de dominios, denominado RPB6z. El dominio amino-terminal altamente cargado de RPB6 está ausente en RPB6z, lo que hace a esta subunidad similar en estructura a la subunidad de arqueas. Finalmente, RPB6z también difiere de la subunidad canónica RPB6 en una corta inserción de aminoácidos en la región carboxi-terminal (Devaux *et al.*, 2007).

Rpb8

Rpb8 (también conocida como ABC14.5) es una subunidad esencial de 16.5 kDa conservada en todos los eucariotas (Woychik *et al.*, 1990; Shpakovski *et al.*, 1995; Briand, Navarro, Gadal y Thuriaux, 2001). Aunque había sido propuesta como una subunidad específica de eucariotas, recientemente ha sido identificado un ortólogo en la arqueas *Sulfolobus acidocaldarius*, llamado R o Rpo8 (18% identidad), y en 15 de las 17 crenarqueas. Se postula que esta proteína apareció probablemente en una etapa inicial de la evolución de los eucariotas (Kwapisz, Beckouet y Thuriaux, 2008; Koonin, Makarova y Elkins, 2007). La subunidad Rpo8 (15.1 kDa; 132 residuos) se localiza en la posición periférica, similar a la proteína eucariota Rpb8, e interacciona con la subunidad Rpo1N, equivalente a la interacción entre Rpb8 y Rpb1 en *S. cerevisiae* (Korkhin *et al.*, 2009).

En la estructura cristalina de la RNA pol II Rpb8 interacciona con la subunidad mayor de la enzima, Rpb1, y presenta una zona que se encuentra entre las subunidades Rpb3 y Rpb11 (Cramer, Bushnell y Kornberg, 2001). Además, mediante análisis de doble híbrido se ha identificado la interacción entre Rpb8 y las proteínas parálogas a Rpb1 en la RNA pol I (Rpa190) y la RNA pol III (Rpc160) (Briand, Navarro, Rematier *et al.*, 2001). Por otro lado, el análisis de mutantes de *RPB8* de *S. cerevisiae* ha permitido demostrar su interacción funcional con Rpb6 (Briand, Navarro, Gadal y Thuriaux, 2001).

Al contrario del ortólogo humano de Rpb8, la proteína de *S. pombe* no puede reemplazar la proteína de *S cerevisiae*. Una región de 21 aminoácidos (residuos 68-88) de esta proteína está ausente en *S. pombe,* mientras que solo seis de estos residuos están ausentes en humanos. Sin embargo, la sobreexpresión de la subunidad mayor de la RNA pol III, Rpc160, en *S. cerevisiae* permite que la subunidad Rpb8 de *S. pombe* reemplace funcionalmente a la subunidad Rpb8, sugiriendo una interacción específica entre Rpb8 y Rpc160 en *S. cerevisiae* (Voutsina *et al.*, 1999). De manera interesante, Rpb8 de *S. pombe* afecta al ensamblaje del complejo de la RNA pol III, pero no al de la RNA pol I (Voutsina *et al.*, 1999).

Rpb10

Rpb10, también denominado AB10β en levaduras, es la subunidad común a las tres RNA polimerasas eucariotas de menor tamaño (~10 kDa) (Carles *et al.*, 1991; Lalo *et al.*, 1993; Adkins, Howar y Tyler, 2004). Rpb10 presenta una alta conservación de secuencia en eucariotas con 41 aminoácidos idénticamente posicionados en hongos, plantas y humanos (Gadal, Shpakovski y

Thuriaux, 1999). Además, Rpb10 muestra un alto grado de homología con la subunidad N de la enzima de arqueas (Shpakovski *et al.*, 1995; McKune *et al.*, 1995; Lanzendörfer *et al.*, 1993) y está poco relacionada con la enzima más pequeña de virus de DNA citoplasmáticos (Gadal, Shpakovski y Thuriaux, 1999; Amegadzie, Ahn y Moss, 1992; Iyer *et al.*, 2006). Estudios *in vivo* en levaduras han mostrado que Rpb10 puede ser reemplazada funcionalmente por su homólogo humano RPB10 (Shpakovski *et al.*, 1995), hecho que no ocurre con la subunidad N de arqueas (Gadal, Shpakovski y Thuriaux, 1999). Sin embargo, de manera interesante, la quimera levadura/arquea es, en su gran mayoría, intercambiable. Este hecho apunta a una función conservada para Rpb10 en los complejos de transcripción de eucariotas y arqueas (Shpakovski *et al.*, 1995).

Estructuralmente, todas las formas eucariotas de Rpb10 comparten un motivo invariable y crítico para la actividad biológica constituido por la secuencia HVDLIEK (posiciones entre His-53 y Pro-65 en *S. cerevisiae*) (Gadal, Shpakovski y Thuriaux, 1999). Rpb10 contiene un atípico e invariable dominio de unión a metal (CX2C...CC) con capacidad para unir iones Zn2+ *in vitro* que se encuentra conservado en eucariotas, arqueas y polipéptidos virales, siendo esencial para el crecimiento en levaduras, como muestran experimentos de mutagénesis dirigida (Carles *et al.*, 1991; Gadal, Shpakovski y Thuriaux, 1999). Curiosamente, fuera de la secuencia para el dominio quelante de metales, la proteína es altamente tolerante a cambios de aminoácidos (Gadal, Shpakovski y Thuriaux, 1999).

Rpb10 se localiza en la periferia de la estructura de las tres RNA polimerasas (Cramer, Bushnell y Kornberg, 2001; Fernandez-Tornero *et al.*, 2013; Hoffmann *et al.*, 2015). En levaduras, Rpb10 se describió inicialmente como una proteína de interacción con las dos subunidades esenciales comunes a la RNA pol I y III, Rpac40 y Rpac19 (subunidades homólogas a Rpb3 y Rpb11 en la RNA pol II, respectivamente), pero también con las dos subunidades mayores de la RNA pol II (Rpb1 y Rpb2) y con sus parálogos en la RNA pol I (Rpa190 y Rpa135) y RNA pol III (Rpc160 y Rpc128) (Flores *et al.*, 1999; Lalo *et al.*, 1993).

Por otro lado, Rpb10 ha sido relacionado con el ensamblaje de las RNA polimerasas en eucariotas. Rpb10 y Rpb12 forman un complejo estable con Rpb3-Rpb11 (homólogos al homodímero bacteriano formado por la subunidad α) (Wild y Cramer, 2012). Rpb10 y Rpb12 rellenan una depresión cóncava presente en la estructura de Rpb2, actuando como un adaptador estructural entre Rpb2 y Rpb3 (revisado) (Werner y Grohmann, 2011). De manera interesante, mutaciones en el motivo invariable HVDLIEK llevan a una disminución drástica de especies maduras de rRNA transcritas por la RNA pol I y de la subunidad mayor de RNA pol I (Rpa190) (Gadal, Shpakovski y Thuriaux, 1999). Sin embargo, Rpb10 podría tener funciones adicionales más allá del ensamblaje de las RNA polimerasas. En concordancia, Rpb10 se localiza en la proximidad de TBP en el modelo estructura del complejo de iniciación de la transcripción DNA-TBP-TFIIB-RNA pol II (Kostrewa *et al.*, 2009).

Rpb12

La subunidad eucariota Rpb12, también conocida como ABC10α (Carles *et al.*, 1991; Rubbi *et al.*, 1999), junto con Rpb10, son las subunidades más pequeñas de entre las subunidades comunes a las tres RNA pols. El gen *RPB12* es esencial para el crecimiento en *S. cerevisiae,* y el fenotipo de letalidad de la deleción de *RPB12* es complementado por la expresión de sus ortólogos de *S. pombe* y *Homo sapiens* (Shpakovski *et al.*, 1995; Treich *et al.*, 1992). El equivalente de Rpb12 en arqueas es la subunidad P (RpoP). Esta muestra similitud de secuencias en su dominio de dedos de zinc, conservado en eucariotas, y en algunos residuos conservados en la zona carboxi-terminal, y puede complementar a un mutante nulo de *RPB12* de *S. cerevisiae.* Solo la primera cisteína del motivo dedos de zinc de Rpb12 parece ser esencial para la viabilidad, mientras que la mutación de otros tres residuos de cisteína conlleva un fenotipo de termosensibilidad (Rubbi *et al.*, 1999).

La importancia de Rpb12 en la transcripción se extrapola de estudios con la subunidad P de arquea que muestran su papel en la apertura del promotor. La enzima carente de la subunidad P es incapaz de formar complejos abiertos de transcripción estables, siendo esta actividad rescatada por la adición de Rpb12 o la subunidad P a las reacciones de transcripción. Además, la mutación de residuos de cisteína del dominio dedos de zinc elimina la actividad de la enzima. Este dominio de la región amino-terminal de la subunidad P parece ser importante para la interacción adecuada entre esta subunidad y otras de la enzima. De igual manera, otros 17 residuos de la región carboxi-terminal parecen ser suficientes para las funciones básicas de la RNA pol *in vitro* (Reich *et al.*, 2009).

En la estructura cristalina de la RNA pol II de levaduras, Rpb12 contacta con las subunidades Rpb2 y Rpb3 (Cramer, Bushnell y Kornberg, 2001). Por otro lado, el contacto de la RNA pol III con el factor de transcripción TFIIIC en *S. cerevisiae* se realiza entre la subunidad Rpb12 y la subunidad TFIIIB de TFIIIC, t131. De manera interesante, una mutación termosensible en la región carboxi-terminal de Rpb12 que disminuye esta interacción se recupera por la sobreexpresión de una variante t131 (Dumay *et al.*, 1999).

Bibliografía

Adkins, M. W., Howar, S. R., y Tyler, J. K. (2004): "Chromatin disassembly mediated by the histone chaperone Asf1 is essential for transcriptional activation of the yeast PHO5 and PHO8 genes". *Molecular cell*, 14, 657-666.

Amegadzie, B. Y., Ahn, B.-Y., y Moss, B. (1992): "Characterization of a 7-kilodalton subunit of vaccinia virus DNA-dependent RNA polymerase with structural similarities to the smallest subunit of eukaryotic RNA polymerase II". *Journal of virology*, 66, 3003-3010.

Archambault, J., Schappert, K. T., y Friesen, J. D. (1990): "A suppressor of an RNA polymerase II mutation of *Saccharomyces cerevisiae* encodes a subunit common to RNA polymerases I, II, and III". *Mol Cell Biol*, 10, 6123-6131.

Armache, K. J., Mitterweger, S., Meinhart, A., y Cramer, P. (2005): "Structures of complete RNA polymerase II and its subcomplex, Rpb4/7". *J Biol Chem*, 280, 7131-7134.

Bartholomew, B., Durkovich, D., Kassavetis, G. A., y Geiduschek, E. P. (1993): "Orientation and topography of RNA polymerase III in transcription complexes". *Mol Cell Biol 13*, 942-952.

Bell, G. I., Valenzuela, P., y Rutter, W. J. (1976): "Phosphorylation of yeast RNA polymerases". *Nature*, 261, 429-431.

Bell, G. I., Valenzuela, P., y Rutter, W. J. (1977): "Phosphorylation of yeast DNA-dependent RNA polymerases *in vivo* and *in vitro*. Isolation of enzymes and identification of phosphorylated subunits". *J Biol Chem*, 252, 3082-3091.

Bertolotti, A., Lutz, Y., Heard, D. J., Chambon, P., y Tora, L. (1996): "hTAF (II) 68, a novel RNA/ssDNA-binding protein with homology to the pro-oncoproteins TLS/FUS and EWS is associated with both TFIID and RNA polymerase II". *The EMBO journal*, 15, 5022.

Bertolotti, A., Melot, T., Acker, J., Vigneron, M., Delattre, O., y Tora, L. (1998): "EWS, but not EWS-FLI-1, is associated with both TFIID and RNA polymerase II: interactions between two members of the TET family, EWS and hTAFII68, and subunits of TFIID and RNA polymerase II complexes". *Mol Cell Biol*, 18, 1489-1497.

Bohmdorfer, G., Rowley, M. J., Kucinski, J., Zhu, Y., Amies, I., y Wierzbicki, A. T. (2014): "RNA-directed DNA methylation requires stepwise binding of silencing factors to long non-coding RNA". *Plant J*, 79, 181-191.

Boulon, S., Bertrand, E., y Pradet-Balade, B. (2012): "HSP90 and the R2TP co-chaperone complex: Building multi-protein machineries essential for cell growth and gene expression". *RNA Biol*, 9.

Boulon, S., Pradet-Balade, B., Verheggen, C., Molle, D., Boireau, S., Georgieva, M., Azzag, K., Robert, M. C., Ahmad, Y., Neel, H., Lamond, A. I., y Bertrand, E.

(2010): "HSP90 and its R2TP/Prefoldin-like cochaperone are involved in the cytoplasmic assembly of RNA polymerase II". *Molecular cell*, 39, 912-924.

Briand, J. F., Navarro, F., Gadal, O., y Thuriaux, P. (2001): "Cross talk between tRNA and rRNA synthesis in *Saccharomyces cerevisiae*". *Mol Cell Biol*, 21, 189-195.

Briand, J. F., Navarro, F., Rematier, P., Boschiero, C., Labarre, S., Werner, M., Shpakovski, G. V., y Thuriaux, P. (2001): "Partners of Rpb8p, a small subunit shared by yeast RNA polymerases I, II and III". *Mol Cell Biol*, 21, 6056-6065.

Buhler, J. M., Iborra, F., Sentenac, A., y Fromageot, P. (1976): "The presence of phosphorylated subunits in yeast RNA polymerases A and B". *FEBS Lett*, 72, 37-41.

Bushnell, D. A., Cramer, P., y Kornberg, R. D. (2002): "Structural basis of transcription: alpha-amanitin-RNA polymerase II cocrystal at 2.8 A resolution". *Proc Natl Acad Sci U S A*, 99, 1218-1222.

Bushnell, D. A., y Kornberg, R. D. (2003): "Complete, 12-subunit RNA polymerase II at 4.1-A resolution: implications for the initiation of transcription". *Proc Natl Acad Sci U S A*, 100, 6969-6973.

Carles, C., Treich, I., Bouet, F., Riva, M., y Sentenac, A. (1991): "Two additional common subunits, ABC10 alpha and ABC10 beta, are shared by yeast RNA polymerases". *Journal of Biological Chemistry*, 266, 24092-24096.

Cramer, P., Armache, K. J., Baumli, S., Benkert, S., Brueckner, F., Buchen, C., Damsma, G. E., Dengl, S., Geiger, S. R., Jasiak, A. J., Jawhari, A., Jennebach, S., Kamenski, T., Kettenberger, H., Kuhn, C. D., Lehmann, E., Leike, K., Sydow, J. F., y Vannini, A. (2008): "Structure of eukaryotic RNA polymerases". *Annu Rev Biophys*, 37, 337-352.

Cramer, P., Bushnell, D. A., Fu, J., Gnatt, A. L., Maier-Davis, B., Thompson, N. E., Burgess, R. R., Edwards, A. M., David, P. R., y Kornberg, R. D. (2000): "Architecture of RNA polymerase II and implications for the transcription mechanism". *Science*, 288, 640-649.

Cramer, P., Bushnell, D. A., y Kornberg, R. D. (2001): "Structural basis of transcription: RNA polymerase II at 2.8 angstrom resolution". *Science*, 292, 1863-1876.

Devaux, S., Kelly, S., Lecordier, L., Wickstead, B., Perez-Morga, D., Pays, E., Vanhamme, L., y Gull, K. (2007): "Diversification of function by different isoforms of conventionally shared RNA polymerase subunits". *Mol Biol Cell*, 18, 1293-1301.

Dorjsuren, D., Lin, Y., Wei, W., Yamashita, T., Nomura, T., Hayashi, N., y Murakami, S. (1998): "RMP, a novel RNA polymerase II subunit 5-interacting protein, counteracts transactivation by hepatitis B virus X protein". *Molecular and cellular biology*, 18, 7546-7555.

Dumay, H., Rubbi, L., Sentenac, A., y Marck, C. (1999): "Interaction between yeast RNA polymerase III and transcription factor TFIIIC via ABC10⊠ and ⊠131 subunits". *Journal of Biological Chemistry*, 274, 33462-33468.

Engel, C., Sainsbury, S., Cheung, A. C., Kostrewa, D., y Cramer, P. (2013): "RNA polymerase I structure and transcription regulation". *Nature*, 502, 650-655.

Fernandez-Tornero, C., Bottcher, B., Rashid, U. J., y Muller, C. W. (2011): "Analyzing RNA polymerase III by electron cryomicroscopy". *RNA Biol*, 8, 760-765.

Fernandez-Tornero, C., Moreno-Morcillo, M., Rashid, U. J., Taylor, N. M., Ruiz, F. M., Gruene, T., Legrand, P., Steuerwald, U., y Muller, C. W. (2013): "Crystal structure of the 14-subunit RNA polymerase I". *Nature*, 502, 644-649.

Flores, A., Briand, J. F., Gadal, O., Andrau, J. C., Rubbi, L., Van Mullem, V., Boschiero, C., Goussot, M., Marck, C., Carles, C., Thuriaux, P., Sentenac, A., y Werner, M. (1999): "A protein-protein interaction map of yeast RNA polymerase III". *Proc Natl Acad Sci U S A*, 96, 7815-7820.

Gadal, O., Shpakovski, G. V., y Thuriaux, P. (1999): "Mutants in ABC10beta, a Conserved Subunit Shared by All Three Yeast RNA Polymerases, Specifically Affect RNA Polymerase I Assembly". *J Biol Chem*, 274, 8421-8427.

Garrido-Godino, A. I., Garcia-Lopez, M. C., Garcia-Martinez, J., Pelechano, V., Medina, D. A., Perez-Ortin, J. E., y Navarro, F. (2016): "Rpb1 foot mutations demonstrate a major role of Rpb4 in mRNA stability during stress situations in yeast". *Biochim Biophys Acta*, 1859, 731-743.

Garrido-Godino, A. I., Garcia-Lopez, M. C., y Navarro, F. (2013): "Correct assembly of RNA polymerase II depends on the foot domain and is required for multiple steps of transcription in *Saccharomyces cerevisiae*". *Mol Cell Biol*, 33, 3611-3626.

Gnatt, A. L., Cramer, P., Fu, J., Bushnell, D. A., y Kornberg, R. D. (2001): "Structural basis of transcription: an RNA polymerase II elongation complex at 3.3 A resolution". *Science*, 292, 1876-1882.

Gstaiger, M., Luke, B., Hess, D., Oakeley, E. J., Wirbelauer, C., Blondel, M., Vigneron, M., Peter, M., y Krek, W. (2003): "Control of nutrient-sensitive transcription programs by the unconventional prefoldin URI". *Science*, 302, 1208-1212.

Haag, J. R., Brower-Toland, B., Krieger, E. K., Sidorenko, L., Nicora, C. D., Norbeck, A. D., Irsigler, A., LaRue, H., Brzeski, J., McGinnis, K., Ivashuta, S., Pasa-Tolic, L., Chandler, V. L., y Pikaard, C. S. (2014): "Functional Diversification of Maize RNA Polymerase IV and V Subtypes via Alternative Catalytic Subunits". *Cell Rep*.

Haag, J. R., y Pikaard, C. S. (2011): "Multisubunit RNA polymerases IV and V: purveyors of non-coding RNA for plant gene silencing". *Nat Rev Mol Cell Biol, 12,* 483-492.

Hayashi, K., Watanabe, T., Tanaka, A., Furumoto, T., Sato-Tsuchiya, C., Kimura, M., Yokoi, M., Ishihama, A., Hanaoka, F., y Ohkuma, Y. (2005): "Studies of *Schizosaccharomyces pombe* TFIIE indicate conformational and functional changes in RNA polymerase II at transcription initiation". *Genes Cells*, 10, 207-224.

Hoffmann, N. A., Jakobi, A. J., Moreno-Morcillo, M., Glatt, S., Kosinski, J., Hagen,

W. J., Sachse, C., y Müller, C. W. (2015): "Molecular structures of unbound and transcribing RNA polymerase III". *Nature*, 528, 231-236.

Ishiguro, A., Nogi, Y., Hisatake, K., Muramatsu, M., y Ishihama, A. (2000): "The Rpb6 subunit of fission yeast RNA polymerase II is a contact target of the transcription elongation factor TFIIS". *Mol Cell Biol*, 20, 1263-1270.

Iyer, L. M., Balaji, S., Koonin, E. V., y Aravind, L. (2006): "Evolutionary genomics of nucleo-cytoplasmic large DNA viruses". *Virus Res*, 117, 156-184.

Iyer, V., y Struhl, K. (1996): "Absolute mRNA levels and transcriptional initiation rates in *Saccharomyces cerevisiae*". *Proc Natl Acad Sci U S A*, 93, 5208-5212.

Kayukawa, K., Makino, Y., Yogosawa, S., y Tamura, T. (1999): "A serine residue in the N-terminal acidic region of rat RPB6, one of the common subunits of RNA polymerases, is exclusively phosphorylated by casein kinase II *in vitro*". *Gene*, 234, 139-147.

Kim, T. K., Lagrange, T., Wang, Y. H., Griffith, J. D., Reinberg, D., y Ebright, R. H. (1997): "Trajectory of DNA in the RNA polymerase II transcription preinitiation complex". *Proc Natl Acad Sci U S A*, 94, 12268-12273.

Kolodziej, P. A., Woychik, N., Liao, S. M., y Young, R. A. (1990): "RNA polymerase II subunit composition, stoichiometry, and phosphorylation". *Mol Cell Biol*, 10, 1915-1920.

Koonin, E. V., Makarova, K. S., y Elkins, J. G. (2007): "Orthologs of the small RPB8 subunit of the eukaryotic RNA polymerases are conserved in hyperthermophilic Crenarchaeota and "Korarchaeota"". *Biology direct*, 2, 38.

Korkhin, Y., Unligil, U. M., Littlefield, O., Nelson, P. J., Stuart, D. I., Sigler, P. B., Bell, S. D., y Abrescia, N. G. (2009): "Evolution of complex RNA polymerases: the complete archaeal RNA polymerase structure". *PLoS Biol*, 7, e1000102.

Kostrewa, D., Zeller, M. E., Armache, K. J., Seizl, M., Leike, K., Thomm, M., y Cramer, P. (2009): "RNA polymerase II-TFIIB structure and mechanism of transcription initiation". *Nature*, 462, 323-330.

Kwapisz, M., Beckouet, F., y Thuriaux, P. (2008): "Early evolution of eukaryotic DNA-dependent RNA polymerases". *Trends Genet*.

Lalo, D., Carles, C., Sentenac, A., y Thuriaux, P. (1993): "Interactions between three common subunits of yeast RNA polymerases I and III". *Proc Natl Acad Sci U S A 90*, 5524-5528.

Langer, D., Hain, J., Thuriaux, P., y Zillig, W. (1995): "Transcription in archaea: similarity to that in eucarya". *Proc Natl Acad Sci U S A*, 92, 5768-5772.

Lanzendörfer, M., Langer, D., Hain, J., Klenk, H.-P., Holz, I., Arnold-Ammer, I., y Zillig, W. (1993): "Structure and function of the DNA-dependent RNA polymerase of *Sulfolobus*". *Systematic and Applied Microbiology*, 16, 656-664.

Lanzendorfer, M., Smid, A., Klinger, C., Schultz, P., Sentenac, A., Carles, C., y Riva, M. (1997): "A shared subunit belongs to the eukaryotic core RNA polymerase".

Genes Dev, 11, 1037-1047.

Le, T. T., Zhang, S., Hayashi, N., Yasukawa, M., Delgermaa, L., y Murakami, S. (2005): "Mutational analysis of human RNA polymerase II subunit 5 (RPB5): the residues critical for interactions with TFIIF subunit RAP30 and hepatitis B virus X protein". *J Biochem (Tokyo)*, 138, 215-224.

Lin, Y., Nomura, T., Cheong, J., Dorjsuren, D., Iida, K., y Murakami, S. (1997): "Hepatitis B virus X protein is a transcriptional modulator that communicates with transcription factor IIB and the RNA polymerase II subunit 5". *J Biol Chem*, 272, 7132-7139.

Magill, C. P., Jackson, S. P., y Bell, S. D. (2001): "Identification of a conserved archaeal RNA polymerase subunit contacted by the basal transcription factor TFB". *J Biol Chem*, 276, 46693-46696.

Makino, Y., Yogosawa, S., Kayukawa, K., Coin, F., Egly, J. M., Wang, Z., Roeder, R. G., Yamamoto, K., Muramatsu, M., y Tamura, T. (1999): "TATA-Binding protein-interacting protein 120, TIP120, stimulates three classes of eukaryotic transcription via a unique mechanism". *Mol Cell Biol*, 19, 7951-7960.

McKune, K., Moore, P. A., Hull, M. W., y Woychik, N. A. (1995): "Six human RNA polymerase subunits functionally substitute for their yeast counterparts". *Mol Cell Biol*, 15, 6895-6900.

McKune, K., y Woychik, N. A. (1994): "Functional substitution of an essential yeast RNA polymerase subunit by a highly conserved mammalian counterpart". *Mol Cell Biol*, 14, 4155-4159.

Minakhin, L., Bhagat, S., Brunning, A., Campbell, E. A., Darst, S. A., Ebright, R. H., y Severinov, K. (2001): "Bacterial RNA polymerase subunit omega and eukaryotic RNA polymerase subunit RPB6 are sequence, structural, and functional homologs and promote RNA polymerase assembly". *Proc Natl Acad Sci U S A*, 98, 892-897.

Miron-Garcia, M. C., Garrido-Godino, A. I., Garcia-Molinero, V., Hernandez-Torres, F., Rodriguez-Navarro, S., y Navarro, F. (2013): "The prefoldin bud27 mediates the assembly of the eukaryotic RNA polymerases in an Rpb5-dependent manner". *PLoS genetics*, 9, e1003297.

Miron-Garcia, M. C., Garrido-Godino, A. I., Martinez-Fernandez, V., Fernandez-Pevida, A., Cuevas-Bermudez, A., Martin-Exposito, M., Chavez, S., de la Cruz, J., y Navarro, F. (2014): "The yeast prefoldin-like URI-orthologue Bud27 associates with the RSC nucleosome remodeler and modulates transcription". *Nucleic acids research*, 42, 9666-9676.

Mita, P., Savas, J. N., Djouder, N., Yates, J. R., 3rd, Ha, S., Ruoff, R., Schafler, E. D., Nwachukwu, J. C., Tanese, N., Cowan, N. J., Zavadil, J., Garabedian, M. J., y Logan, S. K. (2011): "Regulation of androgen receptor mediated transcription by Rpb5 binding protein URI/RMP". *Mol Cell Biol*, 31, 3639-3652

Morohoshi, F., Arai, K., Takahashi, E.-i., Tanigami, A., y Ohki, M. (1996): "Cloning and Mapping of a HumanRBP56Gene Encoding a Putative RNA Binding Protein Similar to FUS/TLS and EWS Proteins". *Genomics*, 38, 51-57.

Navarro, F., y Thuriaux, P. (2000): "*In vivo* misreading by tRNA overdose". *RNA*, 6, 103-110.

Nonet, M., Scafe, C., Sexton, J., y Young, R. (1987): "Eucaryotic RNA polymerase conditional mutant that rapidly ceases mRNA synthesis". *Mol Cell Biol*, 7, 1602-1611.

Nouraini, S., Archambault, J., y Friesen, J. D. (1996): "Rpo26p, a subunit common to yeast RNA polymerases, is essential for the assembly of RNA polymerases I and II and for the stability of the largest subunits of these enzymes". *Mol Cell Biol*, 16, 5985-5996.

Odawara, J., Harada, A., Yoshimi, T., Maehara, K., Tachibana, T., Okada, S., Akashi, K., y Ohkawa, Y. (2011): "The classification of mRNA expression levels by the phosphorylation state of RNAPII CTD based on a combined genome-wide approach". *BMC Genomics*, 12, 516.

Qiu, Z. R., Schwer, B., y Shuman, S. (2015): "Two Routes to Genetic Suppression of RNA Trimethylguanosine Cap Deficiency via C-Terminal Truncation of U1 snRNP Subunit Snp1 or Overexpression of RNA Polymerase Subunit Rpo26". *G3 (Bethesda)*, 5, 1361-1370.

Reich, C., Zeller, M., Milkereit, P., Hausner, W., Cramer, P., Tschochner, H., y Thomm, M. (2009): "The archaeal RNA polymerase subunit P and the eukaryotic polymerase subunit Rpb12 are interchangeable *in vivo* and *in vitro*". *Molecular microbiology*, 71, 989-1002.

Rubbi, L., Labarre-Mariotte, S., Chedin, S., y Thuriaux, P. (1999): "Functional characterization of ABC10alpha, an essential polypeptide shared by all three forms of eukaryotic DNA-dependent RNA polymerases". *J Biol Chem*, 274, 31485-31492.

Ruprich-Robert, G., y Thuriaux, P. (2010): "Non-canonical DNA transcription enzymes and the conservation of two-barrel RNA polymerases". *Nucleic Acids Res*, 38, 4559-4569.

Shalem, O., Groisman, B., Choder, M., Dahan, O., y Pilpel, Y. (2011): "Transcriptome kinetics is governed by a genome-wide coupling of mRNA production and degradation: a role for RNA Pol II". *PLoS Genet*, 7, e1002273.

Shpakovski, G. V., Acker, J., Wintzerith, M., Lacroix, J. F., Thuriaux, P., y Vigneron, M. (1995): "Four subunits that are shared by the three classes of RNA polymerase are functionally interchangeable between Homo sapiens and *Saccharomyces cerevisiae*". *Mol Cell Biol*, 15, 4702-4710.

Siaut, M., Zaros, C., Levivier, E., Ferri, M. L., Court, M., Werner, M., Callebaut, I., Thuriaux, P., Sentenac, A., y Conesa, C. (2003): "An Rpb4/Rpb7-like complex in yeast RNA polymerase III contains the orthologue of mammalian CGRP-RCP". *Mol Cell Biol*, 23, 195-205.

Soutourina, J., Bordas-Le Floch, V., Gendrel, G., Flores, A., Ducrot, C., Dumay-Odelot, H., Soularue, P., Navarro, F., Cairns, B. R., Lefebvre, O., y Werner, M. (2006): "Rsc4 connects the chromatin remodeler RSC to RNA polymerases". *Mol Cell Biol*, 26, 4920-4933.

Tan, Q., Prysak, M. H., y Woychik, N. A. (2003): "Loss of the Rpb4/Rpb7 subcomplex in a mutant form of the Rpb6 subunit shared by RNA polymerases I, II, and III". *Mol Cell Biol*, 23, 3329-3338.

Todone, F., Weinzierl, R. O., Brick, P., y Onesti, S. (2000): "Crystal structure of RPB5, a universal eukaryotic RNA polymerase subunit and transcription factor interaction target". *Proc Natl Acad Sci U S A*, 97, 6306-6310.

Treich, I., Carles, C., Riva, M., y Sentenac, A. (1992): "RPC10 encodes a new mini subunit shared by yeast nuclear RNA polymerases". *Gene Expr*, 2, 31-37.

Voutsina, A., Riva, M., Carles, C., y Alexandraki, D. (1999): "Sequence divergence of the RNA polymerase shared subunit ABC14.5 (Rpb8) selectively affects RNA polymerase III assembly in *Saccharomyces cerevisiae*". *Nucleic Acids Res*, 27, 1047-1055.

Wani, S., Hirose, Y., y Ohkuma, Y. (2014): "Human RNA polymerase II-associated protein 2 (RPAP2) interacts directly with the RNA polymerase II subunit Rpb6 and participates in pre-mRNA 3'-end formation". *Drug Discov Ther*, 8, 255-261.

Werner, F., y Grohmann, D. (2011): "Evolution of multisubunit RNA polymerases in the three domains of life". *Nat Rev Microbiol*, 9, 85-98.

Werner, M., Thuriaux, P., y Soutourina, J. (2009): "Structure-function analysis of RNA polymerases I and III". *Curr Opin Struct Biol*, 19, 740-745.

Wild, T., y Cramer, P. (2012): "Biogenesis of multisubunit RNA polymerases". *Trends in biochemical sciences*, 37, 99-105.

Woychik, N. A., Liao, S. M., Kolodziej, P. A., y Young, R. A. (1990): "Subunits shared by eukaryotic nuclear RNA polymerases". *Genes Dev*, 4, 313-323.

Zaros, C., Briand, J. F., Boulard, Y., Labarre-Mariotte, S., Garcia-Lopez, M. C., Thuriaux, P., y Navarro, F. (2007): "Functional organization of the Rpb5 subunit shared by the three yeast RNA polymerases". *Nucleic Acids Res*, 35, 634-647.

Papel funcional de ARN no codificantes en el desarrollo y la patología cardiovascular

Diego Franco, Estefanía Lozano-Velasco, Francisco Hernández-Torres, Fernando Bonet, Ángel Dueñas, José Manuel Vilches, Carlos García-Padilla, Mohamad Alzein, Almudena Expósito, Houria Daimi, Jorge N Domínguez, Amelia E Aránega

Departamento de Biología Experimental, Universidad de Jaén

dfranco@ujaen.es

Resumen

El desarrollo del corazón es un proceso complejo durante el cual el primordio cardiaco pasa de ser un tubo lineal simétrico a generar un órgano tetracameral con vasos de entrada y de salida independientes. Durante las últimas décadas se ha progresado enormemente en el conocimiento de las bases moleculares que gobiernan el desarrollo cardiovascular. La expresión de factores de crecimiento de la familia Bmps y Fgfs es esencial para determinar el linaje cardiogénico, activando así a factores de transcripción tales como Gata4, Mef2c, Srf y Nkx2.5, que promueven el desarrollo miogénico y a distintos miembros de la familia T-box que promueven la especificación cameral. Durante los últimos años, la identifición de un grupo de ARNs no codificantes, tales como los microRNAs, que muestran perfiles de expresión tejido-específico, ha demostrado que estos desempeñan un papel funcional esencial en múltiples procesos biológicos, incluida la cardiogénesis. En nuestro laboratorio hemos analizado con detalle el papel funcional de distintos microRNAs durante la cardiogénesis y hemos constatado que múltiples microRNAs incrementan su expresión durante la maduración ventricular. A nivel funcional hemos demostrado que miR-27 regula la expresión de Mef2c y que miR-130 ejerce un papel esencial en la diferenciación cardiomiogénica, mientras que otros microRNAs, como miR-23 y miR-199, modulan tanto el ritmo de la contracción durante la diferenciación muscular como la valvulogénesis. En este capítulo abordamos el papel funcional de distintos microRNAs durante la cardiogénesis.

Palabras clave: ARNnc, microRNAs, cardiogénesis, cardiopatías arritmogénicas

Summary

Cardiac development is a complex process by which the cardiac anlage progresses from an symmetric lineal heart tube into a tetracameral organ with independent inlet and outlet connections. Over the last decades, our understanting on the molecular mechanisms driving cardiac development has greatly increased. Growth factors expression such as Bmps and Fgfs are essential to determine the cardiogenic cell lineage, activing the onset of transcription factor such as Nkx2.5, Srf, Mef2c and Gata4, which are critical to promote myogenic differentiation and distinct T-box family members that promote chamber-specific determination. Over the last years, identification of non coding RNAs, such as microRNAs, together with their tissue-specific expression profiles have unraveled a novel essential functional roles for these non coding RNAs in multiple morphogenetic processes, including cardiogenesis. In our labotarory we have analyzed the functional role of distinct microRNAs during heart development. We have identified a large number of microRNAs differentially expressed during ventricular maturation. We have functionally demonstrated that miR-27 regulates Mef2c expression while miR-130 is pivotal for cardiomyogenic differentiation. Other microRNAs, such as miR-23 and miR-199 are essential to regulate cardiomyocyte contraction and also play pitoval roles in cardiac valve development. In this chapter, we will elaborate on the functional role of distinct microRNAs during cardiac development.

Keywords: *ncRNA, microRNAs, cardiogeensis, arrhythmogenic cardiopathies*

Introducción

El desarrollo del corazón es un proceso morfogenético complejo en el cual intervienen distintos linajes celulares (Franco *et al.*, 1997; Moorman y Christoffels, 2003; de Castro *et al.*, 2003). El inicio de la formación del corazón se configura con la formación de dos campos cardiogénicos poco después del inicio de la gastrulación, ambos lados de la línea media embrionaria (Kelly *et al.*, 2001). Estos campos cardiogénicos bilaterales experimentan un proceso de migración anterior y se fusionan en la línea media embrionaria generando un tubo cardiaco lineal primitivo (Schoenwolf y Garcia-Martinez, 1995; Lopez-Sanchez *et al.*, 2002, 2009; Lopez-Sanchez & Garcia-Martinez, 2011). Este tubo cardiaco está formado por dos capas, una capa interna de endotelio, el endocardio y una capa externa de miocardio. Poco después de la formación del tubo lineal, el primordio cardiaco sufre invariablemente una torsión hacia la derecha, movimiento que origina el asa cardiaca (Lopez-Sanchez *et al.*, 2009; Lopez-Sanchez y Garcia-Martinez, 2011). Posteriormente, y como consecuencia del plegamiento y rotación antero-posterior del embrión en formación, las porciones más caudales del corazón sufren un movimiento anterior, situando así las futuras cámaras ventriculares en el plano ventral y las futuras cámaras auriculares en el plano dorsal. En este momento del desarrollo se pueden distinguir cinco regiones en el corazón embrionario: seno venoso, aurículas embrionarias, canal atrioventricular, ventrículo embrionario y tracto de salida (Christoffels *et al.*, 2000). Es importante destacar que la formación de las distintas estructuras cardiacas embrionarias es consecuencia de la determinación de dos subpoblaciones cardiogénicas distintas (Meilhac *et al.*, 2003); el campo cardiaco primario, que da lugar principalmente al ventrículo embrionario, particularmente al ventrículo izquierdo, y el campo cardiaco secundario, que origina el ventrículo derecho y tracto de salida en la porción anterior, y el canal atrioventricular y las aurículas embrionarias en la porción posterior (Kelly *et al.*, 2001; Kelly y Buckingham, 2002; Kelly *et al.*, 2012; 2014; Watanabe *et al.*, 2012). La región del seno venoso parece desarrollarse a partir de una tercera subpoblación cardiogénica, posterior al campo cardiaco secundario (Christoffels *et al.*, 2006; Mommersteeg *et al.*, 2006, 2010).

El corazón embrionario muestra la formación de nuevas estructuras durante este periodo. En primer lugar, a nivel del tracto de salida, del canal atrioventricular y en menor medida del tracto de entrada, el endocardio y el miocardio sufren una separación por la deposición de una abundante matriz extracelular, generando los denominados cojines endocárdicos (Eisenberg y Markwald, 1994; Sugi *et al.*, 2003, 2004), los cuales actúan temporalmente como válvulas de regulación del flujo cardiaco (De Jong *et al.*, 1992). En estos cojines endocárdicos, el endocardio experimenta un proceso de transición epitelio-mesénquima (EMT), auspiciado por señalización proveniente del miocardio embrionario, colonizando así la matriz extracelular subyacente (Boyer *et al.*, 1999; Pearson *et al.*, 2005; Mercado-Pimentel y Runyan, 2007). Este proceso es esencial para la progresiva formación de las válvulas cardiacas. A su vez, el miocardio es tapizado externamente por una nueva capa cardiaca, el epicardio, que se origina a partir del proepicardio (PE) (Pérez-Pomarez *et al.*, 1997, 1998, 2002, 2008, Guadix *et al.*, 2011). El epicardio embrionario experimenta igualmente un proceso de transición epitelio-mesénquima, originando las células derivadas del epicardio (EPDCs) que migran a través del miocardio embrionario para generar el fibroesqueleto cardiaco, así como distintos componentes de la vasculatura coronaria (Pérez-Pomarez *et al.*, 1997, 1998, 2002ab, 2009, Ruiz-Villalba *et al.*, 2012).

Seguidamente, el corazón embrionario empieza a experimentar procesos de septación para permitir, de esta forma, configurar el músculo cardiaco con dos circuitos sanguíneos separados, uno sistémico y otro venoso (Franco *et al.*, 1997; 2000). La septación de las cámaras auriculares se produce mediante la formación de un sistema de dos tabiques interatriales de composición esencialmente muscular (Webb *et al.*, 2001; Anderson *et al.*, 2002, 2003; Briggs *et al.*, 2012, 2013; Burns *et al.*, 2016), mientras que la separación de los ventrículos se produce como consecuencia el crecimiento del septo interventricular (Moorman *et al.*, 2003, 2004), de naturaleza esencialmente izquierda (Franco *et al.*, 2006), que finalmente cierra en la porción más craneal con la formación del septo interventricular membranoso. La separación del canal atrioventricular se produce por la fusión de los cojines endocardios, al igual que en el tracto de salida. No obstante, es importante resaltar que células derivadas de la cresta neural contribuyen a la correcta septación del tracto de salida (Conway *et al.*, 1997ab, 2000; Creazzo *et al.*, 1998), si bien no contribuyen a la separación del canal atrioventricular.

Una vez determinados los principales elementos morfológicos del corazón, es necesario también configurar un sistema que permita la correcta coordinación en la contracción de las cámaras ventriculares y auriculares; este es el denominado sistema de conducción cardiaco (Christoffels y Moorman, 2001). El sistema de conducción cardiaco está formado por dos nódulos, sinual y atrioventricular, respectivamente, y un entramado de ramas de conducción rápida (Franco y Icardo, 2001; Moorman *et al.*, 1998, 2003; Sizarov *et al.*, 2010, 2011). Aunque el origen y la formación del nódulo sinual ha sido parcialmente descrito (Miquerol *et al.*, 2010), el origen del nódulo atriventricular, del fascículo común y de las ramas derecha e izquierda continúa sin estar esclarecido más allá de conocer que tienen un linaje común con el miocardio de trabajo (Miquerol *et al.*, 2010).

En las últimas dos décadas nuestro conocimiento de los procesos moleculares que gobiernan la formación del corazón ha avanzado extraordinariamente. La especificación del mesodermo se inicia con la expresión de factores de transcripción tipo T box (Brachyury) (Herrmann, 1992; Herrmann y Kispert, 1994;

Showell *et al.*, 2004) y del mesodermo anterior con la activación de Mesp1 y Mesp2 (Kitajima *et al.*, 2000; Saga *et al.*, 2010; Wu *et al.*, 2008; Bondue *et al.*, 2008, 2010). A nivel cardiogénico, el mesodermo cardiogénico es inducido por el endodermo primitivo con la expresión de Bmp2 y Fgf8 (Andree *et al.*, 1998; Schlange *et al.*, 2000; Kawai *et al.*, 2004, Ghatpande *et al.* 2006; Lopez-Sanchez *et al.*, 2015ab) bloqueando su dominio con la expresión de señalizador Wnt en el ectodermo primitivo (Marvin *et al.*, 2001; Mandal *et al.*, 2017). Este juego entre activadores y represores configura la región cardiogénica, que se caracteriza por la expresión temprana de factores de transcripción como Nkx2.5 (Lyons *et al.*, 1995; Harvey, 1996; Harvey *et al.*, 2002). Durante la configuración tubo cardiaco inicial se inicia la expresión de distintos miembros de la familia Gata (Gata4, Gata5 y Gata6) y Mef2 (Mef2abcd) (Goswani *et al.*, 1994; Laverriere *et al.*, 1994; Charron y Nemer, 1999; MacNeill *et al.*, 2000). Es importante resaltar que, ya desde este mismo momento, el corazón muestra un perfil molecular derecha-izquierda diferencial, dada la expresión del factor de transcripción Pitx2 exclusivamente en la porción izquierda de las crestas cardiacas y el posterior tubo cardiaco inicial (Campione *et al.*,1999, 2001, 2002; Franco y Campione, 2003; Franco *et al.*, 2014).

La especificación del campo cardiaco secundario se caracteriza por la expresión de Islet-1 (Sun *et al.*, 2006; Khattar *et al.*, 2007; Lin *et al.*, 2007; Liang *et al.*, 2015), y es a partir de este momento cuando un alto número de factores de transcripción de la familia T-box experimentan una expresión diferencial en distintas porciones del corazón embrionario, imprimiendo así una determinación celular diferencial (Hoogaars *et al.*, 2007). Concretamente, Tbx1 se expresa en el tracto de entrada (Mesbah *et al.*, 2012; Rana *et al.*, 2014); Tbx2 y Tbx3 se expresan en regiones prospectivas del sistema de conducción ventricular (Aanhaanen *et al.* 2009, 2010, 2011ab; Verhoven *et al.*, 2011; Christoffels *et al.*, 2004; Hoogaars *et al.* 2004, 2007ab; Bakker *et al.*, 2008, 2010; Sigh *et al.*, 2012); Tbx5, en parte de sistema de conducción ventricular y los derivados del campo cardiaco primario (Plageman y Yutzey, 2004; Hatcher *et al.*, 2004; Takeuchi *et al.*, 2003; Liberatore *et al.*, 2000; Hiroi *et al.* 2001); Tbx18, en el epicardio embrionario y el seno venoso (Christoffels *et al.*, 2009; Norden *et al.*, 2012), y Tbx20, en todo el miocardio embrionario (Stennard *et al.*, 2003; Sigh *et al.*, 2005; Cai *et al.*, 2011; Greulich *et al.*, 2016).

Durante el desarrollo de las válvulas cardiacas, distintos componentes moleculares han sido identificados igualmente. Las señales determinantes del miocardio del canal atrioventricular y tracto de salida se producen mediante las vías de señalización Tfg-beta y Bmp (Wang *et al.*, 2005; Mercado-Pimentel y Runyan, 2007; Conway *et al.* 2011; Kruithof *et al.*, 2012; Lee *et al.*, 2015). El endocardio valvular presenta expresión de distintos receptores Tgf/Bmp que promueven la expresión de factores de transcripción Snail/Slug (Xu *et al.*, 2015), iniciando un programa de señalización para la pérdida de la integridad epitelial (caderinas) y la adquisición de características mesenquimales (vimentina) (Grego-Bessa *et al.*, 2004; Conway *et al.* 2011; Kruithof *et al.*, 2012).

El desarrollo del PE/epicardio embrionario y sus derivados cardiovasculares ha sido estudiado con profusión en los últimos años. Distintos factores de transcripción como Wt1, Tfc21/Pod1 y Tbx18 han sido identificados como marcadores del epicardio (Haening y Kispert, 2004; Zeng *et al.*, 2011). Además, Wt1 y Tfc21/Pod1 constituyen elementos esenciales en la transición epitelio-mesénquima y en la regulación de la diferenciación del epicardio embrionario en los distintos linajes cardiovasculares (Carmona *et al.*, 2010; Braitsch *et al.*, 2012; Greulich *et al.*, 2012; Takeichi *et al.*, 2013; Wu *et al.*, 2013). En este contexto, el papel de PDGFalpha y FGF es también crucial (Mellgren *et al.*, 2008; Kang *et al.*, 2008; van den Akker *et al.*, 2008; Kim *et al.*, 2010).

Durante muchos años el dogma en la regulación de la expresión génica convenía que a partir del molde de ADN genómico se transcribían unos ARN mensajeros como unos intermediarios de la información genética que permitía posteriormente traducirla y generar así proteínas estructurales/funcionales. En los últimos años este paradigma ha sido parcialmente modificado en base al descubrimiento de los ARNs no codificantes (Carninci *et al.*, 2005; Harrow *et al.*, 2012). La secuenciación del genoma completo humano demostró que la cantidad de genes codificantes no era significativamente mayor que el de otras especies bastante alejadas filogenéticamente y que además solo constituía el 5% del genoma completo. Por tanto, la mayoría del genoma se consideró como "genoma basura". A principio de la década de los 90 se descubrió que distintos ARNs que no codificaban proteínas sí podían actuar como elementos funcionales regulando la expresión de otras proteínas. El análisis de la expresión génica con nuevas técnicas de secuenciación masiva ha demostrado que un alto grado de ese "genoma basura" se transcribe, pero no se traduce, identificando así un papel relevante para los ARNs no codificantes. La diversidad y variabilidad funcional de estos ARNs no codificantes es muy amplia. En la actualidad, los ARNs no codificantes se clasifican en dos grandes subgrupos, esencialmente en base al tamaño de los mismos: ARN no codificantes pequeños (<200 nt) y ARNs no codificantes largos (>200 nt)(Schonrock *et al.*, 2012). La diversidad y variabilidad funcional de estos ARNs no codificantes es muy amplia. Dentro de los ARN no codificantes pequeños (<200 nt), los microRNAs constituyen a día de hoy el grupo más numeroso y mejor estudiado, mientras que en los ARNs no codificantes largos (>200 nt) se corresponde con los lincRNAs (*long intergenic non coding RNAs*).

Los microRNAs son ARN no codificantes con un tamaño de 18-24 nt (Bartel, 2004, 2009). Los microRNAs se transcriben a partir de precursores de 120-200 nt que forman un bucle palindrómico mediante la ARN polimerasa II. La mayoría presentan una caperuza 5´ y están poliadenilados en su extremo 3´. La biogénesis de los microRNAs es un proceso altamente estudiado, durante el cual, la exonucleasa Dicer juega un papel primordial tanto en la maduración de los microRNAs como en su incorporación al complejo RISC (Bartel, 2004, 2009). Los microRNAs son moléculas altamente conservadas durante la evolución que ejercen su papel funcional mediante el reconocimiento de secuencias homólogas complementarias del ARN mensajero, originando la degradación de este y/o a la inhibición de la traducción de dicho ARN mensajero a proteína. En la actualidad se han identificado más de 1500 microRNAs distintos en humano y su expresión es tejido-específica.

Papel funcional de los microRNAs en la especificación y determinación cardiogénica

La diferenciación del mesodermo precardiogénico está influenciada por la señalización del endodermo anterior mediante Bmp2 y Fgf8 (Andree *et al.*, 1998) (**Figura 1**). La señalización de estos factores de crecimiento induce, por tanto, la expresión de los primeros marcadores cardiogénicos, como son los factores de transcripción Nkx2.5 y Gata4. Sin embargo, el control espacio-

Inducción cardiogénica del mesodermo

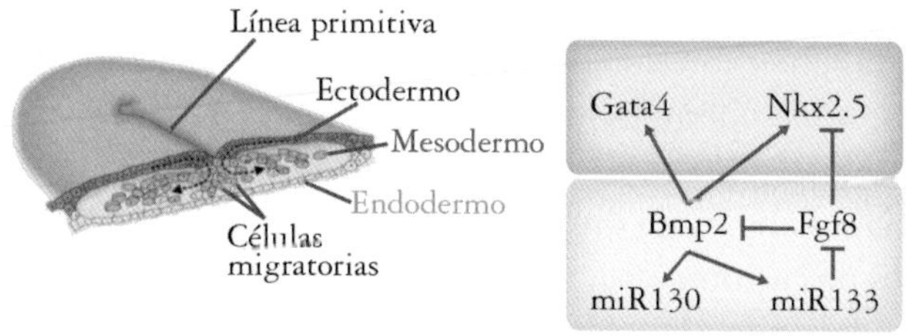

Figura 1. Esquema representativo del papel funcional de distintos microRNAs en la inducción del mesodermo cardiogénico. En este contexto se ha descrito un mecanismo de interaccion entre disintos factores de crecimiento esenciales en la inducción de mesodermo cardiogénico, como Bmp2 y Fgf8, y distitnos microRNAs tales como miR-130 y miR-133.

temporal de la inducción cardiogénica no está completamente definido. El papel funcional de distintos microRNAs durante la diferenciación miogénica, en particular de miR-99a/let7c (Coppola *et al.* 2014) y miR-124 (Cai *et al.*, 2012), ha sido estudiada en distintos contextos celulares (Quatrocelli *et al.*, 2011; Hosada *et al.*, 2011). En nuestro laboratorio, el análisis de la expresión de distintos microRNAs durante el desarrollo cardiovascular temprano (Chinchilla *et al.*, 2011) ha identificado a miR-130 como un microRNA que se expresa en el mesodermo precardiogénico, así como en el endodermo anterior, mostrando un perfil de expresión similar a Fgf8 y Bmp2 (Lopez-Sanchez *et al.*, 2015ab). Estudios de ganancia y pérdida de función de miR-130 en embriones tempranos del desarrollo cardiovascular del pollo han demostrado que miR-130 modula la expresión de Fgf8, Nkx2.5 y Gata4. Asimismo, Bmp2 regula la expresión de miR-130 y Fgf8. Además, la sobreexpresión de miR-130 modula a su vez la expresión de un microRNA específicamente cardiaco, miR-133 (Lopez-Sanchez *et al.*, 2015ab). Todos estos datos demuestran un papel esencial de miR-130 como regulador del mecanismo de señalización Bmp2/Fgf8 que determina la inducción cardiogénica del mesodermo.

El papel de los microRNAs durante la especificación cardiogénica ha sido estudiado también usando modelos de diferenciación *in vitro* a partir de células embrionarias pluripotentes de ratón (Brás-Rosário *et al.*, 2013; Huang *et al.*, 2013) o humanas (Lu *et al.*, 2013; Izarra *et al.*, 2017; Wong *et al.*, 2012; Ahmed *et al.*, 2011; Sluijter *et al.*, 2010), respectivamente, y recientemente también usando células pluripotentes inducidas (iPS) (Kuppusamy *et al.*, 2013). En nuestro laboratorio, usando células embrionarias pluripotentes de ratón hemos evidenciado que la sobreexpresión de miR-27b inhibe la especificación cardiomiogénica. El número de áreas contráctiles es básicamente inexistente y la expresión de marcadores de cardiomiocitos terminal está severamente reducida. Por otro lado, la sobreexpresión de miR-23 inhibe sustancialmente la expresión de determinantes mesodérmicos como Brachyury (T) y cardiomiogénicos como Wnt5a (Vilches *et al.*, 2014).

También hemos observado que la sobreexpresión de miR-23 permite la especificación de los precursores cardiomiogénicos, sin modificar la diferenciación terminal, aunque afectando a las características contráctiles de dicho cardiomiocitos. En concreto, la sobreexpresión de miR-23 modula la expresión de distintos canales de potasio, cationes, así como distintos canales intercelulares de tipo conexinas (Vilches *et al.*, 2014). En conjunto, estos datos demuestran el papel esencial de los microRNAs en procesos tan complejos como la especificación cardiomiogénica (Vilches *et al.*, 2014). En este contexto, la identificación de microRNAs con capacidad funcional para modular la diferenciación celular en distintos linajes cardiovasculares permitirá en un futuro postular su posible uso terapéutico. En particular, la búsqueda de microRNAs que permita incrementar el linaje cardiomiogénico, bloqueando la diferenciación hacia fibroblastos y/o miofibroblastos, pero permitiendo un aporte vasculogénico, sería ideal para el tratamiento de enfermedades cardiovascular, tan relevantes como el infarto de miocardio.

Expresión diferencial de microRNAs en la maduración ventricular

Durante el desarrollo cardiaco, distintos factores de transcripción juegan un papel esencial en la determinación y maduración de las cámaras cardiacas. Distintos estudios han demostrado la expresión diferencial de microRNAs durante la cardiogénesis (Wilson *et al.*, 2010; Sun *et al.*, 2011; Hu *et al.*, 2012; Cao *et al.*, 2013), así como en distintos contextos fisiopatológicos (Roberts *et al.*, 2012; Feng *et al.*, 2014; Rowell *et al.*, 2014; Chiang *et al.*, 2015; Bulent Vatan *et al.*, 2016; Chen *et al.*, 2016). En nuestro laboratorio analizamos los perfiles de expresión de microRNAs mediante *microarrays* durante la maduración ventricular (Chinchilla *et al.*, 2011). Aproximadamente 700 microRNAs fueron analizados en tres estadios de desarrollo ventricular en ratón. Los análisis comparativos demostraron un conjunto reducido de microRNAs que mostraban incremento en su expresión diferencial a lo largo de la maduración cardiaca, mientras que no se identificaron microRNAs cuyo perfil global fuese en decremento. Dado que el papel funcional de los microRNAs es esencialmente un regulador negativo, se podría interpretar que los microRNAs juegan un papel esencial parando la función de los factores de transcripción cardiogénicos (Chinchilla *et al.*, 2011). En este contexto, identificamos miR-27b como un regulador directo del factor de transcripción Mef2c. Además, hemos comprobado que la modulación de un mismo microRNA, p. ej. miR-27b, sobre el mismo gen diana (p. ej. Mef2c) es dependiente de contexto celular (Lozano-Velasco *et al.*, 2015).

El análisis comparativo de los perfiles de expresión de microRNAs durante la maduración ventricular ha sido comparado con otras dos condiciones cardiovasculares, la especificación cardiogénica a partir de células pluripotentes inducidas y el proceso de senescencia cardiaca. Este tipo de meta-análisis nos ha permitido identificar que la mayor parte de los microRNAs diferencialmente expresados durante la maduración ventricular también lo hacen, y de la misma forma, durante la cardiogénesis inducida *in vitro*, pero difieren con aquellos altamente representados en condiciones de envejecimiento cardiaco (Bon*et et al.*, 2013; 2015; Franco *et al.*, 2016).

Papel señalizador de los microRNAs en la valvulogénesis cardiaca y en la diferenciación del epicardio

La transición epitelio-mesénquima (EMT) constituye uno de los procesos esenciales para la formación de las válvulas cardiacas. Distintos factores de crecimiento, tales como Tgf-beta y Bmp, juegan un papel crítico. Distintos estudios han analizado el papel funcional de los microRNAs durante la valvulogénesis, tanto de ratón (Lagendick *et al.*, 2011) como en pez zebra (Banjo *et al.*, 2013; Kolpa *et al.*, 2013), poniendo de manifiesto el papel esencial de miR-23 y miR21, respectivamente **(Figura 2)**. Igualmente, distintos estudios han analizado el perfil diferencial de microRNAs en distintos contexto patológicos valvulares (Xiao *et al.*, 2011; Cooley *et al.*, 2012). En nuestro laboratorio queremos saber el papel que los microRNAs puede desempeñar durante la valvulogénesis. Para ello realizamos un análisis de la expresión diferencial de microRNAs en las cámaras auriculares y ventriculares, en comparación con la expresión en el canal atrioventricular en distintos estadios del desarrollo (Bonet *et al.*, 2015). Este análisis nos permitió identificar un número discreto de microRNAs expresados diferencialmente en el canal atrioventricular. Nuestro análisis se centró en discernir el papel funcional de estos microRNAs en el EMT. La sobre-expresión de miR-199, miR-23b y miR-15 inhibía el EMT, pero no la sobre-expresión de otros microRNAs tales como miR-130 y miR-200. El análisis mediante

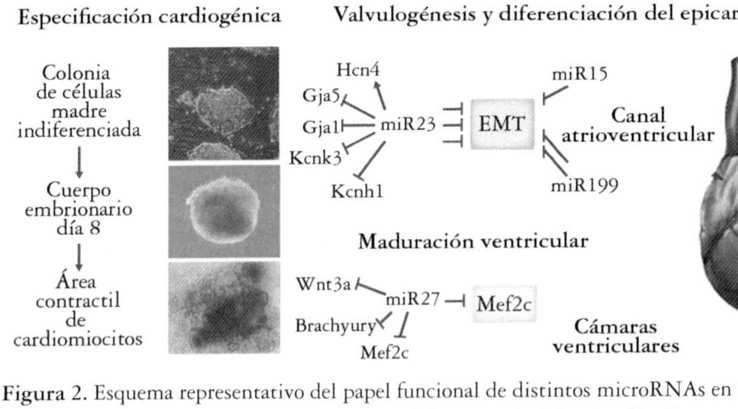

Figura 2. Esquema representativo del papel funcional de distintos microRNAs en la especificiación del linaje cardiogénico, la valvulogénesis y la diferenciación del epicardio. En este contexto, el papel funcional de miR-23 ha sido descrito tanto modulando la expresión de distintos genes durante la diferenciación cardiomiogénica como en el bloqueo de la transición epitelio-mesequima durante el desarrollo cardiovascular. De modo similar, el papel funcional de miR-27 también ha sido descrito en ambos procesos morfogenéticos.

hibridación *in situ* demostró que miR-23b se localiza preferencialmente en los cojines endocárdicos del canal atrioventricular. Además, la sobre-expresión de miR-23 y miR-199 regulaba diferencialmente las vías de señalización Snail/Slug de inicio del EMT, así como marcadores de epitelio y mesénquima (Bonet *et al.*, 2015). Para ver cuáles podrían ser los genes diana involucrados en este proceso, realizamos un estudio de todos los posibles genes diana compartidos entre los tres microRNAs que inhibían EMT y que hubiese evidencias bibliográficas de su expresión cardiovascular o su papel funcional en EMT en otros procesos biológicos relevantes. De este modo identificamos 14 genes dianas, todos los cuales se expresan en el AVC y además están modulados por estos microRNAs. Adicionalmente identificamos a qué nivel de la vía de señalización que regula el EMT valvular se sitúan estos genes diana, acotando de este modo los mecanismos de acción de cada microRNA en el proceso de EMT. Estos datos muestran el papel regulador de distintos microRNAs en EMT, proceso que tiene una alta relevancia biológica en otros contextos como el cáncer, y por ello suponen nuevas vías para el desarrollo de dianas terapéuticas (Bon *et al.*, 2015).

MicroRNAs en cardiopatías arritmogénicas

La expresión diferencial de microRNAs no solo acontece durante el desarrollo embrionario, sino que también ocurre en distintos procesos patológicos (Roberts *et al.*, 2012; Feng *et al.*, 2014; Rowell *et al.*, 2014; Chiang *et al.*, 2015; Bulent Vatan *et al.*, 2016; Chen *et al.*, 2016; Xiao *et al.*, 2011; Cooley *et al.*, 2012). En nuestro laboratorio hemos analizado el perfil de expresión de microRNAs en distintas patologías cardiacas arritmogénicas y hemos indagado en su papel funcional. En particular, hemos analizado la expresión de microRNAs en modelos experimentales de fibrilación auricular. Es importante resaltar que la fibrilación auricular es la patología arritmogénica más frecuente en la población humana, con una incidencia del 2%, que llega a ser del 10% en pacientes mayores de 80 años (Staerk *et al.*, 2017; Dilaveris *et al.*, 2017). Estudios recientes de GWAS han determinado qué SNPs en la región cromosómica 4q25 están altamente asociadas con la presencia de AF, sugiriendo que el PITX2, el gen más cercano, es el agente causativo (Gudbjartsson *et al.*, 2007).

La falta de función de Pitx2 en ratones modificados genéticamente conlleva alteraciones estructurales y moleculares que son más proclives al desarrollo de AF (Franco *et al.*, 2011, 2012). Los análisis moleculares sugieren distintas vías de señalización aguas debajo de Pitx2, por un lado modulado la expresión de Shox2/Hcn4 (Wang *et al.*, 2010), canales iónicos (Kirchoff *et al.* 2011; Chinchilla *et al.*, 2011), Wnt8/Wnt11 (Lozano-Velasco *et al.*, 2016), así como distintos microRNAs (Wang *et al.*, 2010; Chinchilla *et al.*, 2011; Lozano-Velasco *et al.*, 2016). Nuestros resultado, implican a Pitx2 en la regulación de múltiples microRNAs, tales como miR-1, miR-133, miR-29 y miR-200, que tienen un impacto directo en la regulación de distintos canales iónicos cardiacos como *Scn5a, Kcnj2, Kcnj12* y *Cacna1c* (Chinchilla *et al.*, 2011; Lozano-Velasco *et al.*, 2016).

Las diferencias de expresión en microRNAs afectan incluso a los primeros momentos de la fibrilación auricular (Torrado *et al.*, 2015). La inducción de FA conlleva una alteración especifica del perfil de expresión de microRNAs, incrementando la expresión de miR-21, que a su vez es capaz de disminuir la expresión de Pitx2 (Torrado *et al.*, 2015) **(Figura 3)**. Estos datos por tanto sugieren un mecanismo molecular por el cual los primeros episodios de FA comprometen que los siguientes episodios sean más frecuentes y severos.

Dado que estas alteraciones en la expresión de estos microRNAs pueden afectar no solo a factores de transcripción determinantes de cardiopatías arritmogénicas, sino también directamente a los canales iónicos responsables de la configuración del potencial de acción cardiaco, en nuestro laboratorio hemos determinado el papel funcional de distintos microRNAs en la regulación postranscripcional del principal canal de sodio cardiaco, Scn5a. Análisis de sobreexpresión y falta de función de miR-200 y miR-219 ha permitido determinar la temporalidad y dosisdependencia de la modulación del canal de sodio Scn5a, disminuyendo e incrementando, respectivamente. Además hemos determinado que la modificación de tan solo dos nucleótidos en la secuencia semilla de reconocimiento de este mi-

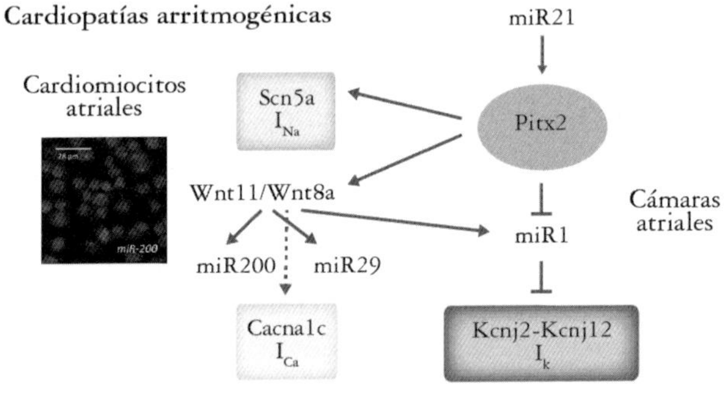

Figura 3. Esquema representativo del papel funcional de distintos microRNAs en procesos fisiopatológicos como las arritmias cardiacas. La regulación génica entre el factor de transcripción Pitx2 y la expresión de distintos microRNAs ha sido ampliamente descrita en el contexto de la fibrilación auricular, conllevando a la modulación de la expresión de múltiples canales iónicos esenciales en la regulación de la configuración del potencial de acción cardiaco.

croRNA afecta de forma diferencial la modulación de Scn5a tanto *in vitro* como *in vivo*. Estos datos demuestran el potencial terapéutico de estos microRNAs para modular la expresión y función del canal de sodio en cardiopatías arritmogenicas en las cuales existe una deficiencia en la función de dicho canal, como son el síndrome de Brugada y el síndrome QT largo (Daimi *et al.*, 2015).

Conclusiones y perspectivas

Durante muchos años hemos aprendido que el genoma (ADN) contiene la información genética, y que dicha información genética es leída temporalmente mediante la generación de ARN mensajeros, los cuales traducen esa información en proteínas que ejercen las distintas funciones celulares necesarias para su desarrollo y división. La secuenciación completa del genoma, en múltiples especies, incluida la especie humana, nos ha dejado un panorama no menos curioso, pues la información codificante para proteínas no alcanza mas allá del 5-10% del total del genoma. Además existen pocas diferencias cuantitativas en el número de genes codificantes entre especies aparentemente bastante distantes. La identificación de genes no codificantes abre una nueva línea de complejidad en el conocimiento de la regulación génica y de las distintas funciones celulares. En estos últimos años hemos asistido a la identificación de un elevado número de microRNAs cuyas funciones celulares son esenciales para básicamente todos y cada uno de los procesos celulares. Como estamos vislumbrando recientemente, además de desempeñar un papel morfogénetico esencial, los microRNAs también actúan como moléculas señalizadoras encapsuladas dentro de exosomas intercelulares. Ello hace que los microRNAs se constituyan hoy día como posibles dianas terapéuticas, como biomarcadores patológicos y como moléculas señalizadoras, abriendo así un amplio espectro de posibilidades en biomedicina.

Si bien nuestro conocimiento sobre los microRNAs ha emergido con rotundidad en los últimos años, no es menos cierto que solo conocemos la punta del iceberg en relación con las funciones de los ARN no codificantes. Los RNAs codificantes de larga cadena (lncRNAs), con una similitud estructural a los ARN mensajeros, pero que no codifican para proteínas, tienen capacidades multifuncionales (epigenética, transcripción, post-transcripcional, transducción). Además, en muchos de los casos, falta conservación evolutiva. Todo ello nos augura nuevos tiempos, aun mucho más complejos en el entendimiento de los procesos celulares y moleculares que rigen el desarrollo embrionario, la homeostasis celular y los procesos fisiopatológicos. En los próximos años asistiremos a una nueva revolución en nuestro conocimiento de los procesos moleculares que gobiernan la expresión génica y, por ende, el funcionamiento celular y tisular.

Tabla de abreviaturas

Bmp	*Bone morphogenetic protein*	Factor morfogenético óseo
Fgf	*Fibroblast growth factor*	Factor de crecimiento fibroblástico
PE	*Proepicardium*	Proepicardio
EPDC	*Epicardial derived cells*	Celulas derivadas del epicardio
iPS	*Induced pluripotent stem cells*	Celulas pluripotentes inducidas
EMT	*Epithelial to mesenchymal transition*	Transición epitelio-mesénquima
lncRNA	*Long non coding RNA*	ARN no codificante largo
lincRNA	*Long intergenic non coding RNA*	ARN intergénico no codificante largo

Bibliografía

Aanhaanen, W. T., Boukens, B. J., Sizarov, A., Wakker, V., de Gier-de Vries, C., van Ginneken, A. C., Moorman, A. F., Coronel, R., y Christoffels, V. M. (2011): "Defective Tbx2-dependent patterning of the atrioventricular canal myocardium causes accessory pathway formation in mice". *J Clin Invest*, 121, 534-544.

Aanhaanen, W. T., Brons, J. F., Domínguez, J. N., Rana, M. S., Norden, J., Airik, R., Wakker, V., de Gier-de Vries, C., Brown, N. A., Kispert, A., Moorman, A. F., y Christoffels, V. M. (2009): "The Tbx2+ primary myocardium of the atrioventricular canal forms the atrioventricular node and the base of the left ventricle". *Circ Res*, 104, 1267-1274.

Aanhaanen, W. T., Mommersteeg, M. T., Norden, J., Wakker, V., de Gier-de Vries, C., Anderson, R. H., Kispert, A., Moorman, A. F., y Christoffels, V. M. (2010): "Developmental origin, growth, and three-dimensional architecture of the atrioventricular conduction axis of the mouse heart". *Circ Res*, 107, 728-736.

Aanhaanen, W. T., Moorman, A. F., y Christoffels, V. M. (2011): "Origin and development of the atrioventricular myocardial lineage: insight into the development of accessory pathways". *Birth Defects Res A Clin Mol Teratol*, 91, 565-577.

Ahmed, R. P., Haider, H. K., Buccini, S., Li, L., Jiang, S., y Ashraf, M. (2011): "Reprogramming of skeletal myoblasts for induction of pluripotency for tumor-free cardiomyogenesis in the infarcted heart". *Circ Res*, 109, 60-70.

Anderson, R. H., Brown, N. A., y Webb, S. (2002): "Development and structure of the atrial septum". *Heart*, 88, 104-110.

Anderson, R. H., Webb, S., Brown, N. A., Lamers, W., y Moorman, A. (2003): "Development of the heart: (2) Septation of the atriums and ventricles". *Heart*, 89, 949-958.

Andrée, B., Duprez, D., Vorbusch, B., Arnold, H. H., y Brand, T. (1998): "BMP-2 induces ectopic expression of cardiac lineage markers and interferes with somite formation in chicken embryos". *Mech Dev*, 70, 119-131.

Bakker, M. L., Boink, G. J., Boukens, B. J., Verkerk, A. O., van den Boogaard, M., den Haan, A. D., Hoogaars, W. M., Buermans, H. P., de Bakker, J. M., Seppen, J., Tan, H. L., Moorman, A. F., 't Hoen, P. A., y Christoffels, V. M. (2012): "T-box transcription factor TBX3 reprogrammes mature cardiac myocytes into pacemaker-like cells". *Cardiovasc Res*, 94, 439-449.

Bakker, M. L., Boukens, B. J., Mommersteeg, M. T., Brons, J. F., Wakker, V., Moorman, A. F., y Christoffels, V. M. (2008): "Transcription factor Tbx3 is required for the specification of the atrioventricular conduction system". *Circ Res*, 102, 1340-1349.

Bakker, M. L., Moorman, A. F., y Christoffels, V. M. (2010): "The atrioventricular node: origin, development, and genetic program". *Trends Cardiovasc Med*, 20,164-171.

Banjo, T., Grajcarek, J., Yoshino, D., Osada, H., Miyasaka, K. Y., Kida, Y. S., Ueki, Y., Nagayama, K., Kawakami, K., Matsumoto, T., Sato, M., y Ogura, T. (2013): "Haemodynamically dependent valvulogenesis of zebrafish heart is mediated by flow-dependent expression of miR-21". *Nat Commun*, 4, 1978.

Bartel, D. P. (2004): "MicroRNAs: genomics, biogenesis, mechanism, and function". *Cell*, 116, 281-297.

Bartel, D. P. (2009): "MicroRNAs: target recognition and regulatory functions". *Cell*, 136, 215-233.

Bondue, A., y Blanpain, C. (2010): "Mesp1: a key regulator of cardiovascular lineage commitment". *Circ Res*, 107, 1414-1427.

Bondue, A., Lapouge, G., Paulissen, C., Semeraro, C., Iacovino, M., Kyba, M., y Blanpain, C. (2008): "Mesp1 acts as a master regulator of multipotent cardiovascular progenitor specification". *Cell Stem Cell*, 3, 69-84.

Bonet, F., Dueñas, Á., López-Sánchez, C., García-Martínez, V., Aránega, A.E., y Franco, D. (2015): "MiR-23b and miR-199a impair epithelial-to-mesenchymal transition during atrioventricular endocardial cushion formation". *Dev Dyn*, 244, 1259-1275.

Bonet, F., Hernandez-Torres, F., Esteban, F.J., Aranega, A., y Franco, D. (2013): "Comparative Analyses of MicroRNA Microarrays during Cardiogenesis: Functional Perspectives". *Microarrays (Basel)*, 2, 81-96.

Boyer, A. S., Ayerinskas, I. I., Vincent, E. B., McKinney, L. A., Weeks, D. L., y Runyan, R. B. (1999): "TGFbeta2 and TGFbeta3 have separate and sequential activities during epithelial-mesenchymal cell transformation in the embryonic heart". *Dev Biol*, 208, 530-545.

Braitsch, C. M., Combs, M. D., Quaggin, S. E., y Yutzey, K. E. (2012): "Pod1/Tcf21 is regulated by retinoic acid signaling and inhibits differentiation of epicardium-derived cells into smooth muscle in the developing heart". *Dev Biol*, 368, 345-357.

Brás-Rosário, L., Matsuda, A., Pinheiro, A. I., Gardner, R., Lopes, T., Amaral, A., y Gama-Carvalho, M. (2013): "Expression profile of microRNAs regulating proliferation and differentiation in mouse adult cardiac stem cells". *PLoS One*, 8, e63041.

Briggs, L. E., Kakarla, J., y Wessels, A. (2012): "The pathogenesis of atrial and atrioventricular septal defects with special emphasis on the role of the dorsal mesenchymal protrusion". *Differentiation*, 84, 117-130.

Briggs, L. E., Phelps, A. L., Brown, E., Kakarla, J., Anderson, R. H., van den Hoff, M. J., y Wessels, A. (2013): "Expression of the BMP receptor Alk3 in the second heart field is essential for development of the dorsal mesenchymal protrusion and atrioventricular septation". *Circ Res*, 112, 1420-1432.

Bulent Vatan, M., Kalaycı Yigin, A., Akdemir, R., Tarik Agac, M., Akif Cakar, M., Aksoy, M., Tatli, E., Kilic, H., Gunduz, H., Guzel, D., y Karacan, K. (2016): "Altered Plasma MicroRNA Expression in Patients with Mitral Chordae Tendineae Rupture". *J Heart Valve Dis*, 25, 580-588.

Burns, T., Yang, Y., Hiriart, E., y Wessels, A. (2016): "The Dorsal Mesenchymal Protrusion and the Pathogenesis of Atrioventricular Septal Defects". *J Cardiovasc Dev Dis*, 3, pii: 29.

Cai, B., Li, J., Wang, J., Luo, X., Ai, J., Liu, Y., Wang, N., Liang, H., Zhang, M., Chen, N., Wang, G., Xing, S., Zhou, X., Yang, B., Wang, X., y Lu, Y. (2012): "microRNA-124 regulates cardiomyocyte differentiation of bone marrow-derived mesenchymal stem cells via targeting STAT3 signaling". *Stem Cells*, 30, 1746-1755.

Cai, X., Nomura-Kitabayashi, A., Cai, W., Yan, J., Christoffels, V. M., y Cai, C. L. (2011): "Myocardial Tbx20 regulates early atrioventricular canal formation and endocardial epithelial-mesenchymal transition via Bmp2". *Dev Biol*, 360, 381-390.

Campione, M., Acosta, L., Martínez, S., Icardo, J. M., Aránega, A., y Franco, D. (2002): "Pitx2 and cardiac development: a molecular link between left/right signaling and congenital heart disease". *Cold Spring Harb Symp Quant Biol*, 67, 89-95.

Campione, M., Ros, M. A., Icardo, J. M., Piedra, E., Christoffels, V. M., Schweickert, A., Blum, M., Franco, D., y Moorman, A. F. (2001): "Pitx2 expression defines a left cardiac lineage of cells: evidence for atrial and ventricular molecular isomerism in the iv/iv mice". *Dev Biol*, 231, 252-264.

Campione, M., Steinbeisser, H., Schweickert, A., Deissler, K., van Bebber, F., Lowe, L. A., Nowotschin, S., Viebahn, C., Haffter, P., Kuehn, M. R., y Blum, M. (1999): "The homeobox gene Pitx2: mediator of asymmetric left-right signaling in vertebrate heart and gut looping". *Development*, 126, 1225-1234.

Cao, X., Wang, J., Wang, Z., Du, J., Yuan, X., Huang, W., Meng, J., Gu, H., Nie, Y., Ji, B., Hu, S., y Zheng, Z. (2013): "MicroRNA profiling during rat ventricular maturation: A role for miR-29a in regulating cardiomyocyte cell cycle re-entry". *FEBS Lett*, 587, 1548-1555.

Carmona, R., Guadix, J. A., Cano, E., Ruiz-Villalba, A., Portillo-Sánchez, V., Pérez-Pomares, J.M., y Muñoz-Chápuli, R. (2010): "The embryonic epicardium: an essential element of cardiac development". *J Cell Mol Med*, 14, 2066-2072.

Carninci, P., Kasukawa, T., Katayama, S., Gough, J., Frith, M. C., Maeda, N., Oyama, R., Ravasi, T., Lenhard, B., Wells, C., Kodzius, R., Shimokawa, K., Bajic, V.B., Brenner, S. E., Batalov, S., Forrest, A. R., Zavolan, M., Davis, M. J., Wilming, L. G., Aidinis, V., Allen, J. E., Ambesi-Impiombato, A., Apweiler, R., Aturaliya, R. N., Bailey, T. L., Bansal, M., Baxter, L., Beisel, K. W., Bersano, T., Bono, H., Chalk, A. M., Chiu, K. P., Choudhary, V., Christoffels, A., Clutterbuck, D. R., Crowe, M. L., Dalla, E., Dalrymple, B. P., de Bono, B., Della Gatta, G., di Bernardo, D., Down, T., Engstrom, P., Fagiolini, M., Faulkner, G., Fletcher, C. F., Fukushima, T., Furuno, M., Futaki, S., Gariboldi, M., Georgii-Hemming, P., Gingeras, T. R., Gojobori, T., Green, R. E., Gustincich, S., Harbers, M., Hayashi, Y., Hensch, T. K., Hirokawa, N., Hill, D., Huminiecki, L., Iacono. M., Ikeo, K., Iwama, A., Ishikawa, T., Jakt, M., Kanapin, A., Katoh, M., Kawasawa, Y., Kelso, J., V., Lareau, L. F., Lazarevic, D., Lipovich, L., Liu, J., Liuni, S., McWilliam, S., Madan Babu, M., Madera, M., Marchionni, L., Matsuda, H., Matsuzawa, S., Miki, H., Mignone, F., Miyake, S., Morris, K., Mottagui-Tabar, S., Mulder, N., Nakano, N., Nakauchi, H., Ng, P., Nilsson, R., Nishiguchi, S., Nishikawa, S., Nori, F., Ohara, O., Okazaki, Y., Orlando, V., Pang, K. C., Pavan, W. J., Pavesi, G., Pesole, G., Petrovsky, N., Piazza, S., Reed, J., Reid, J. F., Ring, B. Z., Ringwald, M., Rost, B., Ruan, Y., Salzberg, S.L., Sandelin, A., Schneider, C., Schönbach, C., Sekiguchi, K., Semple, C. A., Seno, S., Sessa, L., Sheng, Y., Shibata, Y., Shimada, H., Shimada, K., Silva, D., Sinclair, B., Sperling, S., Stupka, E., Sugiura, K., Sultana, R., Takenaka, Y., Taki, K., Tammoja, K., Tan, S. L., Tang, S., Taylor, M. S., Tegner, J., Teichmann, S. A., Ueda, H. R., van Nimwegen, E., Verardo, R., Wei, C. L., Yagi, K., Yamanishi, H., Zabarovsky, E., Zhu, S., Zimmer, A., Hide, W., Bult, C., Grimmond, S. M., Teasdale, R. D., Liu, E. T., Brusic, V., Quackenbush, J., Wahlestedt, C., Mattick, J. S., Hume, D. A., Kai, C., Sasaki, D., Tomaru, Y., Fukuda, S., Kanamori-Katayama, M., Suzuki, M., Aoki, J., Arakawa, T., Iida, J., Imamura, K., Itoh, M., Kato, T., Kawaji, H., Kawagashira, N., Kawashima, T., Kojima, M., Kondo, S., Konno, H., Nakano, K., Ninomiya, N., Nishio, T., Okada, M., Plessy, C., Shibata, K., Shiraki, T., Suzuki, S., Tagami, M., Waki, K., Watahiki, A., Okamura-Oho, Y., Suzuki, H., Kawai, J., Hayashizaki, Y.; FANTOM Consortium; RIKEN Genome Exploration Research Group and Genome Science Group (Genome Network Project Core Group) (2005): "The transcriptional landscape of the mammalian genome". *Science*, 309, 1559-1563.

Charron, F., y Nemer, M. (1999): "GATA transcription factors and cardiac development". *Semin Cell Dev Biol*, 10, 85-91.

Chen, Y. T., Wang, J., Wee, A. S., Yong, Q. W., Tay, E. L., Woo, C. C., Sorokin, V., Richards, A. M., y Ling, L. H. (2016): "Differential MicroRNA Expression Profile in Myxomatous Mitral Valve Prolapse and Fibroelastic Deficiency Valves". *Int J Mol Sci*, 17, pii: E753.

Chiang, D. Y., Zhang, M., Voigt, N., Alsina, K. M., Jakob, H., Martin, J. F., Dobrev, D., Wehrens, X. H., y Li, N. (2015): "Identification of microRNA-mRNA dysregulations in paroxysmal atrial fibrillation". *Int J Cardiol*, 184, 190-197.

Chinchilla, A., Daimi, H., Lozano-Velasco, E., Dominguez, J. N., Caballero, R., Delpón, E., Tamargo, J., Cinca, J., Hove-Madsen, L., Aranega, A. E., y Franco, D. (2011): "PITX2 insufficiency leads to atrial electrical and structural remodeling linked to arrhythmogenesis". *Circ Cardiovasc Genet*, 4, 269-279.

Chinchilla, A., Lozano, E., Daimi, H., Esteban, F. J., Crist, C., Aranega, A. E., y Franco, D. (2011): "MicroRNA profiling during mouse ventricular maturation: a role for miR-27 modulating Mef2c expression". *Cardiovasc Res*, 89, 98-108.

Christoffels, V. M., Grieskamp, T., Norden, J., Mommersteeg, M. T., Rudat, C., y Kispert, A. (2009): "Tbx18 and the fate of epicardial progenitors". *Nature*, 458, E8-9.

Christoffels, V. M., Habets, P. E., Franco, D., Campione, M., de Jong, F., Lamers, W. H., Bao, Z. Z., Palmer, S., Biben, C., Harvey, R. P., y Moorman, A. F. (2000): "Chamber formation and morphogenesis in the developing mammalian heart". *Dev Biol*, 223, 266-278.

Christoffels, V. M., Hoogaars, W. M., Tessari, A., Clout, D. E., Moorman, A. F., y Campione, M. (2004): "T-box transcription factor Tbx2 represses differentiation and formation of the cardiac chambers". *Dev Dyn*, 229, 763-770.

Christoffels, V. M., Mommersteeg, M. T., Trowe, M. O., Prall, O. W., de Gier-de Vries, C., Soufan, A. T., Bussen, M., Schuster-Gossler, K., Harvey, R. P., Moorman, A. F., y Kispert, A. (2006): "Formation of the venous pole of the heart from an Nkx2-5-negative precursor population requires Tbx18". *Circ Res*, 98, 1555-1563.

Conway, S. J., Bundy, J., Chen, J., Dickman, E., Rogers, R., y Will, B. M. (2000): "Decreased neural crest stem cell expansion is responsible for the conotruncal heart defects within the splotch (Sp(2H))/Pax3 mouse mutant". *Cardiovasc Res*, 47, 314-328.

Conway, S. J., Doetschman, T., y Azhar, M. (2011): "The inter-relationship of periostin, TGF beta, and BMP in heart valve development and valvular heart diseases". *Scientific WorldJournal*, 11, 1509-1524.

Conway, S. J., Godt, R. E., Hatcher, C. J., Leatherbury, L., Zolotouchnikov, V. V., Brotto, M. A., Copp, A. J., Kirby, M. L., y Creazzo, T. L. (1997): "Neural crest is involved in development of abnormal myocardial function". *J Mol Cell Cardiol*, 29, 2675-2685.

Conway, S. J., Henderson, D. J., y Copp, A. J. (1997): "Pax3 is required for cardiac neural crest migration in the mouse: evidence from the splotch (Sp2H) mutant". *Development*, 124, 505-514.

Cooley, N., Cowley, M. J., Lin, R. C., Marasco, S., Wong, C., Kaye, D. M., Dart, A. M., y Woodcock, E. A. (2012): "Influence of atrial fibrillation on microRNA expression profiles in left and right atria from patients with valvular heart disease". *Physiol Genomics*, 44, 211-219.

Coppola, A., Romito, A., Borel, C., Gehrig, C., Gagnebin, M., Falconnet, E., Izzo, A., Altucci, L., Banfi, S., Antonarakis, S. E., Minchiotti, G., y Cobellis, G. (2014): "Cardiomyogenesis is controlled by the miR-99a/let-7c cluster and epigenetic modifications". *Stem Cell Res*, 12, 323-337.

Creazzo, T. L., Godt, R. E., Leatherbury, L., Conway, S. J., y Kirby, M. L. (1998): "Role of cardiac neural crest cells in cardiovascular development". *Annu Rev Physiol*, 60, 267-286.

Daimi, H., Lozano-Velasco, E., Haj Khelil, A., Chibani, J. B., Barana, A., Amorós, I., González de la Fuente, M., Caballero, R., Aranega, A., y Franco, D. (2015): "Regulation of SCN5A by microRNAs: miR-219 modulates SCN5A transcript expression and the effects of flecainide intoxication in mice". *Heart Rhythm*, 12, 1333-1342.

de Castro, M. P., Acosta, L., Domínguez, J. N., Aránega, A., y Franco, D. (2003): "Molecular diversity of the developing and adult myocardium: implications for tissue targeting". *Curr Drug Targets Cardiovasc Haematol Disord*, 3, 227-239.

de Jong, F., Opthof, T., Wilde, A. A., Janse, M. J., Charles, R., Lamers, W. H., y Moorman, A. F. (1992): "Persisting zones of slow impulse conduction in developing chicken hearts". *Circ Res*, 71, 240-250.

Dilaveris, P. E., y Kennedy, H. L. (2017): "Silent atrial fibrillation: epidemiology, diagnosis, and clinical impact". *Clin Cardiol*, Mar 8.

Eisenberg, L. M., y Markwald, R. R. (1995): "Molecular regulation of atrioventricular valvuloseptal morphogenesis". *Circ Res*, 77, 1-6.

Feng, H. J., Ouyang, W., Liu, J. H., Sun, Y. G., Hu, R., Huang, L. H., Xian, J. L., Jing, C. F., y Zhou, M. J. (2014): "Global microRNA profiles and signaling pathways in the development of cardiac hypertrophy". *Braz J Med Biol Res*, 47, 361-368.

Franco, D., Bonet, F., Hernandez-Torres, F., Lozano-Velasco, E., Esteban, F. J., y Aranega, A. E. (2016): "Analysis of microRNA Microarrays in Cardiogenesis". *Methods Mol Biol*, 1375, 207-221.

Franco, D., Campione, M., Kelly, R., Zammit, P. S., Buckingham, M., Lamers, W. H., y Moorman, A. F. (2000): "Multiple transcriptional domains, with distinct left and right components, in the atrial chambers of the developing heart". *Circ Res*, 87, 984-991.

Franco, D., y Campione, M. (2003): "The role of Pitx2 during cardiac development. Linking left-right signaling and congenital heart diseases". *Trends Cardiovasc Med*, 13, 157-163.

Franco, D., Chinchilla, A., y Aránega, A.E. (2012): "Transgenic insights linking pitx2 and atrial arrhythmias". *Front Physiol*, 3, 206.

Franco, D., Chinchilla, A., Daimi, H., Dominguez, J. N., y Aránega, A. (2011): "Modulation of conductive elements by Pitx2 and their impact on atrial arrhythmogenesis". *Cardiovasc Res*, 91, 223-231.

Franco, D., Christoffels, V. M., y Campione, M. (2014): "Homeobox transcription factor Pitx2: The rise of an asymmetry gene in cardiogenesis and arrhythmogenesis". *Trends Cardiovasc Med*, 24, 23-31.

Franco, D., y Icardo, J. M. (2001): "Molecular characterization of the ventricular conduction system in the developing mouse heart: topographical correlation in normal and congenitally malformed hearts". *Cardiovasc Res*, 49, 417-429.

Franco, D., Kelly, R., Lamers, W. H., Buckingham, M., y Moorman, A. F. (1997): "Regionalized transcriptional domains of myosin light chain 3f transgenes in the embryonic mouse heart: morphogenetic implications". *Dev Biol*, 188, 17-33.

Franco, D., Meilhac, S. M., Christoffels, V. M., Kispert, A., Buckingham, M., y Kelly, R. G. (2006): "Left and right ventricular contributions to the formation of the interventricular septum in the mouse heart". *Dev Biol*, 294, 366-375.

Ghatpande, S., Brand, T., Zile, M., y Evans, T. (2006): "Bmp2 and Gata4 function additively to rescue heart tube development in the absence of retinoids". *Dev Dyn*, 235, 2030-2039.

Goswami, S., Qasba, P., Ghatpande, S., Carleton, S., Deshpande, A. K., Baig, M., y Siddiqui, M. A. (1994): "Differential expression of the myocyte enhancer factor 2 family of transcription factors in development: the cardiac factor BBF-1 is an early marker for cardiogenesis". *Mol Cell Biol*, 14, 5130-5138.

Grego-Bessa, J., Díez, J., Timmerman, L., y de la Pompa, J. L. (2004): "Notch and epithelial-mesenchyme transition in development and tumor progression: another turn of the screw". *Cell Cycle*, 3, 718-721.

Greulich, F., Farin, H. F., Schuster-Gossler, K., y Kispert, A. (2012): "Tbx18 function in epicardial development". *Cardiovasc Res*, 96, 476-483.

Greulich, F., Rudat, C., Farin, H. F., Christoffels, V. M., y Kispert, A. (2016): "Lack of Genetic Interaction between Tbx18 and Tbx2/Tbx20 in Mouse Epicardial Development". *PLoS One*, 11, e0156787.

Guadix, J. A., Ruiz-Villalba, A., Lettice, L., Velecela, V., Muñoz-Chápuli, R., Hastie, N. D., Pérez-Pomares, J. M., y Martínez-Estrada, O. M. (2011): "Wt1 controls retinoic acid signalling in embryonic epicardium through transcriptional activation of Raldh2". *Development*, 138, 1093-1097.

Gudbjartsson, D. F., Arnar, D. O., Helgadottir, A., Gretarsdottir, S., Holm, H., Sigurdsson, A., Jonasdottir, A., Baker, A., Thorleifsson, G., Kristjansson, K., Palsson, A., Blondal, T., Sulem, P., Backman, V. M., Hardarson, G. A., Palsdottir, E.,

Helgason, A., Sigurjonsdottir, R., Sverrisson, J. T., Kostulas, K., Ng, M. C., Baum, L., So, W. Y., Wong, K. S., Chan, J. C., Furie, K. L., Greenberg, S. M., Sale, M., Kelly, P., MacRae, C. A., Smith, E. E., Rosand, J., Hillert, J., Ma, R. C., Ellinor, P. T., Thorgeirsson, G., Gulcher, J. R., Kong, A., Thorsteinsdottir, U., y Stefansson, K. (2007): "Variants conferring risk of atrial fibrillation on chromosome 4q25". *Nature*, 448, 353-357.

Haenig, B., y Kispert, A. (2004): "Analysis of TBX18 expression in chick embryos". *Dev Genes Evol*, 214, 407-411.

Harrow, J., Frankish, A., Gonzalez, J. M., Tapanari, E., Diekhans, M., Kokocinski, F., Aken, B. L., Barrell, D., Zadissa, A., Searle, S., Barnes, I., Bignell, A., Boychenko, V., Hunt, T., Kay, M., Mukherjee, G., Rajan, J., Despacio-Reyes, G., Saunders, G., Steward, C., Harte, R., Lin, M., Howald, C., Tanzer, A., Derrien, T., Chrast, J., Walters, N., Balasubramanian, S., Pei, B., Tress, M., Rodriguez, J. M., Ezkurdia, I., van Baren, J., Brent, M., Haussler, D., Kellis, M., Valencia, A., Reymond, A., Gerstein, M., Guigó, R., y Hubbard, T. J. (2012): "GENCODE: the reference human genome annotation for The ENCODE Project". *Genome Res*, 22, 1760-1774.

Harvey, R. P., Lai, D., Elliott, D., Biben, C., Solloway, M., Prall, O., Stennard, F., Schindeler, A., Groves, N., Lavulo, L., Hyun, C., Yeoh, T., Costa, M., Furtado, M., y Kirk, E. (2002): "Homeodomain factor Nkx2-5 in heart development and disease". *Cold Spring Harb Symp Quant Biol*, 67, 107-114.

Harvey, R. P. (1996): "NK-2 homeobox genes and heart development". *Dev Biol*, 178, 203-216.

Hatcher, C. J., Diman, N. Y., Kim, M. S., Pennisi, D., Song, Y., Goldstein, M. M., Mikawa, T., y Basson, C.T. (2004): "A role for Tbx5 in proepicardial cell migration during cardiogenesis". *Physiol Genomics*, 18, 129-140.

Herrmann, B. G., y Kispert, A. (1994): "The T genes in embryogenesis". *Trends Genet*, 10, 280-286.

Herrmann, B. G. (1992): "Action of the Brachyury gene in mouse embryogenesis". *Ciba Found Symp*, 165, 78-86.

Hiroi, Y., Kudoh, S., Monzen, K., Ikeda, Y., Yazaki, Y., Nagai, R., y Komuro, I. (2001): "Tbx5 associates with Nkx2 5 and synergistically promotes cardiomyocyte differentiation". *Nat Genet*, 28, 276-280.

Hoogaars, W. M., Barnett, P., Moorman, A. F., Christoffels, V. M. (2007): "T-box factors determine cardiac design". *Cell Mol Life Sci*, 64, 646-660.

Hoogaars, W. M., Engel, A., Brons, J. F., Verkerk, A. O., de Lange, F. J., Wong, L. Y., Bakker, M. L., Clout, D. E., Wakker, V., Barnett, P., Ravesloot, J. H., Moorman, A. F., Verheijck, E. E., y Christoffels, V. M. (2007): "Tbx3 controls the sinoatrial node gene program and imposes pacemaker function on the atria". *Genes Dev*, 21, 1098-1112.

Hoogaars, W. M., Tessari, A., Moorman, A. F., de Boer, P. A., Hagoort, J., Soufan, A. T., Campione, M., y Christoffels, V. M. (2004): "The transcriptional repressor Tbx3 delineates the developing central conduction system of the heart". *Cardiovasc Res*, 62, 489-499.

Hosoda, T., Zheng, H., Cabral-da-Silva, M., Sanada, F., Ide-Iwata, N., Ogórek, B., Ferreira-Martins, J., Arranto, C., D'Amario, D., del Monte, F., Urbanek, K., D'Alessandro, D. A., Michler, R. E., Anversa, P., Rota, M., Kajstura, J., y Leri, A. (2011): "Human cardiac stem cell differentiation is regulated by a mircrine mechanism". *Circulation*, 123, 1287-1296.

Hu, D. L., Liu, Y. Q., Chen, F. K., Sheng, Y. H., Yang, R., Kong, X. Q., Cao, K. J., Zhang, J. S., y Qian, L. M. (2011): "Differential expression of microRNAs in cardiac myocytes compared to undifferentiated P19 cells". *Int J Mol Med*, 28, 59-64.

Huang, F., Tang, L., Fang, Z. F., Hu, X. Q., Pan, J. Y., y Zhou, S. H. (2013): "miR-1-mediated induction of cardiogenesis in mesenchymal stem cells via downregulation of Hes-1". *Biomed Res Int*, 216286.

Izarra, A., Moscoso, I., Cañón, S., Carreiro, C., Fondevila, D., Martín-Caballero, J., Blanca, V., Valiente, I., Díez-Juan, A., y Bernad, A. (2017): "miRNA-1 and miRNA-133a are involved in early commitment of pluripotent stem cells and demonstrate antagonistic roles in the regulation of cardiac differentiation". *J Tissue Eng Regen Med*, 11, 787-799.

Kang, J., Gu, Y., Li, P., Johnson, B. L., Sucov, H. M., y Thomas, P. S. (2008): "PDGF-A as an epicardial mitogen during heart development". *Dev Dyn*, 237, 692-701.

Kawai, T., Takahashi, T., Esaki, M., Ushikoshi, H., Nagano, S., Fujiwara, H., y Kosai, K. (2004): "Efficient cardiomyogenic differentiation of embryonic stem cell by fibroblast growth factor 2 and bone morphogenetic protein 2". *Circ J*, 68, 691-702.

Kelly, R. G., Brown, N. A., y Buckingham, M. E. (2001): "The arterial pole of the mouse heart forms from Fgf10-expressing cells in pharyngeal mesoderm". *Dev Cell*, 1, 435-440.

Kelly, R. G., Buckingham, M. E., y Moorman, A. F. (2014): "Heart fields and cardiac morphogenesis". *Cold Spring Harb Perspect Med*. 4, pii: a015750.

Kelly, R. G., y Buckingham, M. E. (2002): "The anterior heart-forming field: voyage to the arterial pole of the heart". *Trends Genet*, 18, 210-216.

Kelly, R. G. (2012): "The second heart field". *Curr Top Dev Biol*, 100, 33-65.

Khattar, P., Friedrich, F. W., Bonne, G., Carrier, L., Eschenhagen, T., Evans, S. M., Schwartz, K., Fiszman, M. Y., y Vilquin, J. T. (2011): "Distinction between two populations of islet-1-positive cells in hearts of different murine strains". *Stem Cells Dev*, 20, 1043-1052.

Kim, J., Wu, Q., Zhang, Y., Wiens, K. M., Huang, Y., Rubin, N., Shimada, H., Handin, R. I., Chao, M. Y., Tuan, T. L., Starnes, V. A., y Lien, C. L. (2010): "PDGF signaling is required for epicardial function and blood vessel formation in regenerating zebrafish hearts". *Proc Natl Acad Sci U S A*, 107, 17206-17210.

Kitajima, S., Takagi, A., Inoue, T., y Saga, Y. (2000): "MesP1 and MesP2 are essential for the development of cardiac mesoderm". *Development*, 127, 3215-3126.

Kolpa, H. J., Peal, D. S., Lynch, S. N., Giokas, A. C., Ghatak, S., Misra, S., Norris, R. A., Macrae, C. A., Markwald, R. R., Ellinor, P., Bischoff, J., y Milan, D. J. (2013): "miR-21 represses Pdcd4 during cardiac valvulogenesis". *Development*, 140, 2172-2180.

Kruithof, B. P., Duim, S. N., Moerkamp, A. T., y Goumans, M. J. (2012): "TGF⊠ and BMP signaling in cardiac cushion formation: lessons from mice and chicken". *Differentiation*, 84, 89-102.

Kruithof, B. P., van Wijk, B., Somi, S., Kruithof-de Julio, M., Pérez Pomares, J. M., Weesie, F., Wessels, A., Moorman, A. F., y van den Hoff, M. J. (2006): "BMP and FGF regulate the differentiation of multipotential pericardial mesoderm into the myocardial or epicardial lineage". *Dev Biol*, 295, 507-522.

Kuppusamy, K. T., Sperber, H., y Ruohola-Baker, H. (2013): "MicroRNA regulation and role in stem cell maintenance, cardiac differentiation and hypertrophy". *Curr Mol Med*, 13, 757-764.

Lagendijk, A. K., Goumans, M. J., Burkhard, S. B., y Bakkers, J. (2011): "MicroRNA-23 restricts cardiac valve formation by inhibiting Has2 and extracellular hyaluronic acid production". *Circ Res*, 109, 649-657.

Laverriere, A. C., MacNeill, C., Mueller, C., Poelmann, R. E., Burch, J. B., y Evans, T. (1994): "GATA-4/5/6, a subfamily of three transcription factors transcribed in developing heart and gut". *J Biol Chem*, 269, 23177-23184.

Lee, H. C., Lo, H. C., Lo, D. M., Su, M. Y., Hu, J. R., Wu, C. C., Chang, S. N., Dai, M. S., Tsai, C. T., y Tsai, H. J. (2015): "Amiodarone Induces Overexpression of Similar to Versican b to Repress the EGFR/Gsk3b/Snail Signaling Axis during Cardiac Valve Formation of Zebrafish Embryos". *PLoS One*, 10, e0144751.

Liang, X., Zhang, Q., Cattaneo, P., Zhuang, S., Gong, X., Spann, N. J., Jiang, C., Cao, X., Zhao, X., Zhang, X., Bu, L., Wang, G., Chen, H. S., Zhuang, T., Yan, J., Geng, P., Luo, L., Banerjee, I., Chen, Y., Glass, C. K., Zambon, A. C., Chen, J., Sun, Y., y Evans, S. M. (2015): "Transcription factor ISL1 is essential for pacemaker development and function". *J Clin Invest*, 125, 3256-3268.

Liberatore, C. M., Searcy-Schrick, R. D., y Yutzey, K. E. (2000): "Ventricular expression of tbx5 inhibits normal heart chamber development". *Dev Biol*, 223, 169-180.

Lin, L., Cui, L., Zhou, W., Dufort, D., Zhang, X., Cai, C. L., Bu, L., Yang, L., Martin, J., Kemler, R., Rosenfeld, M. G., Chen, J., y Evans, S. M. (2007): "Beta-catenin directly regulates Islet1 expression in cardiovascular progenitors and is required for multiple aspects of cardiogenesis". *Proc Natl Acad Sci U S A*, 104, 9313-9318.

Lopez-Sanchez, C., Climent, V., Schoenwolf, G. C., Alvarez, I. S., y Garcia-Martinez, V. (2002): "Induction of cardiogenesis by Hensen's node and fibroblast growth factors". *Cell Tissue Res*, 309, 237-249.

Lopez-Sanchez, C., Franco, D., Bonet, F., Garcia-Lopez, V., Aranega, A., y Garcia-Martinez, V. (2015): "Reciprocal repression between Fgf8 and miR-133 regulates cardiac induction through Bmp2 signaling". *Data Brief*, 5, 59-64.

Lopez-Sanchez, C., Franco, D., Bonet, F., Garcia-Lopez, V., Aranega, A., y Garcia-Martinez, V. (2015): "Negative Fgf8-Bmp2 feed-back is regulated by miR-130 during early cardiac specification". *Dev Biol*, 406, 63-73.

López-Sánchez, C., y García-Martínez, V. (2011): "Molecular determinants of cardiac specification". *Cardiovasc Res*, 91, 185-195.

Lopez-Sanchez, C., Garcia-Masa, N., Gañan, C. M., y Garcia-Martinez, V. (2009): "Movement and commitment of primitive streak precardiac cells during cardiogenesis". *Int J Dev Biol*, 53, 1445-1455.

Lozano-Velasco, E., Chinchilla, A., Martínez-Fernández, S., Hernández-Torres, F., Navarro, F., Lyons, G.E., Franco, D., y Aránega, A. E. (2011): "Pitx2c modulates cardiac-specific transcription factors networks in differentiating cardiomyocytes from murine embryonic stem cells". *Cells Tissues Organs*, 194, 349-362.

Lozano-Velasco, E., Galiano-Torres, J., Jodar-Garcia, A., Aranega, A. E., y Franco, D. (2015): "miR-27 and miR-125 Distinctly Regulate Muscle-Enriched Transcription Factors in Cardiac and Skeletal Myocytes". *Biomed Res Int*, 2015, 391306.

Lu, T. Y., Lin, B., Li, Y., Arora, A., Han, L., Cui, C., Coronnello, C., Sheng, Y., Benos, P. V., y Yang, L. (2013): "Overexpression of microRNA-1 promotes cardiomyocyte commitment from human cardiovascular progenitors via suppressing WNT and FGF signaling pathways". *J Mol Cell Cardiol*, 63,146-154.

Lyons, I., Parsons, L. M., Hartley, L., Li, R., Andrews, J. E., Robb, L., y Harvey, R. P. (1995): "Myogenic and morphogenetic defects in the heart tubes of murine embryos lacking the homeobox gene Nkx2-5". *Genes Dev*, 9, 1654-1666.

MacNeill, C., French, R., Evans, T., Wessels, A., y Burch, J. B. (2000): "Modular regulation of cGATA-5 gene expression in the developing heart and gut". *Dev Biol*, 217, 62-76.

Mandal, A., Holowiecki, A., Song, Y. C., y Waxman, J. S. (2017): "Wnt signaling balances specification of the cardiac and pharyngeal muscle fields". *Mech Dev*, 143, 32-41.

Marvin, M. J., Di Rocco, G., Gardiner, A., Bush, S. M., y Lassar, A. B. (2001): "Inhibition of Wnt activity induces heart formation from posterior mesoderm". *Genes Dev*, 15, 316-327.

Meilhac, S. M., Kelly, R. G., Rocancourt, D., Eloy-Trinquet, S., Nicolas, J. F., y Buckingham, M. E. (2003): "A retrospective clonal analysis of the myocardium reveals two phases of clonal growth in the developing mouse heart". *Development*, 130, 3877-3889.

Mellgren, A. M., Smith, C. L., Olsen, G. S., Eskiocak, B., Zhou, B., Kazi, M. N., Ruiz, F. R., Pu, W. T., y Tallquist, M. D. (2008): "Platelet-derived growth factor receptor beta signaling is required for efficient epicardial cell migration and development of two distinct coronary vascular smooth muscle cell populations". *Circ Res*, 103, 1393-1401.

Mercado-Pimentel, M. E., Hubbard, A. D., y Runyan, R. B. (2007): "Endoglin and Alk5 regulate epithelial-mesenchymal transformation during cardiac valve formation". *Dev Biol*, 304, 420-432.

Mercado-Pimentel, M. E., y Runyan, R. B. (2007): "Multiple transforming growth factor-beta isoforms and receptors function during epithelial-mesenchymal cell transformation in the embryonic heart". *Cells Tissues Organs*, 185, 146-156.

Mesbah, K., Rana, M. S., Francou, A., van Duijvenboden, K., Papaioannou, V. E., Moorman, A. F., Kelly, R. G., y Christoffels, V. M. (2012): "Identification of a Tbx1/Tbx2/Tbx3 genetic pathway governing pharyngeal and arterial pole morphogenesis". *Hum Mol Genet*, 21, 1217-1229.

Miquerol, L., Moreno-Rascon, N., Beyer, S., Dupays, L., Meilhac, S. M., Buckingham, M. E., Franco, D., y Kelly, R. G. (2010): "Biphasic development of the mammalian ventricular conduction system". *Circ Res*, 107,153-161.

Mommersteeg, M. T., Domínguez, J. N., Wiese, C., Norden, J., de Gier-de Vries, C., Burch, J. B., Kispert, A., Brown, N. A., Moorman, A. F., y Christoffels, V. M. (2010): "The sinus venosus progenitors separate and diversify from the first and second heart fields early in development". *Cardiovasc Res*, 87, 92-101.

Mommersteeg, M. T., Soufan, A. T., de Lange, F. J., van den Hoff, M. J., Anderson, R. H., Christoffels, V. M., y Moorman, A. F. (2006): "Two distinct pools of mesenchyme contribute to the development of the atrial septum". *Circ Res*, 99, 351-353.

Moorman, A., Webb, S., Brown, N. A., Lamers, W., y Anderson, R. H. (2003): "Development of the heart: (1) formation of the cardiac chambers and arterial trunks". *Heart*, 89, 806-814.

Moorman, A. F., y Christoffels, V. M. (2003): "Development of the cardiac conduction system: a matter of chamber development". *Novartis Found Symp*, 250, 25-34.

Moorman, A. F., de Jong, F., Denyn, M. M., y Lamers, W. H. (1998): "Development of the cardiac conduction system". *Circ Res*, 82, 629-644.

Moorman, A. F., y Christoffels, V. M. (2003): "Cardiac chamber formation: development, genes, and evolution". *Physiol Rev*, 83, 1223-1267.

Moorman, A. F., Soufan, A. T., Hagoort, J., de Boer, P. A., y Christoffels, V. M. (2004): "Development of the building plan of the heart". *Ann N Y Acad Sci*, 1015, 171-181.

Norden, J., Grieskamp, T., Christoffels, V. M., Moorman, A. F., y Kispert, A. (2012): "Partial absence of pleuropericardial membranes in Tbx18- and Wt1-deficient mice". *PLoS One*, 7, e45100.

Pérez-Pomares, J. M., Carmona, R., González-Iriarte, M., Atencia, G., Wessels, A., y Muñoz-Chápuli, R. (2002): "Origin of coronary endothelial cells from epicardial mesothelium in avian embryos". *Int J Dev Biol*, 46, 1005-1013.

Pérez-Pomares, J. M., González-Rosa, J. M., y Muñoz-Chápuli, R. (2009): "Building the vertebrate heart - an evolutionary approach to cardiac development". *Int J Dev Biol*, 53, 1427-1443.

Pérez-Pomares, J. M., Macías, D., García-Garrido, L., y Muñoz-Chápuli, R. (1997): "Contribution of the primitive epicardium to the subepicardial mesenchyme in hamster and chick embryos". *Dev Dyn*, 210, 96-105.

Pérez-Pomares, J. M., Macías, D., García-Garrido, L., y Muñoz-Chápuli, R. (1998): "The origin of the subepicardial mesenchyme in the avian embryo: an immunohistochemical and quail-chick chimera study". *Dev Biol*, 200, 57-68.

Pérez-Pomares, J. M., Phelps, A., Sedmerova, M., Carmona, R., González-Iriarte, M., Muñoz-Chápuli, R., y Wessels, A. (2002): "Experimental studies on the spatiotemporal expression of WT1 and RALDH2 in the embryonic avian heart: a model for the regulation of myocardial and valvuloseptal development by epicardially derived cells (EPDCs)". *Dev Biol*, 247, 307-326.

Person, A. D., Klewer, S. E., y Runyan, R. B. (2005): "Cell biology of cardiac cushion development". *Int Rev Cytol*, 243, 287-335.

Plageman, T. F. Jr., y Yutzey, K. E. (2004): "Differential expression and function of Tbx5 and Tbx20 in cardiac development". *J Biol Chem*, 279, 19026-19034.

Quattrocelli, M., Palazzolo, G., Agnolin, I., Martino, S., Bouché, M., Anastasia, L., y Sampaolesi, M. (2011): "Synthetic sulfonyl-hydrazone-1 positively regulates cardiomyogenic microRNA expression and cardiomyocyte differentiation of induced pluripotent stem cells". *J Cell Biochem*, 112, 2006-2014.

Rana, M. S., Théveniau-Ruissy, M., De Bono, C., Mesbah, K., Francou, A., Rammah, M., Domínguez, J. N., Roux, M., Laforest, B., Anderson, R. H., Mohun, T., Zaffran, S., Christoffels, V. M., y Kelly, R. G. (2014): "Tbx1 coordinates addition of posterior second heart field progenitor cells to the arterial and venous poles of the heart". *Circ Res*, 115, 790-799.

Roberts, T. C., Blomberg, K. E., McClorey, G., Andaloussi, S. E., Godfrey, C., Betts, C., Coursindel, T., Gait, M. J., Edvard Smith, C. I., y Wood, M. J. (2012): "Expression Analysis in Multiple Muscle Groups and Serum Reveals Complexity in the MicroRNA Transcriptome of the mdx Mouse with Implications for Therapy". *Mol Ther Nucleic Acids*, 1, e39.

Rowell, J., Koitabashi, N., Kass, D. A., y Barth, A. S. (2014): "Dynamic gene expression patterns in animal models of early and late heart failure reveal biphasic-bidirectional transcriptional activation of signaling pathways". *Physiol Genomics*, 46, 779-787.

Ruiz-Villalba, A., y Pérez-Pomares, J. M. (2012): "The expanding role of the epicardium and epicardial-derived cells in cardiac development and disease". *Curr Opin Pediatr*, 24, 569-576.

Saga, Y., Kitajima, S., y Miyagawa-Tomita, S. (2000): "Mesp1 expression is the earliest sign of cardiovascular development". *Trends Cardiovasc Med*, 10, 345-352.

Schlange, T., Andrée, B., Arnold, H. H., y Brand, T. (2000): "BMP2 is required for early heart development during a distinct time period". *Mech Dev*, 91, 259-270.

Schoenwolf, G. C., y Garcia-Martinez, V. (1995): "Primitive-streak origin and state of commitment of cells of the cardiovascular system in avian and mammalian embryos". *Cell Mol Biol Res*, 41, 233-240.

Schonrock, N., Harvey, R. P., y Mattick, J. S. (2012): "Long noncoding RNAs in cardiac development and pathophysiology". *Circ Res*, 111, 1349-1362.

Showell, C., Binder, O., y Conlon, F.L. (2004): "T-box genes in early embryogenesis". *Dev Dyn*, 229, 201-218.

Singh, M. K., Christoffels, V. M., Dias, J. M., Trowe, M. O., Petry, M., Schuster-Gossler, K., Bürger, A., Ericson, J., y Kispert, A. (2005): "Tbx20 is essential for cardiac chamber differentiation and repression of Tbx2". *Development*, 132, 2697-2707.

Singh, R., Hoogaars, W. M., Barnett, P., Grieskamp, T., Rana, M. S., Buermans, H., Farin, H. F., Petry, M., Heallen, T., Martin, J. F., Moorman, A. F., 't Hoen, P. A., Kispert, A., y Christoffels, V. M. (2012): "Tbx2 and Tbx3 induce atrioventricular myocardial development and endocardial cushion formation". *Cell Mol Life Sci*, 69, 1377-1389.

Sizarov, A., Anderson, R. H., Christoffels, V. M., y Moorman, A. F. (2010): "Three-dimensional and molecular analysis of the venous pole of the developing human heart". *Circulation*, 122, 798-807.

Sizarov, A., Devalla, H. D., Anderson, R. H., Passier, R., Christoffels, V. M., y Moorman, A. F. (2011): "Molecular analysis of patterning of conduction tissues in the developing human heart". *Circ Arrhythm Electrophysiol*, 4, 532-542.

Sluijter, J. P., van Mil, A., van Vliet, P., Metz, C. H., Liu, J., Doevendans, P. A., y Goumans, M. J. (2010): "MicroRNA-1 and -499 regulate differentiation and proliferation in human-derived cardiomyocyte progenitor cells". *Arterioscler Thromb Vasc Biol*, 30, 859-868.

Snarr, B. S., O'Neal, J. L., Chintalapudi, M. R., Wirrig, E. E., Phelps, A. L., Kubalak, S. W., y Wessels, A. (2007): "Isl1 expression at the venous pole identifies a novel role for the second heart field in cardiac development". *Circ Res*, 101, 971-974.

Staerk, L., Sherer, J. A., Ko, D., Benjamin, E. J., y Helm, R. H. (2017): "Atrial Fibrillation: Epidemiology, Pathophysiology, and Clinical Outcomes". *Circ Res*, 120, 1501-1517.

Stennard, F. A., Costa, M. W., Elliott, D. A., Rankin, S., Haast, S. J., Lai, D., McDonald, L. P., Niederreither, K., Dolle, P., Bruneau, B. G., Zorn, A. M., y Harvey, R. P. (2003): "Cardiac T-box factor Tbx20 directly interacts with Nkx2-5, GATA4, and GATA5 in regulation of gene expression in the developing heart". *Dev Biol*, 262, 206-224.

Sugi, Y., Ito, N., Szebenyi, G., Myers, K., Fallon, J. F., Mikawa, T., y Markwald, R. R. (2003): "Fibroblast growth factor (FGF)-4 can induce proliferation of cardiac cushion mesenchymal cells during early valve leaflet formation". *Dev Biol*, 258, 252-263.

Sugi, Y., Yamamura, H., Okagawa, H., y Markwald, R. R. (2004): "Bone morphogenetic protein-2 can mediate myocardial regulation of atrioventricular cushion mesenchymal cell formation in mice". *Dev Biol*, 269, 505-518.

Sun, M., Yan, X., Bian, Y., Caggiano, A. O., y Morgan, J. P. (2011): "Improving murine embryonic stem cell differentiation into cardiomyocytes with neuregulin-1: differential expression of microRNA". *Am J Physiol Cell Physiol*, 301, C21-30.

Sun, Y., Liang, X., Najafi, N., Cass, M., Lin, L., Cai, C. L., Chen, J., y Evans, S. M. (2007): "Islet 1 is expressed in distinct cardiovascular lineages, including pacemaker and coronary vascular cells". *Dev Biol*, 304, 286-296.

Takeichi, M., Nimura, K., Mori, M., Nakagami, H., y Kaneda, Y. (2013): "The transcription factors Tbx18 and Wt1 control the epicardial epithelial-mesenchymal transition through bi-directional regulation of Slug in murine primary epicardial cells". *PLoS One*, 8, e57829.

Takeuchi, J. K., Ohgi, M., Koshiba-Takeuchi, K., Shiratori, H., Sakaki, I., Ogura, K., Saijoh, Y., y Ogura, T. (2003): "Tbx5 specifies the left/right ventricles and ventricular septum position during cardiogenesis". *Development*, 130, 5953-5964.

Torrado, M., Franco, D., Lozano-Velasco, E., Hernández-Torres, F., Calviño, R., Aldama, G., Centeno, A., Castro-Beiras, A., y Mikhailov, A. (2015): "A MicroRNA-Transcription Factor Blueprint for Early Atrial Arrhythmogenic Remodeling". *Biomed Res Int*, 2015, 263151.

Van den Akker, N. M., Winkel, L. C., Nisancioglu, M. H., Maas, S., Wisse, L. J., Armulik, A., Poelmann, R. E., Lie-Venema, H., Betsholtz, C., y Gittenberger-de Groot, A. C. (2008): "PDGF-B signaling is important for murine cardiac development: its role in developing atrioventricular valves, coronaries, and cardiac innervation". *Dev Dyn*, 237, 494-503.

Verhoeven, M. C., Haase, C., Christoffels, V. M., Weidinger, G., y Bakkers J. (2011): "Wnt signaling regulates atrioventricular canal formation upstream of BMP and Tbx2". *Birth Defects Res A Clin Mol Teratol*, 91, 435-440.

Vilches, J. M., Pulido, A., Hernández-Torres, F., Franco, D., y Aránega, A. (2014): "miR-27b and miR-23b Modulate Cardiomyocyte Differentiation from Mouse Embryonic Stem Cells". *J. Cardiovasc. Dev. Dis*, 1, 41-51.

Wang, J., Sridurongrit, S., Dudas, M., Thomas, P., Nagy, A., Schneider, M. D., Epstein, J. A., y Kaartinen, V. (2005): "Atrioventricular cushion transformation is mediated by ALK2 in the developing mouse heart". *Dev Biol*, 286, 299-310.

Wang, J., Klysik, E., Sood, S., Johnson, R. L., Wehrens, X. H., y Martin, J. F. (2010): "Pitx2 prevents susceptibility to atrial arrhythmias by inhibiting left-sided pacemaker specification". *Proc Natl Acad Sci U S A*, 107, 9753-9758.

Watanabe, Y., Zaffran, S., Kuroiwa, A., Higuchi, H., Ogura, T., Harvey, R. P., Kelly, R. G., y Buckingham, M. (2012): "Fibroblast growth factor 10 gene regulation in the second heart field by Tbx1, Nkx2-5, and Islet1 reveals a genetic switch for down-regulation in the myocardium". *Proc Natl Acad Sci U S A*, 109, 18273-18280.

Webb, S., Kanani, M., Anderson, R. H., Richardson, M. K., Brown, N. A. (2001): "Development of the human pulmonary vein and its incorporation in the morphologically left atrium". *Cardiol Young*, 11, 632-642.

Wilson, K. D., Hu, S., Venkatasubrahmanyam, S., Fu, J. D., Sun, N., Abilez, O. J., Baugh, J. J., Jia, F., Ghosh, Z., Li, R. A., Butte, A. J., y Wu, J. C. (2010): "Dynamic microRNA expression programs during cardiac differentiation of human embryonic stem cells: role for miR-499". *Circ Cardiovasc Genet*, 3,426-435.

Wong, S. S., Ritner, C., Ramachandran, S., Aurigui, J., Pitt, C., Chandra, P., Ling, V. B., Yabut, O., y Bernstein, H. S. (2012): "miR-125b promotes early germ layer specification through Lin28/let-7d and preferential differentiation of mesoderm in human embryonic stem cells". *PLoS One*, 7, e36121.

Wu, S. M. (2008): "Mesp1 at the heart of mesoderm lineage specification". *Cell Stem Cell*, 3, 1-2.

Wu, S. P., Dong, X. R., Regan, J. N., Su, C., y Majesky, M. W. (2013): "Tbx18 regulates development of the epicardium and coronary vessels". *Dev Biol*, 383, 307-320.

Xiao, J., Liang, D., Zhang, Y., Liu, Y., Zhang, H., Liu, Y., Li, L., Liang, X., Sun, Y., y Chen, Y. H. (2011): "MicroRNA expression signature in atrial fibrillation with mitral stenosis". *Physiol Genomics*, 43, 655-664.

Xu, X., Tan, X., Tampe, B., Sanchez, E., Zeisberg, M., y Zeisberg, E. M. (2015): "Snail Is a Direct Target of Hypoxia-inducible Factor 1a (HIF1a) in Hypoxia-induced Endothelial to Mesenchymal Transition of Human Coronary Endothelial Cells". *J Biol Chem*, 290, 16653-16664.

Zeng, B., Ren, X. F., Cao, F., Zhou, X. Y., y Zhang, J. (2011): "Developmental patterns and characteristics of epicardial cell markers Tbx18 and Wt1 in murine embryonic heart". *J Biomed Sci*, 26, 18-67.

El óxido nítrico como modulador del estrés celular en sistemas animales

Raquel Valderrama, Mounira Chaki, Juan C. Begara Morales, Beatriz Sánchez-Calvo, Capilla Mata-Pérez, María N. Padilla y Juan B. Barroso

Grupo de Bioquímica y Señalización Celular en Óxido Nítrico, Departamento de Biología Experimental, Centro de Estudios Avanzados en Olivar y Aceite de Oliva. Universidad de Jaén

jbarroso@ujaen.es

Resumen

En los últimos años se ha despertado un gran interés por el conocimiento de los mecanismos de producción de las especies de nitrógeno reactivo (RNS). El óxido nítrico (NO) o monóxido de nitrógeno es uno de ellos y responde a la estructura de radical libre inorgánico gaseoso, estando constituido por un átomo de nitrógeno y otro de oxígeno. Es una molécula de síntesis endógena a nivel celular con un amplio abanico de funciones que origina diferentes efectos dependiendo de su concentración y reactividad con distintos grupos funcionales de biomoléculas. De hecho, el NO puede actuar como molécula señalizadora con potentes acciones reguladoras a nivel celular y tisular. Las alteraciones en la biodisponibilidad de esta molécula pueden originar modificaciones funcionales de biomoléculas claves en procesos fisiológicos y/o patológicos. En este capítulo, se analizará el papel del NO como modulador del estrés celular y su contribución a la generación y regulación de procesos de carácter patológico en sistemas animales.

Palabras clave: especies de nitrógeno reactivo, óxido nítrico, señalización, estrés celular

Abstract

In the last few years a great interest has been aroused by the knowledge of the production mechanisms of reactive nitrogen species (RNS). Nitric oxide (NO) or nitrogen monoxide is one of them and responds to the structure of inorganic free radical gaseous, being constituted by one atom of nitrogen and another of oxygen. It is a molecule of endogenous synthesis at the cellular level with a wide range of functions that can generate different effects depending on its concentration and its reactivity with different functional groups of biomolecules. In fact, NO can act as a signalling molecule with potent regulatory actions at the cellular and tissue levels. Alterations in the bioavailability of this molecule can lead to functional modifications of key biomolecules in physiological and/or pathological processes. In this chapter, we will analyze the role of NO as a modulator of cellular stress and its contribution to the generation and regulation of pathological processes in animal systems.

Keywords: *reactive nitrogen species, nitric oxide, signalling, cellular stress*

La molécula de óxido nítrico

El óxido nítrico o monóxido de nitrógeno (NO) es un gas inorgánico incoloro, de pequeño tamaño y con naturaleza de radical libre, debido a que presenta un electrón desapareado en su orbital externo, lo que explica su elevada reactividad. Esta molécula tiene una vida media relativamente corta *in vivo* (menos de 10 s), siendo ligeramente soluble en agua y algo más soluble en solventes orgánicos, su naturaleza lipofílica le permite atravesar las membranas celulares y de esta forma reaccionar con diferentes macromoléculas, como proteínas, lípidos o ácidos nucleicos, entre otras.

Fuentes enzimáticas de NO en sistemas animales: óxido nítrico sintasa

En sistemas animales, el NO se produce a partir de la enzima óxido nítrico sintasa (NOS; EC 1.14.13.39) (Moncada *et al.*, 1991) que cataliza la oxidación, dependiente de oxígeno y NADPH (ambos cosubstratos), de L-arginina (substrato) hasta NO y L-citrulina (ambos productos) mediante una reacción compleja que requiere FAD, FMN y BH_4 como cofactores (Alderton *et al.*, 2001).

En mamíferos existen tres isoformas de la enzima óxido nítrico sintasa que se denominan:

- neuronal (nNOS o NOS 1),
- inducible (iNOS o NOS 2) y
- endotelial (eNOS o NOS 3).

La NOS neuronal se expresa de manera constitutiva en neuronas específicas del cerebro, aunque también se ha identificado mediante técnicas inmunohistoquímicas en médula espinal, en ganglios simpáticos, en glándulas adrenales, en nervios periféricos sinérgicos, en células epiteliales de varios órganos, en células de la mácula densa del riñón, en células de los islotes pancreáticos y en la musculatura lisa vascular (Förstermann *et al.*, 1994). En mamíferos, la mayor fuente de nNOS en términos de masa tisular es el músculo esquelético (Förstermann *et al.*, 1994; Nakane *et al.*, 1993).

La NOS inducible no se expresa de manera constitutiva en las células; su expresión puede ser inducida mediante lipopolisacárido bacteriano, citoquinas y otros agentes. Aunque inicialmente se identificó en macrófagos, la expresión de la enzima puede ser estimulada en prácticamente cualquier célula o tejido, utilizando el agente inductor apropiado (Förstermann *et al.*, 1994; Förstermann, 2000). Una vez que se expresa, la actividad de la iNOS es continuada y, a diferencia de lo que ocurre en las otras isoformas, se mantiene independientemente de las concentraciones intracelulares de Ca^{2+}.

La NOS endotelial se expresa principalmente en células endoteliales, aunque también se ha detectado en miocitos cardiacos, en plaquetas, en ciertas neuronas del cerebro, en sincitio/trofoblastos de placenta humana y en células del epitelio tubular del riñón (Förstermann *et al.*, 1994; Förstermann, 2000). De forma similar a lo que ocurre con la nNOS, la calmodulina activada por Ca^{2+} es importante en la regulación de la actividad de esta isoforma, de modo que la actividad eNOS se incrementa cuando se elevan los niveles de Ca^{2+} intracelular, ya que induce la unión de la calmodulina a la proteína. No obstante, la eNOS también puede activarse por otros estímulos que no producen incrementos sostenidos en los niveles de Ca^{2+} intracelular, pero que inducen una liberación de NO de larga duración. En estos casos, la activación de la enzima está mediada por fosforilación (Fulton *et al.*, 1999; Fleming y Busse, 2003).

Todas las isoformas son homodímeros y requieren la unión de un ion Zinc para el establecimiento del dímero, el cual tiene una función más estructural que catalítica (Hemmens *et al.*, 2000).

La actividad consiste en la transferencia de electrones desde el NADPH a través de las flavinas FAD y FMN situadas en el dominio reductasa del extremo carboxilo terminal hasta el grupo hemo del dominio oxigenasa del extremo amino terminal (Förstermann y Sessa, 2012). Al dominio oxigenasa también se unen el cofactor BH_4, el oxígeno molecular y el substrato L-arginina. En el sitio hemo, los electrones se utilizan para reducir y activar el O_2 y para oxidar la L-arginina hasta L-citrulina y NO. La actividad de síntesis de NO ocurre en dos pasos: en una primera etapa, las NOS hidroxilan la L-arginina hasta N^w-hidroxi-L-arginina, y en la segunda fase, las NOS oxidan la N^w-hidroxi-L-arginina hasta L-citrulina y NO.

Especies de nitrógeno reactivo

El término "especies de nitrógeno reactivo" (RNS) se estableció para designar al óxido nítrico y a las moléculas derivadas de él, como son el peroxinitrito ($ONOO^-$), el trióxido de dinitrógeno (N_2O_3) y el dióxido de nitrógeno (NO_2), entre otras (Halliwell y Gutteridge, 2000; Corpas *et al.*, 2009a; Baudouin, 2011). Mientras que el término de "estrés oxidativo" describe el daño celular causado por una sobreproducción de especies de oxígeno reactivo (ROS), el término "estrés nitrosativo" se utiliza para describir un proceso similar causado por las RNS bajo condiciones de estrés. Estas RNS son altamente reactivas y pueden interaccionar con diferentes macromoléculas, como proteínas, lípidos y DNA, dando lugar a modificaciones químicas que pueden producir alteraciones de función y/o estructura, e incluso se las relaciona con la muerte celular.

Dentro de las RNS, el anión peroxinitrito ($ONOO^-$) es el principal agente oxidante implicado en procesos de oxidación y nitración, y se genera por la reacción no enzimática entre el NO y el radical superóxido ($O_2^{\cdot-}$) (Radi, 2013); sin embargo, esta molécula también tiene un papel importante en diferentes procesos fisiológicos tanto en células animales como vegetales (Halliwell y Gutteridge, 2000).

Las principales dianas descritas para el peroxinitrito *in vivo* son los tioles de bajo peso molecular o de proteínas, los compuestos de selenio, los centros metálicos y el dióxido de carbono (CO_2) (Trujillo *et al.*, 2010; Szabó *et al.*, 2007) (**Figura 1**). En los sistemas biológicos, el peroxinitrito reacciona rápidamente con el CO_2 (generando anión nitroso-peroxicarbonato, $ONO_2CO_2^-$) en una reacción compleja que da lugar a intermediarios nitrantes, nitrosilantes y especies oxidantes como los radicales libres NO_2 y

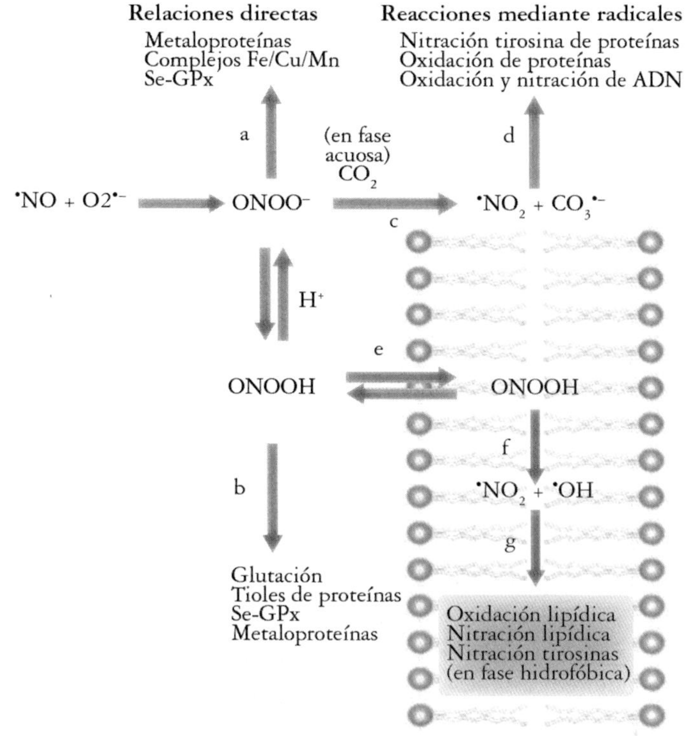

Figura 1. Bioquímica del peroxinitrito. El $ONOO^-$ es generado por la reacción entre el NO y el $O_2^{\bullet -}$. El anión peroxinitrito ($ONOO^-$) se encuentra en equilibrio con el ácido peroxinitroso (ONOOH; pKa = 6,8) y ambos pueden llevar a cabo reacciones directas sobre diferentes biomoléculas (a y b). El $ONOO^-$ puede reaccionar en los sistemas biológicos, mediante una reacción rápida, con el CO_2, generando los radicales carbonato ($CO_3^{\bullet -}$) y dióxido de nitrógeno (NO_2) (c), que pueden ejercer diferentes efectos sobre las macromoléculas celulares (d). Alternativamente, el ONOOH puede atravesar las membranas celulares (e) y descomponerse en NO_2 y $^{\bullet}OH$ (f), que en este medio hidrofóbico pueden iniciar la peroxidación lipídica y la nitración de proteínas y lípidos (g). (Figura modificada de Szabó *et al.*, 2007).

$CO_3^{\bullet -}$ (radical carbonato) (Radi, 2013). Por otro lado, el ácido peroxinitroso (ONOOH) puede generar también radicales hidroxilo ($OH^{\bullet}$) y dióxido de nitrógeno (NO_2), aunque esta reacción de descomposición es más lenta que la anterior. En este sentido, la descomposición homolítica del ONOOH podría ser un proceso relevante en compartimentos hidrofóbicos iniciando procesos dependientes de radicales como la peroxidación lipídica e incluso la nitración de proteínas y de lípidos (Rubbo *et al.*, 2009; Carballal *et al.*, 2014). Estas especies reactivas, derivadas del peroxinitrito, serían realmente las responsables de la mayoría de los efectos causados por el peroxinitrito en las células (Radi, 2013).

Generación enzimática y papel fisiológico del NO en sistemas animales

De manera general, el NO procedente de las NOS puede actuar sobre diferentes dianas enzimáticas y proteicas, no obstante, su principal ruta de señalización fisiológica está relacionada con la activación de la guanilato ciclasa soluble (GCs) y la generación de GMPcíclico (GMPc) (Garthwaite, 1991).

Óxido nítrico sintasa neuronal

En la década pasada, un buen número de artículos confirmaban la importancia de la nNOs en la señalización de gran variedad de eventos sinápticos, por ejemplo, se ha implicado en la modulación de funciones fisiológicas tales como el aprendizaje, la memoria y la neurogénesis (Zhou y Zhu, 2009). De hecho, hay evidencias de que los inhibidores de la nNOS perjudican el aprendizaje y producen amnesia en modelos animales (Holscher y Rose, 1992; Bohme *et al.*, 1993). También hay evidencias de que el NO formado por la nNOS en el sistema nervioso central (SNC) está implicado en la regulación central de la presión sanguínea; en este sentido, el bloqueo de la actividad nNOS en la médula y el hipotálamo ocasiona hipertensión sistémica (Toda *et al.*, 2009). En la periferia, la musculatura lisa de muchos tejidos está inervada por nervios nitrérgicos, que son nervios que contienen nNOS y que generan y liberan NO. El NO producido por la nNOS en los nervios nitrérgicos puede considerarse como un neurotransmisor inusual que estimula la guanilato ciclasa sensible a NO en sus células efectoras, disminuyendo el tono en varios tipos de musculatura lisa, como la de los vasos sanguíneos (Förstermann *et al.*, 1994; Förstermann, 2000). La nNOS juega un papel importante en la regulación del tono vascular con independencia de sus efectos en el SNC, por lo tanto, la eNOS y la nNOS podrían tener funciones diferentes en la regulación fisiológica del tono microvascular *in vivo* en humanos (Melikian *et al.*, 2009). Sorprendentemente, las células de la musculatura lisa vascular también expresan bajos niveles de nNOS que mantienen cierto grado de vasodilatación cuando la eNOS se hace disfuncional (Schwarz *et al.*, 1999).

Óxido nítrico sintasa inducible

Cuando la iNOS se induce en macrófagos produce grandes cantidades de NO que actúa como agente citotóxico (Nathan y Hibbs, 1991). Dada su afinidad por las proteínas unidas a hierro, el NO puede inhibir enzimas clave que contienen hierro en sus sitios catalíticos. En este grupo pueden destacarse las enzimas que componen los complejos I y II de la cadena transportadora de electrones mitocondrial, la ribonucleótido reductasa, que es el enzima limitante en el proceso de replicación del ADN y la cis-aconitasa, una enzima clave en el ciclo del ácido cítrico (Nathan y Hibbs, 1991). Además, las concentraciones elevadas de NO, como las que producen los macrófagos activados, pueden causar roturas y fragmentaciones en las hebras de ADN de las células diana (Wink *et al.*, 1991; Fehsel *et al.*, 1993). Probablemente, una combinación de estos efectos es la responsable de los efectos citostáticos y citotóxicos del NO sobre microorganismos parasitarios y células tumorales. Resulta interesante señalar que las células no inmunes también pueden ser inducidas con citoquinas para liberar cantidades de NO suficientemente grandes como para afectar a las células vecinas, por ejemplo, las células endoteliales activadas por citoquinas pueden lisar células tumorales (Li *et al.*, 1991).

Óxido nítrico sintasa endotelial

La NOS endotelial actúa como regulador homeostático de numerosas funciones cardiovasculares esenciales. El NO procedente de la eNOS dilata todos los tipos de vasos sanguíneos estimulando la guanilato ciclasa soluble e incrementando los niveles de GMPc en células de la musculatura lisa; de hecho, la delección del gen de la eNOS conduce a una elevada presión sanguínea (Shesely *et al.*, 1996). Además, el NO liberado en la luz vascular inhibe la agregación plaquetaria y su adhesión a la pared vascular.

Por otra parte, el NO endotelial controla la expresión de genes relacionados con la aterosclerosis y también puede inhibir la adhesión de los leucocitos a la pared de los vasos (Arndt *et al.*, 1993), que es uno de los primeros pasos en el desarrollo de la aterosclerosis. De esta manera, el NO podría proteger frente al inicio de la aterogénesis. El NO derivado del endotelio previene la apoptosis de las células endoteliales inducida por citoquinas proinflamatorias y por factores proateroscleróticos como las ROS y la angiotensina II (AT II). La supresión de la apoptosis podría contribuir también a los efectos antiinflamatorios y antiateroscleróticos del NO derivado del endotelio (Dimmeler y Zeiher, 1999).

Adicionalmente, este NO inhibe la síntesis de ADN, la mitogénesis y la proliferación de las células de la musculatura lisa vascular (Hogan *et al.*, 1992), efectos antiproliferativos mediados probablemente por GMPc (Nakaki *et al.*,

1990). La inhibición de la agregación y adhesión plaquetaria protege a la musculatura lisa de la exposición a los factores de crecimiento derivados de las plaquetas. Por lo tanto, el NO también interrumpe el último paso de la aterogénesis: la formación de la placa fibrosa.

Señalización por NO

El NO puede originar modificaciones post-traduccionales (PTMs) en proteínas, lo que implica su participación en diferentes mecanismos de señalización celular (Forman *et al.*, 2002; Zhang y Hogg, 2004). Las principales PTMs en las que está implicado el NO son la nitración de residuos de tirosina y la S-nitrosilación de residuos que contengan grupos tiólicos, modificaciones que pueden modular la función proteica.

Modificaciones post-traduccionales en proteínas: nitración y S-nitrosilación

La nitración de proteínas es una modificación covalente producida por adición de un grupo nitro ($-NO_2$) en la posición orto del anillo de un residuo de tirosina formando 3-nitrotirosina (Carballal *et al.*, 2014) (**Figura 2**).

La nitración de tirosinas de las proteínas es un mecanismo mediado por la reacción entre diferentes compuestos radicales. Algunas especies reactivas derivadas del peroxinitrito, como el radical carbonato ($CO_3^{\cdot -}$) y el $OH^{\cdot}$, llevarían a

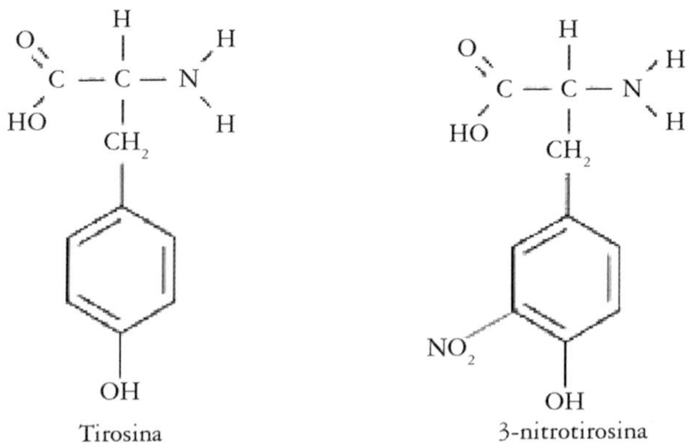

Figura 2. Nitración de tirosinas de proteínas.

cabo la oxidación del residuo de tirosina para formar el radical tirosil (Tyr$^{\cdot}$), que posteriormente se nitraría por su interacción radical-radical con el NO_2 (Radi, 2013). Un mecanismo alternativo es la nitración de tirosinas por las hemoperoxidasas (mieloperoxidasa o eosinofil peroxidasa) en presencia de peróxido de hidrógeno (H_2O_2) y anión nitrito (NO_2^-) (Carballal *et al.*, 2014).

La nitración de residuos de tirosina puede alterar la estructura de las proteínas, su actividad catalítica (provocando habitualmente pérdidas de función, aunque también puede producir incrementos o no modificar la funcionalidad proteica), su solubilidad y su susceptibilidad a la agregación, pudiendo, además, aumentar las tasas de degradación proteica (Souza *et al.*, 2008; Radi, 2012).

La nitración de tirosinas se encuentra en niveles bajos en tejidos o células, lo cual es debido fundamentalmente a reacciones de competición, entre las cuales se encuentra el consumo de los agentes nitrantes, la acción de diversas enzimas que atenúan la formación de oxidantes (por ejemplo, las peroxirredoxinas y las superóxido dismutasas) o la reparación del Tyr$^{\cdot}$, tanto por reductores, como el glutatión o el ácido ascórbico, como por procesos de transferencia de electrones intramoleculares (Folkes *et al.*, 2011; Petruk *et al.*, 2012).

La *S*-nitrosilación de proteínas consiste en la unión del NO al grupo tiol de residuos de cisteína, lo que provoca modificaciones en la función de un amplio rango de proteínas (Stamler y Toone, 2002). Aunque la reacción directa del NO y el grupo tiol parece la ruta más obvia para la formación del *S*-nitrosotiol (SNO), esta reacción ocurre a baja velocidad en condiciones fisiológicas (Folkes y Wardman, 2004). Generalmente, el proceso de nitrosilación requiere de la reacción del NO con el oxígeno molecular (O_2) para formar óxidos de nitrógeno como el dióxido de trinitrógeno (N_2O_3), el cual se disocia generando catión nitrosonio (NO^+), que sería el encargado de llevar a cabo el ataque nucleofílico del grupo tiol (Astier *et al.*, 2011) (**Figura 3**). El NO necesario para la *S*-nitrosilación puede proceder de diferentes fuentes, como es-

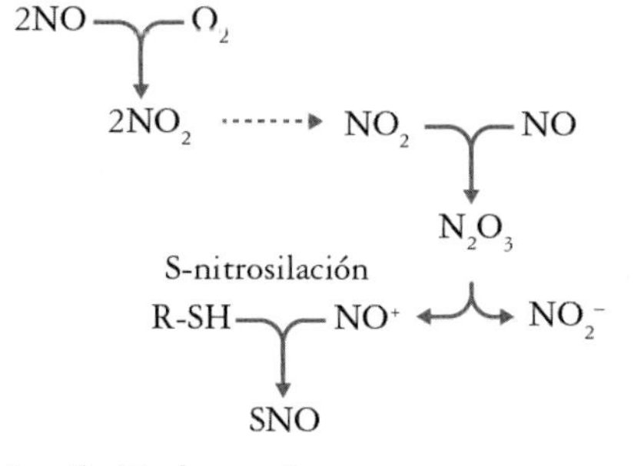

Figura 3. Mecanismo de *S*-nitrosilación de proteínas.

pecies NO_x, metal-NO, peroxinitrito o nitritos (Lindermayr y Durner, 2009; Astier *et al.*, 2011).

Además de este mecanismo de *S*-nitrosilación, se ha descrito el intercambio directo de NO^+ entre una proteína *S*-nitrosilada y un grupo tiol reactivo de otra proteína diana a través del mecanismo denominado *S*-transnitrosilación o transnitrosación (Astier *et al.*, 2011) (**Figura 4**).

La *S*-nitrosilación de proteínas es una modificación específica y reversible, modula diversas funciones biológicas y fisiológicas y puede inducir o inhibir la formación de puentes disulfuro dentro o entre proteínas, dependiendo de la proximidad y la orientación de los grupos tiol (Stamler y Toone, 2002). A pesar del hecho de que los residuos de cisteína están presentes en la mayoría de las proteínas, la *S*-nitrosilación se restringe a residuos de cisteína específicos.

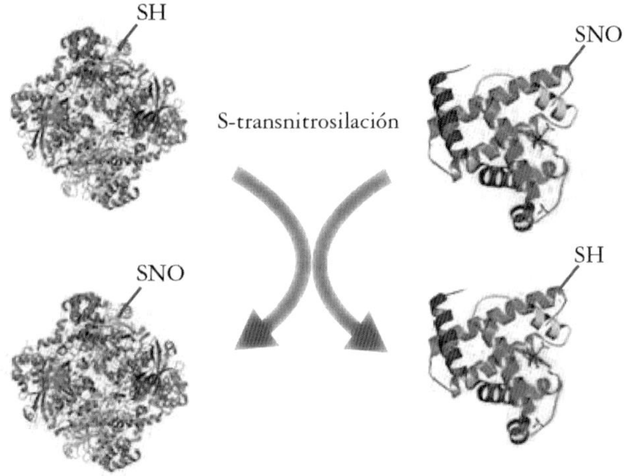

Figura 4. Reacción de *S*-transnitrosilación.

El interés por los *S*-nitrosotioles ha ido aumentando en los últimos años debido a que la vida media del óxido nítrico *in vivo* es muy corta, mientras que los SNOs son más estables en disolución. Estos compuestos participan en reacciones biológicas importantes como la liberación de NO, la transnitrosilación y la *S*-tiolación (Hogg, 2000; Stamler *et al.*, 2003), y tienen un papel intermediario en el metabolismo celular y en la bioactividad del NO.

En tejidos de mamíferos se han detectado *S*-nitrosotioles tanto de alto como de bajo peso molecular que pueden estar implicados en procesos biológicos como la comunicación neuronal, la apoptosis y la defensa celular frente al estrés oxidativo.

Entre los SNOs que se producen en la célula, el *S*-nitrosoglutatión (GSNO) es uno de los más abundantes. Se forma mediante la *S*-nitrosilación de glutatión (GSH) con NO en presencia de una molécula de oxígeno (Astier *et al.*, 2011), aunque también se puede formar por la reacción entre glutatión reducido (GSH) y peroxinitrito (Halliwell y Gutteridge, 2000). El GSNO es el nitrosotiol de bajo peso molecular más estable en disolución acuosa (Smith y Dasgupta, 2000), razón por la que este metabolito se considera uno de los mejores medios de transporte y almacenamiento de NO en las células tanto animales (Steffen *et al.*, 2001; He *et al.*, 2004; Zhang y Hogg, 2004) como vegetales (Durner y Klessig, 1999; Díaz *et al.*, 2003; Wang *et al.*, 2006). Además, el GSNO es muy estable en oscuridad y en presencia de quelantes de iones metálicos en soluciones acuosas; sin embargo, al igual que todos los SNOs, algunos factores como la luz, la temperatura, el pH y los agentes reductores producen su descomposición a NO y glutatión oxidado (GSSG) (Astier *et al.*, 2011). El GSNO puede ser descompuesto enzimáticamente a través de las enzimas *S*-nitrosoglutatión reductasa (GSNOR) (Liu *et al.*, 2001), tioredoxina reductasa (Haendeler *et al.*, 2002), CuZn-SOD (Johnson *et al.*, 2001) y γ-glutamil transpeptidasa (Hogg *et al.*, 1997), teniendo estas enzimas un papel fisiológico importante en la regulación de sus niveles endógenos.

El GSNO también puede llevar a cabo reacciones de transnitrosación o transnitrosilación, que se consideran el principal mecanismo por el que ejerce su efecto biológico, lo que produce la nitrosación de proteínas que contienen tioles.

Modificaciones por NO en lípidos: ácidos grasos nitrados

Recientemente, se ha identificado una clase de derivados del NO que actúan como mediadores en la señalización celular; se denominan ácidos grasos nitrados o nitrolípidos y son el resultado de una serie de modificaciones oxidativas y nitrosativas de los ácidos grasos insaturados (Geisler y Rudolph, 2012).

Los ácidos grasos insaturados que forman parte de lipoproteínas y de membranas celulares sufren daños oxidativos o nitrosativos (Trostchansky y Rubbo, 2008) como consecuencia de diferentes enfermedades inflamatorias a partir de las cuales se genera, entre otros radicales libres, óxido nítrico; en otras ocasiones, los ácidos grasos insaturados surgen como resultado de reacciones redox dependientes de nitrito (Trostchansky y Rubbo, 2008; Bonacci *et al.*, 2011).

Los lípidos nitrados son más estables que el NO y actúan como moléculas señalizadoras, ya que, en ínfimas cantidades, son intermediarios en potentes cascadas de transducción de señales que se traducen en cambios en la funcionalidad de las proteínas, fundamentalmente basadas en modificaciones electrofílicas (Batthyany *et al.*, 2006; Rubbo y Radi, 2008; Trostchansky y Rubbo, 2008; Schopfer *et al.*, 2011).

En los últimos años, la interacción de los ácidos grasos insaturados con RNS ha sido extensamente estudiada en modelos animales (Baker *et al.*, 2004; Trostchansky *et al.*, 2007; Trostchansky *et al.*, 2009). Aunque existen varias aproximaciones experimentales para la síntesis de ácidos grasos insaturados nitrados *in vitro*, el mecanismo de formación de nitrolípidos *in vivo* se desconoce (Rubbo y Radi, 2008). En este sentido, numerosos trabajos *in vitro* señalan que las vías más probables involucran la reacción de los ácidos grasos con NO_2, $ONOO^-$, NO o NO_2^- en medio ácido (Freeman *et al.*, 2008; Trostchansky y Rubbo, 2008).

Los ácidos grasos insaturados nitrados identificados *in vivo* hasta ahora pertenecen a dos grupos principalmente: nitroalquenos y nitroalcoholes (Freeman *et al.*, 2008). La mayoría de los análisis cuantitativos han sido principalmente enfocados en los nitroalquenos presentes en sangre y orina de individuos sanos (**Tabla 1**), estando presentes en el organismo en el orden de nM; en cambio, en condiciones inflamatorias, los niveles detectados son del orden de µM (Ferreira *et al.*, 2009).

Los lípidos nitrados actúan como moléculas señalizadoras, ejerciendo sus efectos a diferentes niveles, por ejemplo, estimulando la vasorrelajación dependiente de GMPc (Baker *et al.*, 2009); inhibiendo la función inflamatoria de neutrófilos y plaquetas mediante mecanismos independientes de GMPc (Coles *et al.*, 2002; Trostchansky *et al.*, 2007); favoreciendo la expresión de los genes de la hemoxigenasa (HO-1), que juega un papel fundamental en la señalización de la respuesta inflamatoria mediando eventos protectores (Wright *et al.*, 2006); inhibiendo la activación del factor nuclear kβ (NF-kβ), implicado en eventos proinflamatorios (Schopfer *et al.*, 2011); activando el receptor γ activador de la proliferación de peroxisomas (PPARγ), que es un receptor hormonal nuclear que juega un papel fundamental como regulador de la transcripción de genes relacionados con la adipogénesis, el metabolismo lipídico y de la glucosa, en la diferenciación de macrófagos y en respuestas inmunes (Schopfer *et al.*, 2011). Estas moléculas regulan la expresión génica, promoviendo la expresión de genes relacionados con la respuesta antioxidante y con la protección frente al estrés celular (Schopfer *et al.*, 2011); median efectos protectores sobre el sistema vascular, reduciendo significativamente el riesgo de sufrir hipertensión (Zhang *et al.*, 2010; Charles *et al.*, 2014). También es posible la aducción covalente de los lípidos nitrados con la citocromo c oxidasa inhibiendo su actividad, y, aunque esta reacción debilitaría la función de la cadena respiratoria y, por lo tanto,

Tabla 1. Estructura química de los diferentes ácidos grasos nitrados

Nombre	Fórmula	Estructura
Ácido oleico nitrado (Ácido 9- y 10- nitro-cis-octadecaenoico)	NO_2-OA	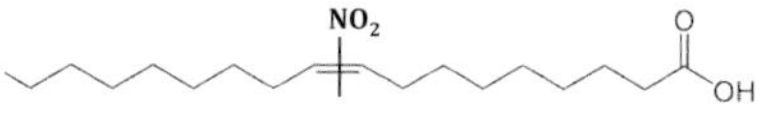
Ácido linoleico nitrado (Ácido 9-, 10-, 12-, y 13-nitro-cis-octadecadienoico)	NO_2-LA	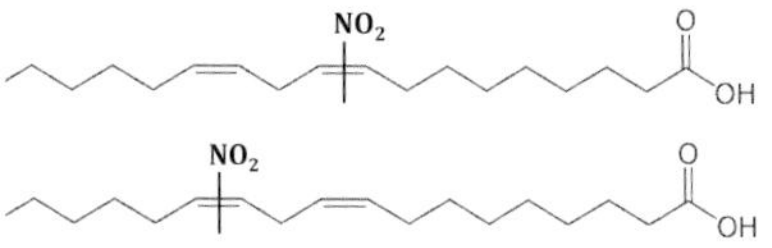
Ácido nitro-linoleico conjugado (Ácido 9-, 10-, 12- y 13-nitro-octadecadienoico)	NO_2-cLA	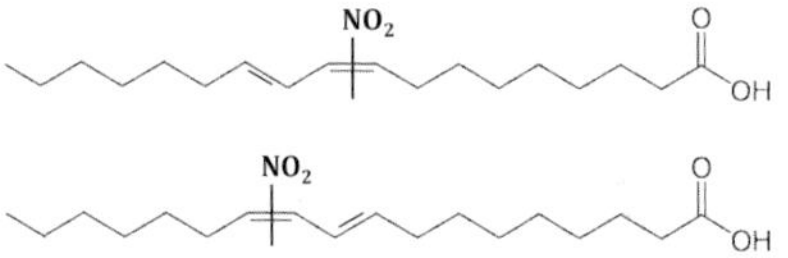
Linoleato-colesteril nitrado (Colesteril-9-,10-,12- y 13-nitro-cis-octadecadienoato)	NO_2-CL	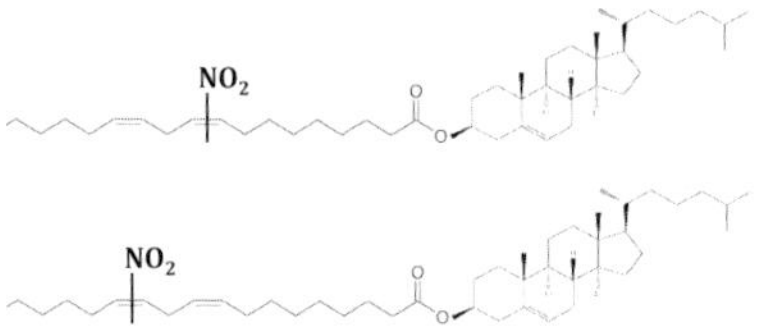
Ácido araquidónico nitrado (Ácido 5-, 6-, 8-, 9-, 11-, 12-, 14- y 15- nitro-cis-eicosatetraenoico)	NO_2-AA	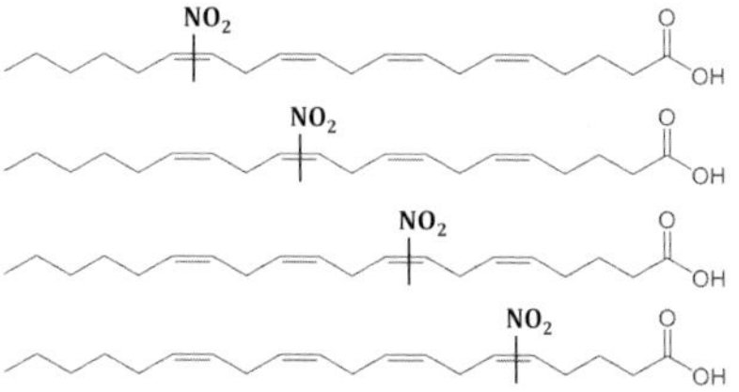

podría afectar negativamente al metabolismo energético, también podría tener un efecto protector al reducir la producción de ROS y, por lo tanto, el riesgo de estrés oxidativo en determinados tejidos (Schopfer *et al.*, 2011).

RNS y estrés celular

Relación entre nitración y daño celular

La nitración de proteínas es un proceso habitual en los organismos vivos, además, está bien documentado que la nitrotirosina (3-NO_2-Tyr) se acumula durante el envejecimiento (Knyushko *et al.*, 2005; Xu *et al.*, 2006), lo que refleja el estrés nitroxidativo basal que se produce en condiciones normales. En este sentido, está bien establecido que bajos niveles de oxidantes, como $O_2^{\cdot-}$, H_2O_2 y, presumiblemente, de $ONOO^-$, actúan en muchas rutas de señalización y son necesarios para el funcionamiento celular normal. Sin embargo, durante la enfermedad, el balance fisiológico redox se debilita y el estrés nitroxidativo emerge como mediador del daño, lo que incluye la nitración de tirosinas, entre otros efectos (Peluffo y Radi, 2007).

En sistemas animales, la frecuente asociación entre la nitración mediada por peroxinitrito ($ONOO^-$) y la enfermedad sugiere que esta modificación podría estar directamente involucrada en el comienzo y/o progreso de la enfermedad. Esto podría incrementar o potenciar una variedad de procesos proinflamatorios y es un importante contribuyente tanto de la necrosis como de la apoptosis que tiene lugar en diferentes situaciones de estrés oxidativo severo (Liaudet *et al.*, 2009; Vandelle y Delledonne, 2011).

Sin embargo, a pesar de que la formación excesiva de peroxinitrito es negativa para los tejidos, está bien documentado que nuestro sistema inmune puede utilizarlo para repeler invasiones microbianas (Álvarez *et al.*, 2011), ya que las formas aniónica y protonada pueden permear las membranas celulares por medio de canales iónicos o por difusión pasiva, respectivamente (Denicola *et al.*, 1998).

NO y enfermedades neurodegenerativas

La señalización anormal del NO puede contribuir a gran variedad de patologías neurodegenerativas, como la excitotoxicidad, los derrames cerebrales, la esclerosis múltiple y las enfermedades de Alzheimer y Parkinson (Steinert *et al.*, 2010).

Enfermedad de Parkinson

Los síntomas fenotípicos clave de la enfermedad de Parkinson (PD) aparecen como consecuencia de la pérdida de neuronas dopaminérgicas de la parte compacta de la substancia negra, lo que conduce a niveles bajos de dopamina en el estriado (Yadav *et al.*, 2012).

El NO se considera como uno de los principales factores perjudiciales en la PD (Gupta *et al.*, 2010). En este sentido, se han realizado estudios en los que se ha constatado que la inhibición de las NOS podría reducir la neurodegeneración dopaminérgica del nigroestriado en roedores (Gupta *et al.*, 2010). Aunque se desconoce el mecanismo por el cual el NO contribuye a la PD, se ha visto que la excitotoxicidad, la degradación oxidativa o química y las modificaciones enzimáticas de biomoléculas clave, tales como lípidos, ácidos nucleicos y proteínas, podrían ser sus principales efectos (Aquilano *et al.*, 2008).

A pesar de que se requieren determinados niveles de NO para que tengan lugar las funciones fisiológicas normales, su producción excesiva en la célula reduce la defensa antioxidante y hace a las células más vulnerables, lo que podría desencadenar neurodegeneración (Aquilano *et al.*, 2008). La producción descontrolada de NO puede deberse a una sobreexpresión de las NOS o a un incremento en la excitotoxicidad del glutamato (Nelson *et al.*, 2003).

La vía nigroestriada está compuesta por células neuronales y no neuronales, como son las células de la glía; estas células tienen las características morfológicas de macrófagos activados (Zhang *et al.*, 2011), por lo que los efectos del NO y de las NOS de las células gliales en la patogénesis de la PD están siendo ampliamente estudiados. Las células microgliales son nitrérgicas y son la principal fuente de NOS en el sistema nigroestriado (Kavya *et al.*, 2006). La PD se caracteriza principalmente por una generación injustificada de radicales libres, lo que incrementa el estrés oxidativo y, por lo tanto, la activación microglial (Singhal *et al.*, 2011). Numerosos estudios directos e indirectos han evidenciado la implicación de las células gliales en la PD; en dichos estudios la utilización de inhibidores de la activación de las células gliales y de la neuroinflamación reducía los efectos deletéreos del NO (Dixit *et al.*, 2013). El número de células microgliales activadas es significativamente superior en animales tratados con neurotoxinas con respecto a los controles (Dixit *et al.*, 2013). Por lo tanto, la restauración de la maquinaria antioxidante de las células microgliales podría aminorar los síntomas de la PD (Kim *et al.*, 2013).

Como se ha indicado en apartados anteriores, las modificaciones postranscripcionales de las proteínas, tantes como la nitración y la nitrosilación, pueden alterar la estructura terciaria y cuaternaria de las proteínas y, por lo tanto, sus funciones biológicas o sus actividades catalíticas (Beyer, 2007). La presencia de proteínas modificadas en tejidos cerebrales es otro punto clave en la PD, además, la inmunorreactividad positiva frente a nitrotirosina detectada en neuronas degeneradas respalda el efecto que la nitración de proteínas tiene en la degeneración dopaminérgica del tejido nigroestriado (Aquilano *et al.*, 2008).

Con respecto a la *S*-nitrosilación, diferentes trabajos han demostrado que el papel neuroprotector de la proteína parkina puede verse comprometido cuando se nitrosila como consecuencia de la generación excesiva de ROS y NO, que provocan algunas neurotoxinas ambientales como los pesticidas y los herbicidas. La inhibición de la parkina mediada por NO reduce la degradación proteasomal de proteínas dañadas o mal plegadas, lo que potencialmente contribuye a la aparición de agregados proteicos anormales, tales como son los cuerpos de Lewy, típicos en esta patología. Por lo tanto, la *S*-nitrosilación de la parkina también forma parte de las rutas que conducen a la muerte celular neuronal (Chung *et al.*, 2004; Yao *et al.*, 2004).

En definitiva, se puede afirmar que el NO contribuye notablemente en la patogénesis de la enfermedad cuando se produce en niveles elevados (Gupta *et al.*, 2010), ya que desencadena neurodeneración dopaminérgica en el tejido nigroestriado. Por lo tanto, la inhibición de la NOS podría ser una estrategia válida para evitar la muerte celular en la PD (Brzozowski *et al.*, 2011).

Enfermedad de Alzheimer

La enfermedad de Alzheimer (AD) es un desorden neurodegenerativo en cuya patogénesis se destacan como principales mecanismos patofisiológicos el estrés oxidativo y la inflamación cerebral. Además, el NO parece ser el detonante del estrés oxidativo que se asocia con este tipo de demencia, que suele afectar a personas ancianas.

Esta enfermedad se caracteriza por la presencia de depósitos extracelulares de la proteína β-amiloide (Aβ) y por la deposición intracelular de marañas de neurofibrillas (NFTs) (Morales *et al.*, 2014), lo que produce fallos sinápticos y neuronales (Selkoe, 2008). Esta enfermedad también cursa con deposiciones de colágeno y engrosamientos en las membranas del sistema cerebrovascular, lo que podría comprometer el suministro de nutrientes y oxígeno molecular a los componentes vitales del cerebro, facilitando el daño cerebral y agravando la AD por una disminución en la capacidad de eliminar las placas Aβ (Togo *et al.*, 2004). Hay muchas evidencias que sugieren que, además, en esta patología el NO compite con el oxígeno en la citocromo oxidasa, lo que altera la dinámica energética mitocondrial (Cleeter *et al.*, 1994). Las deficiencias en la producción de energía y la alteración de la función mitocondrial producen cierta incapacidad para contrarrestar las ROS, lo que desemboca inevitablemente en la muerte celular neuronal.

Por otra parte, diferentes estudios señalan a la iNOS como la principal responsable de la neurodegeneración y/o AD. Se ha publicado que la iNOS regula la nitrosilación de Aβ en un modelo de ratones, lo que se considera como uno de los primeros pasos en el desarrollo de placas seniles, mientras que el bloqueo de la expresión del gen de la iNOS reducía la formación de la placa (Kummer *et al.*, 2011). En otro estudio, en el que se llevó a cabo la ablación de la iNOS en un modelo murino de Alzheimer, se observó una amplificación en los niveles de péptidos β-amiloides y se incrementó la degeneración neuronal (Colton *et al.*, 2006). Estos hallazgos indican que la iNOS y, subsecuentemente, la síntesis de NO, podría estar implicada en múltiples vías y puntos críticos en los que el NO tendría gran relevancia en lo que respecta al inicio y avance de la neurodegeneración.

La nNOs también parece estar implicada en la AD; esta enzima se activa como consecuencia de la entrada de iones Ca^{2+} dentro de la célula, lo que estimula su síntesis de NO, que posteriormente favorece la liberación de neurotransmisores. Se ha constatado que en la AD la liberación de calcio procedente tanto de fuentes intra como extracelulares está desregulada, efecto que se observa desde el comienzo de la enfermedad (Chakroborty *et al.*, 2015). Este hallazgo podría justificar el incremento en la actividad de la nNOS que se detecta en las etapas finales de la AD, lo que ocasiona estrés oxidativo y nitrosativo que provoca daños en macromoléculas, altera el metabolismo energético mitocondrial y podría conducir a pérdidas sinápticas y muerte celular neuronal (Chakroborty *et al.*, 2015).

Por lo tanto, y a juzgar por los datos de los que se dispone hasta el momento, se puede afirmar que la neurodegeneración es independiente de la isoforma NOS que se altere, siendo la biodisponibilidad de NO el factor realmente determinante en el desarrollo de la enfermedad.

NO y cáncer

La implicación del NO en el cáncer, desde la carcinogénesis, la progresión, la apoptosis, la angiogénesis y la inmuno, quimio y radiosensibilización, ha sido bastante estudiada por diferentes investigadores (Hirst y Robson, 2007; Ying y Hofseth, 2007; Bonavida *et al.*, 2006; Tarr *et al.*, 2006).

En muchos cánceres humanos, la vía de supresión de tumores p53 está ausente o es inefectiva, como consecuencia de la mutación del gen p53 (en más del 50% de los cánceres) o de la inhibición de las rutas de señalización que conducen a la expresión del gen (Bourdon, 2007). Aunque es probable que la señalización vía p53 esté implicada en la apoptosis inducida por NO, hay evidencias de la existencia de una ruta alternativa independiente de p53 (Messmer y Brüne, 1996).

El peroxinitrito también tiene un significado especial en los tumores, debido a que su formación es más probable en estas circunstancias y a que las reaciones de nitración que lleva a cabo son más dañinas en las células tumorales o en el microambiente tumoral (Niles *et al.*, 2006). La mayoría de los estudios llevados a cabo con células cancerosas relacionan el peroxinitrito y la tumorgénesis, particularmente cuando está influenciado por mutaciones (Suzuki *et al.*, 2005), inflamación (como es el caso de la relación entre colitis ulcerosa y carcinoma de colon (Ding *et al.*, 2005)) y migración (Jadeski *et al.*, 2003). También se han descrito sus efectos proapoptóticos en células tumorales. En este sentido, el peroxinitrito puede actuar como un mediador potencial de la apoptosis en células de glioma (Qiao *et al.*, 2005), en células de leucemia humanas y en una línea celular humana de tumor monocítico; sin embargo, no tiene ningún efecto sobre células endoteliales primarias humanas normales (Lin *et al.*, 1995).

Por lo tanto, es importante destacar la contribución del peroxinitrito en la activación de las rutas de muerte celular, aunque conviene no ignorar que su formación puede proteger a la célula del exceso de $O_2^{·-}$ o incluso evitar acumulaciones de NO, ya que el peroxinitrito se inactiva mediante su rápida reacción con antioxidantes presentes en la célula (Halliwell *et al.*, 1999). Probablemente, las contribuciones relativas de estos efectos difieren dependiendo de los tipos celulares.

Por otra parte, recientemente se ha descrito una relación entre la desregulación de la GSNOR y el cáncer. Se sabe que la deficiencia en GSNOR en ratones aumenta la frecuencia de mutaciones por transposición (A:T cambia a T:A) (Leung *et al.*, 2013). Esto puede ser consecuencia de la menor actividad de una proteína reparadora del ADN (O_6-alquilguanina-DNA alquil transferasa) que depende de la GSNOR, lo que conduce a un incremento en la tasa de hepatocarcinoma celular humano (HCC) (Wei *et al.*, 2010, 2011; Tang *et al.*, 2012). La inhibición farmacológica de la iNOS cuando la GSNOR muestra bajos niveles de actividad tiene un gran potencial terapéutico en pacientes con HCC. De manera similar, algunos pacientes con cáncer de mama también muestran un descenso en la expresión de GSNOR. Por otra parte, el papel protector de la GSNOR en el cáncer puede radicar en su capacidad de eliminar formaldehído, que es un potente agente carcinogénico en las células (Xie *et al.*, 2010).

NO y enfermedades cardiovasculares

Los pacientes con factores de riesgo vascular (hipertensión, hipercolesterolemia, diabetes mellitus, fumadores, etc.) y los pacientes con enfermedades cardiovasculares (CVD) muestran disfunción endotelial, que consiste en la incapacidad del endotelio de generar cantidades adecuadas de NO bioactivo que medie la vasodilatación. Además, estos pacientes presentan niveles elevados de ROS. Las principales generadoras de ROS en la pared vascular son las NADPH oxidasas, que producen radicales $O_2^{\cdot-}$. Los bajos niveles de NO detectados en las patologías vasculares podrían deberse en parte a su eliminación como consecuencia de su reacción con radicales $O_2^{\cdot-}$ para originar $ONOO^-$. Otra razón podría ser el desacoplamiento de la eNOS ocasionado por el estrés oxidativo, lo que favorecería la producción de $O_2^{\cdot-}$ en lugar de NO; esto puede ocurrir como consecuencia de la oxidación del cofactor BH_4, por disminución de los niveles de L-arginina y por la acumulación de metil-argininas endógenas (Landmesser *et al.*, 2011).

Sin embargo, recientemente se ha establecido que la nNOS inhibe las oxidasas cardiacas y limita de esta manera la producción de ROS en corazones enfermos, lo que confirma la importancia de esta enzima en la protección cardiaca en situaciones de estrés patológico.

La GSNOR también está implicada en la salud cardiovascular, de modo que el descenso en su actividad se relaciona con el infarto de miocardio, ciertas cardiopatías y con alteraciones en el tono vascular (Barnett y Buxton, 2017).

En definitiva, para el tratamiento de las CVD las estrategias terapéuticas deben ir encaminadas a mejorar la biodisponibilidad local y sistémica de NO (Zhang, 2017).

Nitración de proteínas en el sistema cardiovascular

La identificación de proteínas nitradas circulantes tiene gran relevancia, ya que permite establecer relaciones entre el estrés nitroxidativo y muchas situaciones patológicas en humanos. Aunque en el plasma humano se ha detectado tanto $3\text{-}NO_2$-Tyr libre como unida a proteínas, hay pocos datos acerca de la identidad de las proteínas específicas. Además, en la mayoría de las ocasiones es difícil determinar el compartimento exacto en el que se modificó la proteína.

El fibrinógeno es una proteína plasmática soluble implicada en la formación de coágulos. Diferentes estudios clínicos señalan al fibrinógeno como un factor de riesgo independiente en la enfermedad coronaria arterial (CAD) y en el accidente cerebrovascular (CVA) (Martínez *et al.*, 2012). Además, se han realizado ensayos clínicos que han demostrado una asociación entre el estrés nitroxidativo y el fibrinógeno en pacientes con CAD (Koh *et al.*, 2004; Kotur-Stevuljevic *et al.*, 2007), detectándose un incremento del 30% en la nitración del fibrinógeno en pacientes con CAD. Las consecuencias funcionales de la nitración del fibrinógeno son su polimerización más rápida de lo normal, junto con modificaciones en su arquitectura que podrían tener un efecto amplificador en la formación del coágulo. Además, dichos coágulos poseen propiedades alteradas que los hacen menos estables, lo que incrementa el riesgo potencial de sufrir microembolias.

Con respecto a las lipoproteínas, los trabajos pioneros de Beckman *et al.* (1994) demostraron la existencia de proteínas nitradas en las placas de ateroma de pacientes con CAD, lo que llevó a pensar en la posibilidad de que allí hubiera también lipoproteínas nitradas. En este sentido, se ha relacionado la disfunción de la lipoproteína de alta densidad (HDL) con el estrés nitroxidativo asociado a las patologías cardiovasculares (Nicholls *et al.*, 2005). La nitración de residuos de tirosina de la apo A-1 (proteína mayoritaria de la HDL) mediada por la mieloperoxidasa (MPO) provoca alteraciones en el transporte inverso de colesterol, ya que modifica la arquitectura y el correcto funcionamiento de la proteína (Thomson, 2015; Chistiakov *et al.*, 2016). Los niveles plasmáticos de HDL nitrada en pacientes con CAD son el doble de los detectados en pacientes control, además, la HDL parece ser una diana preferencial de nitración (Pennathur *et al.*, 2004). Estos hallazgos, junto con el hecho de que los niveles de MPO circulantes se asocian con el riesgo de padecer CAD (Zhang *et al.*, 2001), sugieren una conexión entre la apo A-1, la MPO y los mecanismos moleculares subyacentes que operan en la CAD.

También cabe señalar la existencia de abundantes datos en relación con los mecanismos oxidativos que conducen a la modificación y nitración de la lipoproteína de baja densidad (LDL) (Chakraborty *et al.*, 2015). El peroxinitrito, así como la MPO, el H_2O_2 y el NO_2^- nitran e inician el proceso de peroxidación lipídica de la LDL *in vitro* (Hazen *et al.*, 1999). La LDL nitrada dispara la liberación de factor de necrosis tumoral α (TNF-α) por parte de monocitos humanos indiferenciados, amplificando consecuentemente el proceso inflamatorio *in vivo* (Smythe *et al.*, 2003). La LDL oxidada, pero principalmente nitrada, es captada por los macrófagos, que se transforman en células espumosas (Griffiths *et al.*, 2006).

En lo que respecta a la pared arterial, esta estructura se considera el sitio principal de modificación nitroxidativa de proteínas en patologías como la hipertensión y la ateromatosis. A pesar de su aparentemente sencilla organización anatómica, en ella se producen cambios metabólicos complejos cuando acontecen procesos inflamatorios. Está bien documentado que las células endoteliales activadas por citoquinas, las células del músculo liso y los fibroblastos localizados en las placas de ateroma producen $O_2^{\cdot-}$ (Guzic y Harrison, 2006). Además, los macrófagos activados y los neutrófilos liberan grandes cantidades de $O_2^{\cdot-}$, NO y MPO en los sitios del daño. Por lo tanto, es de esperar que ocurran numerosos procesos de nitración en este compartimento. Además, las reacciones de nitración están favorecidas en la pared arterial, dado que algunas de las reacciones detoxificantes que tienen lugar en el lumen (isomerización del $ONOO^-$ por la hemoglobina y reacción directa con sulfidrilos) son menos relevantes. Cada uno de los principales factores de riesgo de la ateromatosis (hiperglucemia, hipercolesterolemia, el hábito de fumar y la hipertensión) producen disfunción endotelial y, por lo tanto, facilitan el estrés nitroxidativo (Widlansky *et al.*, 2003).

Los eicosanoides son moléculas muy importantes en la homeostasis normal del endotelio. En las plaquetas, las ciclooxigenasa 1 (COX-1) transforma el ácido araquidónico (AA) en tromboxano A_2 (TxA_2), el cual favorece la agregación plaquetaria y la formación de trombos, además, posee efecto vasoconstrictor (Upmacis *et al.*, 2006). Mediante una ruta similar, aunque en las células endoteliales, el AA se transforma en prostacilina (PGI_2) mediante la cicloxigenasa 2 (COX-2) y la prostaciclina sintasa (PGIS). La prostacilina ocasiona un incremento en los niveles de AMP cíclico (AMPc) que desactiva las plaquetas, inhibe la formación de coágulos y actúa como un potente vasodilatador, actuando, por tanto, de manera sinérgica con el NO en la homeostasis del endotelio (Bachschmid *et al.*, 2005). La ateromatosis rompe el balance fisiológico, inclinándolo hacia el TxA_2 y el $ONOO^-$ y, por lo tanto, hacia el estado protrombótico. El peroxinitrito nitra e inactiva PGIS a concentraciones extremadamente bajas, lo que demuestra su alta sensibilidad a esta RNS (Schildknecht y Ullrich, 2009).

En definitiva, el estrés nitroxidativo que tiene lugar durante la ateromatosis afecta profundamente a la pared vascular, lo que conlleva también un descenso en los niveles de PGI_2, debido a la nitración e inactivación de enzimas sensibles.

Señalización por NO en la hipertensión

La remodelación del ventrículo izquierdo y el fallo cardiaco son las principales consecuencias de la hipertensión arterial crónica. Durante el desarrollo de la hipertensión diferentes señales y anomalías metabólicas conducen al remodelado estructural del sistema cardiovascular, como son la hipertrofia miocardial y/o fibrosis y la hiperplasia de la pared de las arterias coronarias, que finalmente provocan el daño cardiaco conocido como cardiomiopatía (Cebova y Kristek, 2011). El remodelado patológico del corazón hipertenso se debe a un desequilibrio entre señales estimuladoras e inhibidoras de la proliferación del tejido. La angiotensina II (AT II), la aldosterona o la endotelina, con sus efectos vasoconstrictores y proliferativos, están en un lado de la balanza, mientras que el NO, la prostaciclina, bradiquinina o el péptido natriurético atrial ejercen efectos vasodilatadores y antiproliferativos (Cuspidi *et al.*, 2006; Pechánová y Simko, 2010). El NO antagoniza los efectos de la AT II en el tono vascular, la proliferación celular y la excreción renal de sodio. Por otra parte, la AT II reduce la biodisponibilidad de NO promoviendo estrés oxidativo (Zhou *et al.*, 2004). La infusión de ratones con AT II provoca elevaciones en la presión sanguínea, hipertrofia cardiaca y fibrosis asociada con un incremento en el contenido en colágeno I (Kassan *et al.*, 2012). Estudios recientes han demostrado que la AT II eleva los niveles de actividad de la nNOS miocardial, lo que funciona como un mecanismo adaptativo temprano que atenúa la actividad NADPH oxidasa y que facilita la relajación miocardial a través de GMPc. La activación de esta ruta mediante estimuladores de la GCs atenúa la hipertensión sistémica y la disfunción sistólica, así como el remodelado tisular fibrótico del miocardio en un modelo de roedores con sobrecarga de presión y volumen. Estos datos están en concordancia con los datos preliminares que mostraban alteraciones en las rutas de señalización NO-GCs en casos de hipertensión y daño cardiaco y que anticipaban los efectos beneficiosos de los estimuladores/activadores de la GCs en modelos preclínicos de hipertensión en cuanto a la atenuación de la hipertrofia miocardial y el remodelado (Evgenov *et al.*, 2006; Stasch *et al.*, 2011).

Generalmente, se asume que el incremento en la producción de ROS juega un papel importante en la patología de la hipertensión, aunque también se ha visto que el incremento temporal en la producción de ROS en casos de hipertensión no es necesariamente perjudicial, ya que puede estimular la actividad de los sistemas de defensa antioxidante y mejorar las rutas de señalización por NO, manteniendo una disponibilidad suficiente de dicha molécula (Dröge, 2002). Sin embargo, en la hipertensión asociada con la obesidad o la diabetes, las ROS podrían favorecer la activación de rutas proinflamatorias dependientes del factor nuclear κβ (NF-κβ), que, en última instancia, disminuyen la actividad NOS y, por tanto, los niveles de NO.

En conclusión, el incremento en la formación de ROS durante la hipertensión podría activar las rutas dependientes de NF-κβ y promover cambios proinflamatorios y pro-oxidantes (incremento en la expresión de TNF-α, COX 2, iNOS, NADPH oxidasa) o mecanismos compensatorios adaptativos (incremento en la expresión de la eNOS y de enzimas antioxidantes). La formación prolongada de ROS/RNS podría llevar al desacoplamiento de la eNOS/iNOS y alterar la señalización NO-GCs en el sistema cardiovascular hipertenso (Pechánová *et al.*, 2015).

Señalización por NO en la obesidad

En pacientes obesos el esfuerzo cardiaco aumenta para cubrir las necesidades de la masa corporal del individuo (Kardassis *et al.*, 2012). Estos enfermos presentan un mayor volumen sanguíneo, lo que eleva el retorno venoso e incrementa la activación del sistema nervioso simpático, además, en ellos el consumo cardiaco de oxígeno está incrementado (Frohlich y Susic, 2008).

En diferentes estudios se ha destacado la implicación de la leptina, que es una hormona derivada de los adipocitos, en las consecuencias patológicas de la obesidad. Esta hormona regula el balance energético y el metabolismo (Koh *et al.*, 2008). La infusión de leptina reduce la presión sanguínea y el ritmo cardiaco, lo que puede ser revertido por un incremento en la síntesis de NO (Frühbeck, 1999). Estudios *in vitro* han demostrado que la leptina favorece la vasorelajación del endotelio mediada por NO en ratas (Lembo *et al.*, 2000). En corazones de rata, la interrupción de la señalización por leptina podría contribuir a la enfermedad cardiaca relacionada con la obesidad, dado que los ratones deficientes en leptina muestran hipertrofia cardiaca, altos niveles de apoptosis cardiaca y baja supervivencia. Estos cambios se asociaron con una menor expresión cardiaca de la nNOS, lo que supone una menor producción de NO que incrementa los niveles de estrés oxidativo y genera un desequilibrio nitroso-redox (Saraiva *et al.*, 2007). Por otra parte, la leptina podría elevar los niveles de iNOS, que generaría grandes cantidades de NO, provocando estrés nitrosativo y alterando las funciones endoteliales y de los miocitos (Koh *et al.*, 2008). En miocitos ventriculares aislados de ratas, se ha constatado que la generación de NO inducida por leptina inhibía la contracción, efecto que podía evitarse tras la adición de inhibidores de la NOS (Nickola *et al.*, 2000). En adición, la hiperleptinemia puede ocasionar alteraciones en la secreción de insulina y resistencia a la misma.

Por lo tanto, existe un delicado balance entre leptina y NO que requiere nuevas investigaciones con el objeto de elucidar sus mecanismos de acción.

Señalización por NO en la hipercolesterolemia

En la hipercolesterolemia se afecta profundamente el metabolismo del NO cardiaco, concretamente, en ratas alimentadas con colesterol, los niveles de NO cardiaco disminuyen (Girizc *et al.*, 2003; Onody *et al.*, 2003). Parece que el descenso en los niveles de NO en animales hipercolesterolémicos no se debe a una menor actividad de las NOS, sino que parece estar causado por un incremento en la eliminación de NO, a juzgar por las elevaciones detectadas en marcadores de estrés oxidativo, como la nitrotirosina y los aniones superóxido (Varga *et al.*, 2013). Estas hipótesis fueron confirmadas por Stokes *et al.* (2009), que encontró niveles de *S*-nitrosotioles cardiacos elevados y niveles de nitritos cardiacos reducidos en ratones hipercolesterolémicos. Los tratamientos farmacológicos que restauran los niveles de NO elevan la actividad de las enzimas antioxidantes, la expresión de la eNOS, así como el contenido en NO cardiaco y las concentraciones de nitritos en el suero de conejos alimentados con colesterol (Rajamannan *et al.*, 2005).

En humanos es difícil detectar hipercolesterolemia de manera aislada, porque suele estar asociada con otras patologías, como la aterosclerosis o la diabetes. En adultos se ha asociado la disfunción de la eNOS con elevados niveles séricos de dimetil L-arginina asimétrica (ADMA), que es un inhibidor endógeno de las NOS. La ADMA se considera un importante factor de riesgo cardiovascular en adultos (Wu, 2009; Wu *et al.*, 2009), aunque no en niños con hipercolesterolemia tipo II, posiblemente debido al incremento detectado en ellos en la actividad de la enzima dimetilarginina dimetilamino hidrolasa, encargada de la degradación de ADMA (Chobanyan-Jüngems *et al.*, 2012).

Además de la reducción en la disponibilidad de NO, en la hipercolesterolemia también se afecta la señalización NO-GCs, alteración que se revierte mediante activadores/estimuladores de la GCs en modelos preclínicos de aterosclerosis en roedores en los que estos fármacos atenúan la inflamación y otras patologías (Evgenov *et al.*, 2006; Stasch *et al.*, 2011).

Señalización por NO en la diabetes

En los pacientes diabéticos, además de las complicaciones vasculares, se desarrolla un tipo especial de cardiopatía denominada cardiomiopatía diabética. En la evolución de esta patología contribuyen muchos factores, que comprenden desequilibrios metabólicos (glucotoxicidad, lipotoxicidad), procesos inflamatorios, desacoplamiento mitocondrial, estrés oxidativo elevado y señalización por NO deteriorada (Pacher *et al.*, 2005). En la literatura científica se cuenta con un elevado número de artículos que destacan la influencia de la alteración en el metabolismo del NO en la cardiomiopatía diabética. En este sentido, en el corazón de ratas diabéticas se han detectado niveles elevados tanto de NO (Amour *et al.*, 2007) como de metabolitos derivados de él (nitritos, nitratos) (Desrois *et al.*, 2010).

Se han propuesto diferentes mecanismos para explicar la disfunción en la señalización por NO que se produce en la diabetes, aunque se ha enfantizado en la posible alteración en la función de la eNOS como paso limitante en la biodisponibilidad de NO (Zhang *et al.*, 2011). De las tres isoformas de las NOS, principalmente la iNOS y la eNOS se han detectado elevadas en el corazón diabético (Rajesh *et al.*, 2012). Estas elevaciones podrían incrementar los niveles de peroxidación lipídica y de formación de nitrotirosina, lo que justificaría el desacoplamiento y el estado monomérico observado en las NOS. La inhibición de la actividad NOS en casos de diabetes mejora la función miocárdica, lo que sugiere que el aumento en la producción de radicales $O_2^{\cdot-}$ y $ONOO^-$, y no de NO, es el principal implicado en la supresión de la función contráctil (Smith *et al.*, 1997). Además, la restauración del acoplamiento de la iNOS mediante la administración de BH_4 mejora la tolerancia a la isquemia, reduce la producción de $O_2^{\cdot-}$ por la iNOS e incrementa la biodisponibilidad de NO en el corazón diabético. Adicionalmente, se ha postulado que la cardioprotección que ejerce el NO derivado de la iNOS se fundamenta en procesos de *S*-nitrosilación de proteínas y no en la señalización dependiente de GMPc (Okazaki *et al.*, 2011). El papel esencial del estrés oxidativo en la alteración de la biodisponibilidad y señalización del NO en el corazón diabético se demostró mediante un estudio en el que la administración de un inhibidor de la xantina oxidasa (XO) no solo atenuó el estrés oxidativo miocárdico, sino también el estrés nitrosativo, la muerte celular, el remodelado y la disfunción cardiaca (Ansley y Wang, 2013).

Por tanto, estos trabajos destacan la implicación de las NOS en la cardiomiopatía diabética, siendo la inhibición de su actividad y la restauración de su acoplamiento las principales estrategias terapéuticas a tener en cuenta.

Conclusiones y perspectivas

El NO es un radical libre gaseoso con diferentes implicaciones fisiológicas que también se relaciona con múltiples enfermedades crónicas y agudas, como desórdenes en el sistema nervioso, enfermedades inflamatorias, cáncer y anomalías cardiovasculares, entre otras. Las modificaciones postraduccionales de proteínas (PTM), tales como la nitración y la *S*-nitrosilación, emergen como nuevos mecanismos con funciones señalizadoras que complementan a las ejercidas por el NO y sus derivados. Dichas PTMs alteran la función proteica y, por lo tanto, modifican las respuestas celulares tanto en situaciones fisiológicas como patológicas. No obstante, aún queda mucho por avanzar en lo referente a la identificación de las proteínas diana de tales PTM con el objeto de poder elucidar los acontecimientos que ocurren en las cascadas de señalización por NO. Por otra parte, la interacción de los ácidos grasos insaturados con diferentes RNS y su capacidad para liberar NO abren nuevas perspectivas en el campo.

Summary points

- El NO y sus derivados ejercen importantes funciones señalizadoras tanto en condiciones fisiológicas como patológicas en sistemas animales.
- La capacidad electrofílica de los ácidos grasos nitrados evidencia su papel señalizador.

- La producción excesiva de NO en las células nerviosas podría desencadenar la neurodegeneración observada en las enfermedades de Parkinson y Alzheimer.
- Los efectos proapoptóticos del NO frenan la progresión metastática de los tumores *in vivo*.
- Las enfermedades vasculares se caracterizan por la disminución en los niveles de NO bioactivo que medie la vasodilatación.

Lista de abreviaturas

AA, arachidonic acid, ácido araquidónico
AD, Alzheimer disease, enfermedad de Alzheimer
ADMA, asymmetric dimethylarginine, dimetil L-arginina asimétrica
AMPc, adenosil monofosfato cíclico
AT II, Angiotensin, angiotensina II
Aβ, Amyloid beta protein, proteína β-amiloide
BH_4, tetrahidrobiopterina
CAD, coronary artery disease, enfermedad coronaria arterial
CO_2, dióxido de carbono
$CO_3^{\cdot -}$, radical carbonato
COX-1, ciclooxigenasa 1
COX-2, ciclooxigenasa 2
CVA, cerebrovacular disease, accidente cerebrovascular
CVD, cardiovascular disease, enfermedades cardiovasculares
EDRF, endotelium derived relaxing factor, factor relajante derivado del endotelio
eNOS, endothelial nitric oxide synthase, isoforma endotelial de la óxido nítrico sintasa
EVOO, extra virgin olive oil, aceite de oliva virgen extra
FAD, flavin adenine dinucleotide, dinucleótido de flavina y adenina
FMN, flavin mononucleotide, mononucleótido de flavina
GCs, guanilato ciclasa soluble
GMPc, guanosina monofosfato cíclico
GSNO, *S*-nitrosoglutatión
GSNOR, *S*-nitrosoglutatión reductasa
GSSG, glutatión oxidado
HCC, hepatocarcinoma celular humano
HDL, high density lipoprotein, lipoproteína de alta densidad
HNO_2, ácido nitroso

HO-1, hemooxigenasa 1
iNOS, inducible nitric oxide synthase, isoforma inducible de la óxido nítrico sintasa
LDL, low density lipoprotein, lipoproteína de baja densidad
MPO, mieloperoxidasa
NADPH, reduced nicotinamide adenine dinucleotide phosphate, forma reducida del dinucleótido de nicotinamida y adenina fosfato
N_2O_3, trióxido de dinitrógeno
NFTs, neurofibrillary tangles, marañas de neurofobrillas
NF-κβ, nuclear factor κβ, factor nuclear κβ
NMDAR, N-methyl-D-aspartate receptor, receptor N-metil D-aspartato
nNOS, neuronal nitric oxide synthase, isoforma neuronal de la óxido nítrico sintasa
NO, nitric oxide, óxido nítrico
NO^+, catión nitrosonio
NO_2^-, anión nitrito
NO_2, dióxido de nitrógeno
$-NO_2$, grupo nitro
NO_2-cLA, nitrated conjugated linoleic acid, ácido linoleico conjugado nitrado
NO_2-LA, nitrated linoleic acid, ácido linoleico nitrado
NO_2-Ln, nitrated linolenic acid, ácido linolénico nitrado
NO_2-OA, nitrated oleic acid, ácido oleico nitrado
NO_3^-, anión nitrato
NOS, nitric oxide synthase, óxido nítrico sintasa
$O_2^{\cdot -}$, radical superóxido
$OH^{\cdot}$, radical hidroxilo
ONO_2CO_2, anión nitrosoperoxicarbonato
$ONOO^-$, anión peroxinitrito
ONOOH, ácido peroxinitroso
PD, Parkinson disease, enfermedad de Parkinson
PGIS, prostaglandin/prostacyclin synthase, prostaglandina/prostaciclina sintetasa
PPAR-γ, peroxisome proliferator activated receptor γ, receptor γ activador de la proliferación de peroxisomas
RNS, reactive nitrogen species, especies de nitrógeno reactivo
ROS, reactive oxigen species, especies de oxígeno reactivo
SNC, sistema nervioso central
SNOs, *S*-nitrosotioles
TNF-α, tumor necrosis factor α, factor de necrosis tumoral α

TxA_2, tromboxano A_2
Tyr˙, radical tirosil
XO, xantina oxidasa

Bibliografía

Alderton, W., Cooper, C. y Knowles, R. (2001): "Nitric oxide synthases: structure, function and inhibition". *Biochem. J.*, 357, 593-615.

Álvarez, M. N., Peluffo, G., Piacenza, L. y Radi, R. (2011): "Intraphagosomal peroxynitrite as a macrophage-derived cytotoxin against internalized Trypanosoma cruzi. Consequences for oxidative killing and role of microbial peroxiredoxins in infectivity". *J. Biol. Chem.*, 286, 6627-6640.

Amour, J., Loyer, X., Le Guen, M., Mabrouk, N., David, J. S., Camors, E., Carusio, N., Vivien B., Andriantsitohaina, R., Heymes, C. y Riou, B. (2007): "Altered contractile response due to increased beta3-adrenoceptor stimulation in diabetic cardiomyopathy: the role of nitric oxide synthase 1-derived nitric oxide". *Anesthesiology*, 107, 452-460.

Ansley, D. M. y Wang, B. (2013): "Oxidative stress and myocardial injury in the diabetic heart". *J Pathol.*, 229, 232-241.

Aquilano, K., Baldelli, S., Rotilio, G. y Ciriolo, M. R. (2008): "Role of nitric oxide synthases in Parkinson's disease: a review on the antioxidant and anti-inflammatory activity of polyphenols". *Neurochem. Res.*, 33, 2416-2426.

Arndt, H., Smith, C. W. y Granger, D. N. (1993): "Leukocyte-endothelial cell adhesion in spontaneously hypertensive and normotensive rats". *Hypertension*, 21, 667-673.

Astier, J., Rasul, S., Koen, E., Manzoor, H., Besson-Bard, A., Lamotte, O., Jeandroz, S., Durner, J., Lindermayr, C. y Wendehenne, D. (2011): "*S*-nitrosylation: an emerging post-translational protein modification in plants". *Plant. Sci.*, 181, 527-533.

Bachschmid, M., Schildknecht, S. y Ullrich, V. (2005): "Redox regulation of vascular prostanoid synthesis by the nitric oxide-superoxide system". *Biochem. Biophys. Res. Commun.*, 338, 536-42.

Baker, P. R., Schopfer, F. J., O'donnell, V. B. y Freeman, B. A. (2009): "Convergence of nitric oxide and lipid signaling: anti-inflammatory nitro-fatty acids". *Free Rad. Biol. Med.*, 46, 989-1003.

Baker, P. R., Schopfer, F. J., Sweeney, S. y Freeman, B. A. (2004): "Red cell membrane and plasma linoleic acid nitration products: synthesis, clinical identificationand quantitation". *Proc. of Natl. Acad. Sci. USA*, 101, 11577-11582.

Barnett, S. D. y Buxton, I. L. O. (2017): "The role of *S*-nitrosoglutathione reductase (GSNOR) in human disease and therapy". *Crit. Rev. Biochem. Mol. Biol.*, 52 (3), 340-354.

Batthyany, C., Schopfer, F. J., Baker, P. R., Duran, R., Baker, L. M., Huang, Y., Cervenansky, C., Branchaud, B. P. y Freeman, B. A. (2006): "Reversible post-translational modification of proteins by nitrated fatty acids *in vivo*". *J. Biol. Chem.*, 281, 20450-20463.

Baudouin, E. (2011): "The language of nitric oxide signalling". *Plant Biol.*, 13, 233-242.

Beckmann, J. S., Ye, Y. Z., Anderson, P. G., Chen, J., Accavitti, M. A., Tarpey, M. M. y White, C. R. (1994): "Extensive nitration of protein tyrosines in human atherosclerosis detected by immunohistochemistry". *Biol. Chem. Hoppe-Seyler*, 375, 81-8.

Beyer, K. (2007): "Mechanistic aspects of Parkinson's disease: alphasynuclein and the biomembrane". *Cell Biochem. Biophys.*, 47, 285-299.

Bohme, G. A., Bon, C., Lemaire, M., Reibaud, M., Piot, O., Stutzmann, M., Doble, A. y Blanchard, J. C. (1993): "Altered synaptic plasticity and memory formation in nitric oxide synthase inhibitor-treated rats". *Proc. Natl. Acad. Sci. USA*, 90, 9191-9194.

Bonacci, G., Schopfer, F. J., Batthyany, C. I., Rudolph, T. K., Rudolph, V., Khoo, N. K., Kelley, E. E. y Freeman, B. A. (2011): "Electrophilic fatty acids regulate matrix metalloproteinase activity and expression". *J. Biol. Chem.*, 286, 16074-16081.

Bonavida, B., Khineche, S., Huerta-Yepez, S. y Garbán, H. (2006): "Therapeutic potential of nitric oxide in cancer". *Drug Resist. Updat.*, 9, 157-73.

Bourdon, J. C. (2007): "p53 and its isoforms in cancer". *Br. J. Cancer*, 91, 271-82.

Brzozowski, M. J., Alcantara, S. L., Iravani, M. M., Rose, S. y Jenner, P. (2011): "The effect of nNOS inhibitors on toxin-induced cell death in dopaminergic cell lines depends on the extent of enzyme expression". *Brain Res.*, 1404, 21-30.

Carballal, S., Bartesaghi, S. y Radi, R. (2014): "Kinetic and mechanistic considerations to assess the biological fate of peroxynitrite". *Biochim. et Biophys. Acta (BBA)-General Subjects*, 1840, 768-780.

Cebova, M. y Kristek, F. (2011): "Age-dependent ultrastructural changes of coronary artery in spontaneously hypertensive rats". *Gen. Physiol. Biophys.*, 30, 364-372.

Chakroborty, S., Kim, J., Schneider, C., West, A. R. y Stutzmann, G. E. (2015): "Nitric oxide signaling is recruited as a compensatory mechanism for sustaining synaptic plasticity in Alzheimer's disease mice". *The Journal of Neuroscience*, 35 (17), 6893-6902.

Charles, R. L., Rudyk, O., Prysyazhna, O., Kamynina, A., Yang, J., Morisseau, C., Hammock, B. D., Freeman, B. A. y Eaton, P. (2014): "Protection from hypertension in mice by the Mediterranean diet is mediated by nitro fatty acid inhibition of soluble epoxide hydrolase". *Proc. Natl. Acad. Sci.*, 111, 8167-8172.

Chistiakov, D. A., Orekhov, A. N. y Bobryshev, Y. V. (2016): "ApoA1 and ApoA1-specific self-antibodies in cardiovascular disease". *Lab. Invest.*, 96 (7), 708-18.

Chobanyan-Jürgens, K., Fuchs, A. J., Tsikas, D., Kanzelmeyer, N., Das, A. M., Illsinger, S., Bernhard Vaske, B., Jordan, J. y Lücke, T. (2012): "Increased asymmetric dimethylarginine (ADMA) dimethylaminohydrolase (DDAH) activity in childhood hypercholesterolemia type II". *Amino Acids*, 43, 805-811.

Chung, K. K., Thomas, B., Li, X., Pletnikova, O., Troncoso, J. C., Marsh, L., Dawson, V. L. y Dawson, T. M. (2004): "S-Nitrosylation of parkin regulates ubiquitination and compromises parkin's protective function". *Science*, 304, 1328-1331.

Cleeter, M. W. J., Cooper, J. M., Darley-Usmar, V. M., Moncada, S. y Schapira, A. H. V. (1994): "Reversible inhibition of cytochrome c oxidase, the terminal enzyme of the mitochondrial respiratory chain, by nitric oxide. Implications for neurodegenerative diseases". *FEBS Letters*, 345 (1), 50-54.

Colton, C. A., Vitek, M. P., Wink, D. A., Xu, Q., Cantillana, V., Previti, M. L., Van Nostrand, W. E., Weinberg, J. B. y Dawson, H. (2006): "NO synthase 2 (NOS2) deletion promotes multiple pathologies in a mouse model of Alzheimer's disease". *Proc. Natl. Acad. Sci. USA*, 103 (34), 12867-12872.

Corpas, F. J., Chaki, M., Leterrier, M. y Barroso, J. B. (2009): "Protein tyrosine nitration: a new challenge in plants". *Plant Signal. Behav.*, 4, 920-923.

Cuspidi, C., Ciulla, M. y Zanchetti, A. (2006): "Hypertensive myocardial fibrosis". *Nephrol. Dial. Transplant.*, 21, 20-23.

Denicola, A., Souza, J. M., y Radi, R. (1998): "Diffusion of peroxynitrite across erythrocyte membranes". *Proc. Natl. Acad. Sci. USA*, 95, 3566-3571.

Desrois, M., Clarke, K., Lan, C., Dalmasso, C., Cole, M., Portha, B., Cozzone P. J. y Bernard, M. (2010): "Upregulation of eNOS and unchanged energy metabolism in increased susceptibility of the aging type 2 diabetic GK rat heart to ischemic injury". *Am. J. Physiol. Heart Circ. Physiol.*, 299, H1679-H1686.

Díaz, M., Achkor, H., Titarenko, E. y Martinez, M. C. (2003): "The gene encoding glutathione-dependent formaldehyde dehydrogenase/GSNO reductase is responsive to wounding, jasmonic acid and salicylic acid". *FEBS Lett*, 543, 136-139.

Dimmeler, S. y Zeiher, A. M. (1999): "Nitric oxide-an endothelial cell survival factor". *Cell Death Differ.*, 6, 964-968.

Ding, X., Hiraku, Y., Ma, N., Kato, T., Saito, K., Nagaharna, M., Semba, R., Kuribayashi, K. y Kawanishi, S (2005): "Inducible nitric oxide synthase-dependent DNA damage in mouse model of inflammatory bowel disease". *Cancer Sci.*, 96, 157-63.

Dixit, A., Srivastava, G., Verma, D., Mishra, M., Singh, P. K., Prakash, O. y Singh, M. P. (2013): "Minocycline, levodopa and MnTMPyP induced changes in the mitochondrial proteome profile of MPTP and maneb and paraquat mice models of Parkinson's disease". *Biochim. Biophys. Acta*, 1832, 1227-1240.

Dröge, W. (2002): "Free radicals in the physiological control of cell function". *Physiol. Rev.*, 82, 47-95.

Durner, J. y Klessig, D. F. (1999): "Nitric oxide as a signal in plants". *Curr. Op. Plant Biol.*, 2, 369-374.

Evgenov, O. V., Pacher, P., Schmidt, P. M., Haskó, G., Schmidt, H. H. y Stasch, J. P. (2006): "NO independent stimulators and activators of soluble guanylate cyclase: discovery and therapeutic potential". *Nat. Rev. Drug Discov.*, 5, 755-768.

Fehsel, K., Jalowy, A., Qi, S., Burkart, V., Hartmann, B. y Kolb, H. (1993): "Islet cell DNA is a target of inflammatory attack by nitric oxide". *Diabetes*, 42, 496-500.

Ferreira, A., Ferrari, M., Trostchansky, A., Batthyany, C., Souza, J., Alvarez, M., Lopez, G., Baker, P., Schopfer, F. y O'donnell, V. (2009): "Macrophage activation induces formation of the anti-inflammatory lipid cholesteryl-nitrolinoleate". *Biochem. J.*, 417, 223-234.

Fleming, I. y Busse, R. (2003): "Molecular mechanisms involved in the regulation of the endothelial nitric oxide synthase". *Am. J. Physiol. Regul. Integr. Comp. Physiol.*, 284: R1-R12.

Folkes, L. K. y Wardman, P. (2004): "Kinetics of the reaction between nitric oxide and glutathione: implications for thiol depletion in cells". *Free Rad. Biol. Med.*, 37, 549-556.

Folkes, L. K., Trujillo, M., Bartesaghi, S., Radi, R. y Wardman, P. (2011): "Kinetics of reduction of tyrosine phenoxyl radicals by glutathione". *Arch. Biochem. Biophys.*, 506, 242-249.

Forman, H. J., Torres, M. y Fukuto, J. (2002): "Redox signaling". En: *Oxygen/Nitrogen Radicals: Cell Injury and Disease. Developments in Molecular and Cellular Biochemistry (37).* V. Vallyathan, X. Shi y V. Castranova (eds.), Boston: Springer, pp. 49-62.

Förstermann, U. (2000): "Regulation of nitric oxide synthase expression and activity". En: *Handbook of Experimental Pharmacology-Nitric Oxide.* Mayer B (ed.), Berlín: Springer, pp. 71-91.

Förstermann, U. y Sessa, W. C. (2012): "Nitric oxide synthases: regulation and function". *European Heart Journal*, 33, 829-837.

Förstermann, U., Closs, E. I., Pollock, J. S., Nakane, M., Schwarz, P., Gath, I. y Kleinert, H. (1994): "Nitric oxide synthase isozymes. Characterization, purification, molecular cloning, and functions". *Hypertension*, 23, 1121-1131.

Freeman, B. A., Baker, P. R., Schopfer, F. J., Woodcock, S. R., Napolitano, A. y D'ischia, M. (2008): "Nitro-fatty acid formation and signaling". *J. Biol. Chem.*, 283(23), 15515-15519.

Frohlich, E. D. y Susic, D. (2008): "Mechanisms underlying obesity associated with systemic and renal hemodynamics in essential hypertension". *Curr. Hypertens. Rep.*, 10, 151-155.

Frühbeck, G. (1999): "Pivotal role of nitric oxide in the control of blood pressure after leptin administration". *Diabetes*, 48, 903-908.

Fulton, D., Gratton, J. P., McCabe, T. J., Fontana, J., Fujio, Y., Walsh, K., Franke, T. F., Papapetropoulos, A. y Sessa, W. C. (1999): "Regulation of endothelium-derived nitric oxide production by the protein kinase Akt". *Nature*, 399, 597- 601.

Garthwaite J. (1991): "Glutamate, nitric oxide and cell-cell signalling in the nervous system". *Trends Neurosci.*, 14, 60-67.

Geisler, A. C. y Rudolph, T. K. (2012): "Nitroalkylation—a redox sensitive signaling pathway". *Biochim. Biophys. Acta (BBA)-General Subjects*, 1820, 777-784.

Giricz, Z., Csonka, C., Onody, A., Csont, T. y Ferdinandy, P. (2003): "Role of cholesterol-enriched diet and the mevalonate pathway in cardiac nitric oxide synthesis". *Basic Res. Cardiol.*, 98, 304-310.

Griffiths, H. R., Aldred, S., Dale, C., Nakano, E., Kitas, G. D., Grant, M. G., Nugent, D., Taiwo, F. A., Li, L. y Powers, H. J. (2006): "Homocysteine from endothelial cells promotes LDL nitration and scavenger receptor uptake". *Free Radic. Biol. Med.*, 40, 488-500.

Gupta, S. P., Patel, S., Yadav, S., Singh, A. K., Singh, S. y Singh, M. P. (2010): "Involvement of nitric oxide in maneb- and paraquat-induced Parkinson's disease phenotype in mouse: is there any link with lipid peroxidation?". *Neurochem Res.*, 35, 1206-1213.

Guzik, T. J. y Harrison, D. G. (2006): "Vascular NADPH oxidases as drug targets for novel antioxidant strategies". *Drug Discov. Today*, 11, 524-33.

Haendeler, J., Hoffmann, J., Tischler, V., Berk, B. C., Zeiher, A. M. y Dimmeler, S. (2002): "Redox regulatory and anti-apoptotic functions of thioredoxin depend on *S*-nitrosylation at cysteine". *Nature Cell Biol.*, 4, 743-749.

Halliwell, B. y Gutteridge, J. M. C. (2000): "Chemistry of biologically important radicals". En: *Free Rad. Biol. Med.* 3ª ed., Oxford: Oxford University Press, pp. 246-350.

Halliwell, B., Zhao, K. y Whiteman, M. (1999): "Nitric oxide and peroxynitrite. The ugly, the uglier and the not so good: a personal view of recent controversies". *Free Radic. Res.*, 31, 651-69.

Hazen, S. L., Zhang, R., Shen, Z., Wu, W., Podrez, E. A., MacPherson, J. C., Schmitt, D., Mitra, S. N., Mukhopadhyay, C., Chen, Y., Cohen, P.A., Hoff, H. F. y Abu-Soud, H. M. (1999): "Formation of nitric oxide-derived oxidants by myeloperoxidase in monocytes: pathways for monocyte-mediated protein nitration and lipid peroxidation *in vivo*". *Circ. Res.*, 85, 950-958.

He, Y., Tang, R. H., Hao, Y., Stevens, R. D., Cook, C. W., Ahn, S. M., Jing, L., Yang, Z., Chen, L., Guo, F., Fiorani, F., Jackson, R. B., Crawford, N. M. y Pei, Z. M. (2004): "Nitric oxide represses the Arabidopsis floral transition". *Science*, 305, 1968-1971.

Hemmens, B., Goessler, W., Schmidt, K. y Mayer, B. (2000): "Role of bound zinc in dimer stabilization but not enzyme activity of neuronal nitric-oxide synthase". *J. Biol. Chem.*, 275, 35786-35791.

Hirst, D. y Robson, T. (2007): "Targeting nitric oxide for cancer therapy". *J. Pharm. Pharmacol.*, 59, 3-13.

Hogan, M., Cerami, A. y Bucala, R. (1992): "Advanced glycosylation endproducts block the antiproliferative effect of nitric oxide. Role in the vascular and renal complications of diabetes mellitus". *J. Clin. Invest.*, 90, 1110-1115.

Hogg, N. (2000): "Biological chemistry and clinical potential of *S*-nitrosothiols". *Free Rad. Biol. Med.*, 28, 1478-1486.

Hogg, N., Singh, R., Konorev, E., Joseph, J. y Kalyanaraman, B. (1997): "*S*-Nitrosoglutathione as a substrate for γ-glutamyl transpeptidase". *Biochem. J.*, 323, 477-481.

Holscher, C. y Rose, S. P. (1992): "An inhibitor of nitric oxide synthesis prevents memory formation in the chick". *Neurosci. Lett.*, 145,165-167.

Jadeski, L. C., Chakraborty, C. y Lala, P. K. (2003): "Nitric oxide-mediated promotion of mammary tumour cell migration requires sequential activation of nitric oxide synthase, guanylate cyclase and mitogen-activated protein kinase". *Lnt. J. Cancer*, 106, 496-504.

Johnson, M. A., Macdonald, T. L., Mannick, J. B., Conaway, M. R. y Gaston, B. (2001): "Accelerated *S*-nitrosothiol breakdown by amyotrophic lateral sclerosis mutant copper, zinc-superoxide dismutase". *J. Biol. Chem.*, 276, 39872-39878.

Kardassis, D., Bech-Hanssen, O., Schönander, M., Sjöström, L., Petzold, M. y Karason, K. (2012): "Impact of body composition, fat distribution and sustained weight loss on cardiac function in obesity". *Int. J. Cardiol.*, 159, 128-133.

Kassan, M., Galán, M., Partyka, M., Saifudeen, Z., Henrion, D., Trebak, M. y Matrougui, K. (2012): "Endoplasmic reticulum stress is involved in cardiac damage and vascular endothelial dysfunction in hypertensive mice". *Arterioscler. Thromb. Vasc. Biol.*, 32, 1652-1661.

Kavya, R., Saluja, R., Singh, S. y Dikshit, M. (2006): "Nitric oxide synthase regulation and diversity: implications in Parkinson's disease". *Nitric Oxide*, 15, 280-294.

Kim, S. U., Park, Y. H., Min, J. S., Sun, H. N., Han, Y. H., Hua, J. M., Lee, T. H., Lee, S. R., Chang, K. T., Kang, S. W., Kim, J. M., Yu, D. Y., Lee, S. H. y Lee, D. S. (2013): "Peroxiredoxin I is a ROS/p38 MAPK-dependent inducible antioxidant that regulates NF-κB-mediated iNOS induction and microglial activation". *J. Neuroimmunol.*, 259, 26 36.

Knyushko, T. V., Sharov, V. S., Williams, T. D., Schoneich, C. y Bigelow, D. J. (2005): "3-Nitrotyrosine modification of SERCA2a in the aging heart: a distinct signature of the cellular redox environment". *Biochemistry*, 44, 13071-81.

Koh, K. K., Park, S. M. y Quon, M. J. (2008): "Leptin and cardiovascular disease: response to therapeutic interventions". *Circulation*, 117, 3238-3249.

Koh, K. K., Son, J. W., Ahn, J. Y., Jin, D. K., Kim, H. S., Choi, Y. M., Ahn, T. H., Kim, D. S., y Shin, E. K. (2004): "Vascular effects of diet and statin in hypercholesterolemic patients". *Int. J. Cardiol.*, 95,185-91.

Kotur-Stevuljevic, J., Memon, L., Stefanovic, A., Spasic, S., Spasojevic-Kalimanovska, V., Bogavac-Stanojevic, N., Kalimanovska-Ostric, D., Jelic-Ivanovic, Z. y Zunic, G. (2007): "Correlation of oxidative stress parameters and inflammatory markers in coronary artery disease patients". *Clin. Biochem.*, 40 (3-4), 181-7.

Kummer, M. P., Hermes, M., Delekarte, A., Hammerschmidt, T., Kumar, S., Terwel, D., Walter, J., Pape, H. C., König, S., Roeber, S., Jessen, F., Klockgether, T., Korte, M. y Heneka, M. T. (2011): "Nitration of tyrosine 10 critically enhances amyloid b aggregation and plaque formation". *Neuron*, 71(5), 833-844.

Landmesser, U., Dikalov, S., Price, S. R., McCann, L., Fukai, T., Holland, S. M., Mitch, W. E. y Harrison, D. G. (2011): "Oxidation of tetrahydrobiopterin leads to uncoupling of endothelial cell nitric oxide synthase in hypertension". *J. Clin. Invest.*, 111, 1201-1209.

Lembo, G., Vecchione, C., Fratta, L., Marino, G., Trimarco, V., d'Amati, G. y Trimarco, B. (2000): "Leptin induces direct vasodilation through distinct endothelial mechanisms". *Diabetes*, 49, 293-297.

Leung, J., Wei, W. y Liu, L. (2013): "S-nitrosoglutathione reductase deficiency increases mutagenesis from alkylation in mouse liver". *Carcinogenesis*, 34, 984-9.

Li, L. M., Kilbourn, R. G., Adams, J. y Fidler, I. J. (1991): "Role of nitric oxide in lysis of tumor cells by cytokine-activated endothelial cells". *Cancer Res.*, 51, 2531-2535.

Liaudet, L., Vassalli, G. y Pacher, P. (2009): "Role of peroxynitrite in the redox regulation of cell signal transduction pathways". *Frontiers in Bioscience: a journal and virtual library*, 14, 4809.

Lin, K. T., Xue, J. Y., Nomen, M., Spur, B. y Wong, P. Y. (1995): "Peroxynitrite induced apoptosis in HL-60 cells". *J. Biol. Chem.*, 270, 16487-90.

Liu, L., Hausladen, A., Zeng, M., Que, L., Heitman, J. y Stamler, J. S. (2001): "A metabolic enzyme for *S*-nitrosothiol conserved from bacteria to humans". *Nature*, 410, 490-494.

Martínez, M., Cuker, A., Mills A. Lightfoot, R., Fan, Y., Tang, W. H., Hazen, S. L. y Ischiropoulos, H. (2012): "Nitrated fibrinogen is a biomarker of oxidative stress in venous thromboembolism". *Free Rad. Biol. Med.*, 53 (2), 230-23.

Melikian, N., Seddon, M. D., Casadei, B., Chowienczyk, P. J. y Shah, A. M. (2009): "Neuronal nitric oxide synthase and human vascular regulation". *Trends Cardiovasc. Med.*, 19, 256-262.

Messmer, U. K. y Brüne, B. (1996): "Nitric oxide-induced apoptosis: p53-dependent and p53-independent signalling pathways". *Biochem. J.*, 19, 299-305.

Moncada, S., Palmer, R. y Higgs, E. (1991): "Nitric oxide: physiology, pathophysiologyand pharmacology". *Pharmacol. Rew.*, 43, 109-142.

Morales, I., Guzman-Martínez, L., Cerda-Troncoso, C., Farías, G. A y Maccioni, R. B (2014): "Neuroinflammation in the pathogenesis of Alzheimer's disease. A rational framework for the search of novel therapeutic approaches". *Front. Cell. Neurosci.*, 8(1), article 112.

Nakaki, T. Nakayama, M. y Kato, R. (1990): "Inhibition by nitric oxide and nitric oxideproducing vasodilators of DNA synthesis in vascular smooth muscle cells". *Eur. J. Pharmacol.*, 189, 347-353.

Nakane, M., Schmidt, H. H., Pollock, J. S., Förstermann, U. y Murad, F. (1993): "Cloned human brain nitric oxide synthase is highly expressed in skeletal muscle". *FEBS Lett.*, 316,175-180.

Nathan, C. F. y Hibbs, J. B. (1991): "Role of nitric oxide synthesis in macrophage antimicrobial activity". *Curr. Opin. Immunol.*, 3, 65-70.

Nelson, E. J., Connolly, J. y McArthur, P. (2003): "Nitric oxide and Snitrosylation: excitotoxic and cell signaling mechanism". *Biol. Cell.*, 95, 3-8.

Nicholls, S. J., Zheng, L. y Hazen, S. L. (2005): "Formation of dysfunctional high-density lipoprotein by myeloperoxidase". *Trends Cardiovasc. Med.*, 15, 212-9.

Nickola, M. W., Wold, L. E., Colligan, P. B., Wang, G. J., Samson, W. K. y Ren, J. (2000): "Leptin attenuates cardiac contraction in rat ventricular myocytes. Role of NO". *Hypertension*, 36, 501-505.

Niles, J. C., Wishnok, J. S. y Tannenbaum, S.R. (2006): "Peroxynitrite-induced oxidation and nitration products of guanine and S-oxoguanine: structures and mechanisms of product formation". *Nitric Oxide*, 14, 109-21.

Okazaki, T., Otani, H., Shimazu, T., Yoshioka, K., Fujita, M., Katano, T., Ito, S. y Iwasaka, T. (2011): "Reversal of inducible nitric oxide synthase uncoupling unmasks tolerance to ischemia/reperfusion injury in the diabetic rat heart". *J. Mol. Cell. Cardiol.*, 50, 534-544.

Onody, A., Csonka, C., Giricz, Z. y Ferdinandy, P. (2003): "Hyperlipidemia induced by a cholesterol-rich diet leads to enhanced peroxynitrite formation in rat hearts". *Cardiovasc. Res.*, 58, 663-670.

Pacher, P., Obrosova, I. G., Mabley, J. G. y Szabó, C. (2005): "Role of nitrosative stress and peroxynitrite in the pathogenesis of diabetic complications. Emerging new therapeutical strategies". *Curr. Med. Chem.*, 12, 267-275.

Pechánová, O. y Simko, F. (2010): "The role of nuclear factor kappa B and nitric oxide interaction in heart remodeling". *J. Hypertens.*, 28(1), S39-S44.

Pechánová, O., Varga, Z. V., Cebová, M., Giricz, Z., Pacher, P. y Ferdinandy, P. (2015): "Cardiac NO signaling in the metabolic syndrome". *British J. Pharmacol.*, 172, 1415-1433.

Peluffo G. y Radi R. (2007): "Biochemistry of protein tyrosine nitration in cardiovascular pathology". *Cardiovasc. Research*, 75, 291-302.

Pennathur, S., Bergt, C., Shao, B., Byun, J., Kassim, S. Y., Singh, P., Green, P. S., McDonald, T. O., Brunzell, J., Chait, A., Oram, J. F., O'brien, K., Geary, R. L. y Heinecke, J. W. (2004): "Human atherosclerotic intima and blood of patients with established coronary artery disease contain high density lipoprotein damaged by reactive nitrogen species". *J. Biol. Chem.*, 279, 42977-83.

Petruk, A. A., Bartesaghi, S., Trujillo, M., Estrin, D. A., Murgida, D., Kalyanaraman, B., Marti, M. A. y Radi, R. (2012): "Molecular basis of intramolecular electron transfer in proteins during radical-mediated oxidations: Computer simulation studies in model tyrosine–cysteine peptides in solution". *Arch. Biochem. Biophys.*, 525, 82-91.

Qiao, S., Li, W., Tsubouchi, R., Haneda, M., Murakami, K. y Yoshino, M. (2005): "Involvement of peroxynitrite in capsaicin-induced apoptosis of C6 glioma cells". *Neurosci. Res.*, 51, 175-83.

Radi, R. (2012): "Protein tyrosine nitration: biochemical mechanisms and structural basis of functional effects". *Accounts Chem. Research*, 46, 550-559.

Radi, R. (2013): "Peroxynitrite, a stealthy biological oxidant". *J. Biol. Chem.*, 288, 26464-26472.

Rajamannan, N. M., Subramaniam, M, Stock, S.R., Stone, N. J., Springett, M., Ignatiev K. I., McConnell, J. P., Singh, R. J., Bonow, R. O. y Spelsberg, T. C. (2005): "Atorvastatin inhibits calcification and enhances nitric oxide synthase production in the hypercholesterolaemic aortic valve". *Heart*, 91: 806-810.

Rajesh, M., Bátkai, S., Kechrid, M., Mukhopadhyay, P., Lee, W. S., Horváth, B., Holovac, E., Cinar, R., Liaudet, L., Mackie, K., Haskó, G. y Pacher, P. (2012): "Cannabinoid 1 receptor promotes cardiac dysfunction, oxidative stress, inflammation, and fibrosis in diabetic cardiomyopathy". *Diabetes*, 61, 716-727.

Rubbo, H. y Radi, R. (2008): "Protein and lipid nitration: role in redox signaling and injury". *Biochim. Biophys. Acta (BBA)-General Subjects*, 1780, 1318-1324.

Rubbo, H., Trostchansky, A. y O'donnell, V. B. (2009): "Peroxynitrite-mediated lipid oxidation and nitration: mechanisms and consequences". *Arch. Biochem. Biophys.*, 484, 167-172.

Saraiva, R. M., Minhas, K. M., Zheng, M., Pitz, E., Treuer, A., Gonzalez, D., Schuleri, K. H., Vandegaer, K. M., Barouch, L. A. y Hare, J. M. (2007): "Reduced neuronal nitric oxide synthase expression contributes to cardiac oxidative stress and nitroso-redox imbalance in ob/ob mice". *Nitric Oxide*, 16, 331-338.

Schildknecht S. y Ullrich V. (2009): "Peroxynitrite as regulator of vascular prostanoid synthesis". *Arch. Biochem. Biophys.*, 484 (2), 183-189.

Schopfer, F. J., Cipollina, C. y Freeman, B. A. (2011): "Formation and signaling actions of electrophilic lipids". *Chemical reviews*, 111, 5997-6021.

Schwarz, P. M., Kleinert, H. y Förstermann, U. (1999): "Potential functional significance of brain-type and muscle-type nitric oxide synthase I expressed in adventitia and media of rat aorta". *Arterioscler. Thromb. Vasc. Biol.*, 19, 2584-2590.

Selkoe, D. J. (2008): "Soluble oligomers of the amyloid b-protein impair synaptic plasticity and behavior". *Behavioural Brain Research*, 192 (1), 106-113.

Shesely, E. G., Maeda, N., Kim, H. S., Desai, K. M., Krege, J. H., Laubach, V. E., Sherman, P. A., Sessa, W. C. y Smithies, O. (1996): "Elevated blood pressures in mice lacking endothelial nitric oxide synthase". *Proc. Natl. Acad. Sci. USA*, 93, 13176-13181.

Singhal, N. K., Srivastava, G., Patel, D. K., Jain, S. K. y Singh, M. P. (2011): "Melatonin or silymarin reduces maneb- and paraquat-induced Parkinson's disease phenotype in the mouse". *J. Pineal Res.*, 50, 97-109.

Smith, J. M., Paulson, D. J. y Romano, F. D. (1997): "Inhibition of nitric oxide synthase by L-NAME improves ventricular performance in streptozotocin-diabetic rats". *J. Mol. Cell. Cardiol.*, 29, 2393-2402.

Smith, J. N. y Dasgupta, T. P. (2000): "Kinetics and Mechanism of the Decomposition of *S*-Nitrosoglutathione by l-Ascorbic Acid and Copper Ions in Aqueous Solution to Produce Nitric Oxide". *Nitric Oxide*, 4, 57-66.

Smythe, C. D., Skinner, V. O., Bruckdorfer, K. R., Haskard, D. O. y Landis, R. C. (2003): "The state of macrophage differentiation determines the TNF alpha response to nitrated lipoprotein uptake". *Atherosclerosis*, 170, 213-21.

Souza, J. M., Peluffo, G. y Radi, R. (2008): "Protein tyrosine nitration--functional alteration or just a biomarker?". *Free Radic. Biol. Med.*, 45, 357-366.

Stamler, J. S. y Toone, E. J. (2002): "The decomposition of thionitrites". *Curr. Op. in Chem. Biol.*, 6, 779-785.

Stamler, J. S., Taber, R. L. y Califf, R. M. (2003): "Translation of academic discovery into societal benefit: proposal for a balanced approach—part 1". *Am. J. Med.*, 115, 596-599.

Stasch, J. P., Pacher, P. y Evgenov, O. V. (2011): "Soluble guanylate cyclase as an emerging therapeutic target in cardiopulmonary disease". *Circulation*, 123, 2263-2273.

Steffen, M., Sarkela, T. M., Gybina, A. A., Steele, T. W., Trasseth, N. J., Kuehl, D. y Giulivi, C. (2001): "Metabolism of *S*-nitrosoglutathione in intact mitochondria". *Biochem. J.*, 356, 395-402.

Steinert, J. R., Chernova, T. y Forsythe, I. D. (2010): "Nitric oxide signaling in brain function, dysfunction, and dementia". *Neuroscientist*, 16, 435-452.

Stokes, K. Y., Dugas, T. R., Tang, Y., Garg, H., Guidry, E. y Bryan, N. S. (2009): "Dietary nitrite prevents hypercholesterolemic microvascular inflammation and reverses endothelial dysfunction". *Am. J. Physiol. Heart Circ. Physiol.*, 296, H1281–H1288.

Suzuki, N., Yasui, M., Geacintov, N. E., Shafirovich, V. y Shibutani, S. (2005): "Miscoding events during DNA synthesis past the nitration-damaged base 8-nitroguanine". *Biochem.*, 44, 9238-45.

Szabó, C., Ischiropoulos, H. y Radi R. (2007): "Peroxynitrite: Biochemistry, pathophysiology and development of therapeutics". *Nature Reviews. Drug Discovery*, 6, 662-680.

Tang, C. H., Wei, W. y Liu, L. (2012): "Regulation of DNA repair by S-nitrosylation". *Biochim. Biophys. Acta.*, 1820, 730-5.

Tarr, J. M., Eggleton, P. y Winyard, P. G. (2006): "Nitric oxide and the regulation of apoptosis in tumour cells". *Curr. Pharm. Des.*, 12, 4445-68.

Thomson, L. (2015): "3-Nitrotyrosine modified proteins in atherosclerosis". *Disease Markers* (2015). Article ID 708282.

Toda, N., Ayajiki, K. y Okamura, T. (2009): "Control of systemic and pulmonary blood pressure by nitric oxide formed through neuronal nitric oxide synthase". *J. Hypertens.*, 27, 1929-1940.

Togo, T., Katsuse, O. y Iseki, E. (2004): "Nitric oxide pathways in Alzheimer's disease and other neurodegenerative dementias". *Neurological Res.*, 26(5), 563-566.

Trostchansky, A. y Rubbo, H. (2008): "Nitrated fatty acids: mechanisms of formation, chemical characterizationand biological properties". *Free Rad. Biol. Med.*, 44, 1887-1896.

Trostchansky, A., Möller, M. N., Bartesaghi, S., Botti, H., Denicola, A., Radi, R. y Rubbo, H. (2009): "Nitric oxide redox biochemistry in lipid environments". En: *Nitric Oxide: Biol. and Pathobiol.* Louis Ignarro (ed.), Elsevier, pp. 27-60.

Trostchansky, A., Souza, J. M., Ferreira, A., Ferrari, M., Blanco, F., Trujillo, M., Castro, D., Cerecetto, H., Baker, P. R. y O'donnell, V. B. (2007): "Synthesis, isomer characterizationand anti-inflammatory properties of nitroarachidonate". *Biochem.*, 46, 4645-4653.

Trujillo, M., Alvarez, B., Souza, J. M., Romero, N., Castro, L., Thomson, L., Radi, R. y Ignarro, L. (2010): "Mechanisms and biological consequences of peroxynitrite-dependent protein oxidation and nitration". *Nitric Oxide: Biol. and Pathobiol.*, 2010, 61-102.

Upmacis, R. K., Deeb, R. S. y Hajjar, D. P. (2006): "Oxidative alterations of cyclooxygenase during atherogenesis". *Prostaglandins Other Lipid Mediat.*, 80, 1-14.

Vandelle, E. y Delledonne, M. (2011): "Peroxynitrite formation and function in plants". *Plant Sci.*, 181, 534-539.

Varga, Z. V., Kupai, K., Szucs, G., Gáspár, R., Pálóczi, J., Faragó, N., Zvara, A., Puskás, L., Rázga, Z., Tiszlavicz, L., Bencsik, P., Görbe, A., Csonka, C., Ferdinándy, P. y Csont, T. (2013): "MicroRNA-25-dependent up-regulation of NADPH oxidase 4 (NOX4) mediates hypercholesterolemia-induced oxidative/nitrative stress and subsequent dysfunction in the heart". *J. Mol. Cell Cardiol.*, 62, 111-121.

Wang, Y., Yun, B. W., Kwon, E., Hong, J. K., Yoon, J. y Loake, G. J. (2006): "*S*-nitrosylation: an emerging redox-based post-translational modification in plants". *J. Exp. Bot.*, 57, 1777-1784.

Wei, W., Li, B., Hanes, M. A., Kakar, S., Chen, X. y Liu, L. (2010): "S-nitrosylation from GSNOR deficiency impairs DNA repair and promotes hepatocarcinogenesis". *Sci. Transl. Med.*, 2(19), 19ra13.

Wei, W., Yang, Z., Tang, C. H. y Liu, L. (2011): "Targeted deletion of GSNOR in hepatocytes of mice causes nitrosative inactivation of O6-alkylguanine-DNA alkyltransferase and increased sensitivity to genotoxic diethylnitrosamine". *Carcinogenesis*, 32, 973-7.

Widlansky, M. E., Gokce, N., Keaney, Jr. J. F. y Vita, J. A. (2003): "The clinical implications of endothelial dysfunction". *J. Am. Coll. Cardiol.*, 42, 1149-60.

Wink, D. A., Kasprzak, K. S., Maragos, C. M., Elespuru, R. K., Misra, M., Dunams, T. M., Cebula, T. A., Koch, W. H., Andrews, A. W., Allen, J. S. y Keefer, J. K. (1991): "DNA deaminating ability and genotoxicity of nitric oxide and its progenitors". *Science*, 254, 1001-1003.

Wright, M. M., Schopfer, F. J., Baker, P. R., Vidyasagar, V., Powell, P., Chumley, P., Iles, K. E., Freeman, B. A. y Agarwal, A. (2006): "Fatty acid transduction of nitric oxide signaling: nitrolinoleic acid potently activates endothelial heme oxygenase 1 expression". *Proc. Natl. Acad. Sci. USA*, 103, 4299-4304.

Wu, G., Bazer, F. W., Davis, T. A., Kim, S. W., Li, P., Marc Rhoads, J., Carey-Satterfield, M., Smith, S. B., Spencer, T. E. y Yin, Y. (2009): "Arginine metabolism and nutrition in growth, health and disease". *Amino Acids*, 37, 153-168.

Wu, G. (2009): "Amino acids: metabolism, functions, and nutrition". *Amino Acids*, 37, 1-17.

Xie, S. H., Liu, A. L., Chen, Y. Y., Zhang, L., Zhang, H. J., Jin, B. X., Lu, W.H., Li, X. Y. y Lu, W. Q. (2010): "DNA damage and oxidative stress in human liver cell L-02 caused by surface water extracts during drinking water treatment in a waterworks in China". *Environ. Mol. Mutagen.*, 51, 229-35.

Xu, S., Ying, J., Jiang, B., Guo, W., Adachi, T., Sharov, V., Lazar, H., Menzoian, J., Knyushko, T. V., Bigelow, D., Schöneich, C. y Cohen, R. A. (2006): "Detection of sequence-specific tyrosine nitration of manganese SOD and SERCA in cardiovascular disease and aging". *Am. J. Physiol. Heart Circ. Physiol.*, 290, H2220-7.

Yadav, S., Dixit, A., Agrawal, S., Singh, A., Srivastava, G., Singh, A. K., Srivastava, P. K., Prakash, O. y Singh, M. P. (2012): "Rodent models and contemporary molecular techniques: notable feats yet incomplete explanations of Parkinson's disease pathogenesis". *Mol. Neurobiol.*, 46, 495-512.

Yao, D., Gu, Z., Nakamura, T., Shi, Z. Q., Ma, Y., Gaston, B., Palmer, L. A., Rockenstein, E. M., Zhang, Z., Masliah, E., Uehara, T. y Lipton, S. A. (2004): "Nitrosative stress linked to sporadic Parkinson's disease: S-nitrosylation of parkin regulates its E3 ubiquitin ligase activity". *Proc. Natl. Acad. Sci. USA*, 101, 10810-10814.

Ying, L. y Hofseth, L. J. (2007): "An emerging role for endothelial nitric oxidesynthase in chronic inflammation and cancer". *Cancer Res.*, 67, 1407-10.

Zhang, J., Villacorta, L., Chang, L., Fan, Z., Hamblin, M., Zhu, T., Chen, C. S., Cole, M. P., Schopfer, F. J. y Deng, C. X. (2010): "Nitro-oleic acid inhibits angiotensin II–induced hypertension". *Circulation Res.*, 107, 540-548.

Zhang, R., Brennan, M. L., Fu, X., Aviles, R. J., Pearce, G. L., Penn, M. S., Topol, E. J., Sprecher, D. L. y Hazen, S. L. (2001): "Association between myeloperoxidase levels and risk of coronary artery disease". *JAMA*, 286, 2136-42.

Zhang, Y. y Hogg, N. (2004): "Formation and stability of *S*-nitrosothiols in RAW 264.7 cells". *Am. J. Physiol. Lung Cell. Mol. Physiol.*, 287, L467-474.

Zhang, Y., Janssens, S. P., Wingler, K., Schmidt, H. H. y Moens, A. L. (2011): "Modulating endothelial nitric oxide synthase: a new cardiovascular therapeutic strategy". *Am. J. Physiol. Heart Circ. Physiol.*, 301, H634-H646. Erratum in: *Am. J. Physiol. Heart Circ. Physiol.* (2012) 303(2): H241.

Zhang, Y. (2017): "Nitric oxide signalling and neuronal nitric oxide synthase in the heart under stress". *F1000 Research*, 6, 742.

Zhou, L. y Zhu, D. Y. (2009): "Neuronal nitric oxide synthase: structure, subcellular localization, regulation, and clinical implications". *Nitric Oxide*, 20, 223-230.

Zhou, M. S., Schulman, I. H. y Raij, L. (2004): "Nitric oxide, angiotensin II, and hypertension". *Semin. Nephrol.*, 24, 366-378.

Biología y métodos de detección de la verticilosis del olivo

Jaime Jiménez Ruiz, Carmen Gómez-Lama Cabanás, Jesús Mercado Blanco y Francisco Luque Vázquez

fjluque@ujaen.es

Resumen

La verticilosis del olivo es considerada en la actualidad una de las enfermedades más preocupantes que afecta al cultivo de esta planta leñosa. El agente etiológico es el hongo del suelo *Verticillium dahliae* Kleb., el cual parece reproducirse solamente mediante esporas producidas mitóticamente y estructuras latentes muy persistentes en el suelo o material vegetal infectado. Se han encontrado dos patotipos diferentes que infectan al olivo. El patotipo defoliante es altamente virulento y provoca síntomas graves que finalmente provocan la muerte del árbol, mientras que el patotipo no defoliante causa síntomas más leves. Durante la infección se produce una interacción entre el hongo y la planta, que ha sido estudiada mediante estudios transcriptómicos en cultivares tolerantes y susceptibles a la infección, lo que ha permitido encontrar diversos factores que están en la base de la tolerancia/susceptibilidad a la verticilosis. Finalmente se describen los métodos principales de diagnóstico de esta enfermedad del olivo.

Palabras clave: verticilosis, olivo, defoliante, PCR

Abstract

Verticillium wilt of the olive tree is currently considered one of the most concerning diseases that affects the cultivation of this woody plant. The etiologic agent is the soil fungus Verticillium dahliae Kleb., which seems to reproduce only by spores produced mitotically and by very persistent dormant structures in the soil or infected plant material. Two different pathotypes have been found that infect the olive tree. The defoliant pathotype is highly virulent and causes severe symptoms that ultimately cause the death of the tree, while the non-defoliant pathotype causes milder symptoms. During the infection there is an interaction between the fungus and the plant, which has been studied by transcriptomic studies in tolerant and susceptible to infection cultivars, which has allowed to find various factors that are at the base of the tolerance / susceptibility to Verticillium wilt. Finally the main methods of diagnosis of this olive disease are described.

Keywords: *verticillium wilt, olive tree, defoliant, PCR*

Introducción

El olivo (*Olea europaea* L. subsp. *europaea* var. *europaea*) es un árbol muy longevo, de gran importancia económica y social, y base de la agricultura mediterránea. El aceite extraído a partir de su fruto ha estado íntimamente unido a la cultura e historia del ser humano. La relevancia del olivo, las aceitunas y el aceite en la historia y cultura mediterráneas se evidencia gracias a los numerosos restos encontrados en yacimientos pliocénicos y del Paleolítico Superior en Italia y Norte de África. Asimismo, fragmentos de olivo silvestre o acebuche (*O. europea* L. subsp. *sylvestris*) y huesos de aceituna se han encontrado en excavaciones del Neolítico y de la Edad del Bronce en España (Pérez Magro, 2015). Este árbol es una de las plantas cultivables más antiguas, siendo la única especie de la familia Oleaceae que produce fruto comestible. Su domesticación tuvo lugar alrededor del 6.000 a. C., probablemente en algún lugar de Oriente Medio. La presencia de abundantes brotes latentes en su tronco facilita su propagación, lo que puede haber contribuido a la expansión del cultivo (Zohary y Spiegel-Roy, 1975; Caballero y Del Río, 2008). El aceite de oliva constituye una importante fuente de grasa saludable, especialmente el aceite de oliva virgen extra, debido al alto contenido en ácidos grasos monoinsaturados (particularmente el ácido oleico) y a sus componentes antioxidantes (Pérez-Jiménez *et al.*, 2007).

El olivo se cultiva en regiones climáticas de tipo mediterráneo, entre las latitudes 30°-45° de ambos hemisferios. Así, el 52,3% del área total del cultivo (aproximadamente 9,5 millones Ha) se sitúa en Europa, un 27,8% en África, un 18,3% en Asia, un 1,3% en las Américas y un 0,3% en Oceanía. La producción mundial en 2014 alcanzó aproximadamente los 15,2 millones de toneladas, con el siguiente reparto porcentual: Europa (57,8%), África (20,6%), AsIa (17,6%), Américas (3,5%) y Oceanía (0,4%) (FAO, 2014). España es líder mundial en producción (35% de la producción mundial, 2,5 × 10^6 Ha; FAO 2014), comercialización y exportación de aceite de oliva, siendo Andalucía la comunidad autónoma con mayor número de olivos. Aparte de España, los principales países productores de aceite son Italia (15%), Grecia (10%), Túnez (10%) y Turquía (8%).

El olivo se cultiva en una gran variedad de suelos y condiciones ambientales (sequía, altas temperaturas y amplio rango, 5,5-8,5, de pH del suelo). Presenta alta tolerancia a la salinidad (Aragüés *et al.*, 2010) y a excesos de boro y cloro (Navarro y Parra, 2008). Sin embargo, los olivos son sensibles a suelos mal oxigenados consecuencia de inundaciones persistentes (Aragüés *et al.*, 2004). Las densidades arbóreas en olivares de la cuenca mediterránea son muy variables y dependen en gran medida de la topografía y de la disponibilidad de agua (López-Escudero y Mercado-Blanco, 2011). Actualmente se están estableciendo en algunas regiones olivares con muy alta densidad de plantas (hasta 2.000 árboles /ha) y sistemas de riego por goteo, altamente productivos. Estos nuevos sistemas de cultivo están causando modificaciones sobre el tradicional paisaje del olivar y faltan estudios que permitan evaluar las repercusiones que dichos sistemas puedan tener sobre la incidencia y severidad de enfermedades y plagas, tradicionales o emergentes, como consecuencia del incremento de la densidad de vegetación (López-Escudero y Mercado-Blanco, 2011; Trapero *et al.*, 2009).

Entre todos los estreses bióticos que afectan al olivar, la verticilosis, causada por el hongo de suelo *Verticillium dahliae* Kleb., es una de las enfermedades con mayor impacto en la producción de aceite de oliva. Los aspectos generales del género *Verticillium*, así como de las verticilosis y su control, han sido ampliamente revisados por diferentes autores (p. ej. Hiemstra y Harris, 1998; Pegg y Brady, 2002; Robb, 2007; Klosterman *et al.*, 2009; López-Escudero y Mercado-Blanco, 2011). En este capítulo se describen de forma resumida la etiología de la enfermedad y algunos factores que explican su expansión. Asimismo, se resumen la biología, ciclo de vida y diversidad del patógeno, así como algunos aspectos de la interacción planta-patógeno de este patosistema. También se aborda el desarrollo de métodos diagnósticos basados en cultivos celulares, PCR y genes marcadores de la infección, como herramientas muy útiles para el manejo integrado de esta enfermedad, única estrategia plausible para el control efectivo de la misma (López-Escudero y Mercado-Blanco, 2011).

Relevancia y sintomatología de la verticilosis del olivo

La verticilosis del olivo (VO) es considerada en la actualidad una de las enfermedades más preocupantes que afecta al cultivo de esta leñosa. Desde su descripción inicial en Italia (Ruggieri, 1946) se ha detectado en casi todas las regiones olivicultoras del mundo (López-Escudero y Mercado-Blanco, 2011; Jiménez-Díaz *et al.*, 2012). Son diversas y complejas las razones, relacionadas con la naturaleza de la enfermedad y las características propias de esta leñosa, que explican tanto la actual expansión de esta patología como la dificultad para efectuar una evaluación correcta de las pérdidas económicas por ella causadas. Uno de los factores que contribuyen a esta complejidad es que los olivos suelen sufrir infecciones repetidas, ya sea en la misma estación o en sucesivas, por los persistentes propágulos de *V. dahliae* presentes en el suelo, infecciones recurrentes que pueden llegar a matar el árbol. Más frecuente es, sin embargo, que la planta solo se vea afectada parcial o sectorialmente, deteniendo el crecimiento de los árboles y limitando su producción. Algunos árboles pueden superar la enfermedad (fenómeno conocido como de "recuperación"; Tjamos *et al.*, 1991; López-Escudero y Blanco-López, 2001), produciendo tejido nuevo alrededor de las lesiones necróticas y nuevas ramas que llegan a ser productivas en las siguientes estaciones.

Las pérdidas en producción causadas por ataques de *V. dahliae* dependen de factores tales como la mayor o menor virulencia del patotipo causante de la enfermedad, la cantidad de inóculo del patógeno en el suelo, la edad del huésped, la susceptibilidad de la variedad, la climatología y el manejo del cultivo (López-Escudero y Mercado-Blanco, 2011). En España, desde los primeros estudios que informaban de la presencia de VO en los primeros años 80 del siglo pasado en las provincias de Córdoba, Sevilla y Jaén (Blanco-López *et al.*, 1984), se ha registrado un aumento de la incidencia y gravedad de los ataques en diferentes áreas de cultivo de olivo (Jiménez-Díaz *et al.*, 2009; Rodríguez *et al.*, 2009; López-Escudero y Mercado-Blanco, 2011). Esta alarmante expansión de la enfermedad parece darse en diferentes países de la cuenca mediterránea (p. ej. Bellahcene *et al.*, 2000; Levin *et al.*, 2003*a* y *b*; Nigro *et al.*, 2005; Dervis *et al.*, 2010). La presencia de la enfermedad en países como Australia (Sergeeva y Spooner-Hart, 2009) o Argentina (Pérez *et al.*, 2010), sin tradición olivarera pero donde el cultivo se está extendiendo, confirma la necesidad de tomar las medidas pertinentes para frenar la propagación de *V. dahliae*.

Tradicionalmente la VO se manifiesta por dos síndromes denominados "apoplejía" y "decaimiento lento" (Jiménez-Díaz *et al.*, 1998). La "apoplejía", que se produce principalmente a finales de invierno y principios de la primavera bajo las condiciones climáticas de la cuenca mediterránea, se caracteriza por muerte rápida de ramas principales y secundarias o del árbol completo, decoloración de las hojas, que se tornan marrón claro, enrollamiento sobre el envés foliar y ausencia de desprendimiento de las ramas. Si el síndrome afecta a plantas jóvenes, es frecuente observar la muerte completa del árbol (López-Escudero y Blanco-López, 2001). El "decaimiento lento" se caracteriza por una caída temprana de hojas verdes, clorosis foliar y momificación y muerte de inflorescencias, comenzando en primavera y progresando hasta el inicio del verano. La defoliación suele afectar a algunas de las ramas, siendo característico que las hojas situadas en el extremo distal de los brotes, aún verdes, no se desprendan. Las ramas y el tronco a menudo muestran un tono púrpura o lesiones necróticas largas y ligeramente hundidas. Todos o algunos de los síntomas de cualquiera de los dos síndromes descritos pueden observarse en un árbol infectado, aunque esto dependerá de la duración del período propicio para el desarrollo de la enfermedad. En la **Figura 1** pueden observarse algunos de estos síntomas en un árbol infectado por *V. dahliae*.

En ocasiones la sintomatología de la VO puede ser confundida con la provocada por problemas de naturaleza fisiológica (p.ej. exceso de humedad) o fitopatológica. Por ejemplo, no es difícil confundirla con los síntomas no específicos causados por infecciones del oomiceto *Phytophthora* spp. (Sánchez-Hernández *et al.*, 1998). Este patógeno causa podredumbre de raíces de olivo sin síntomas aéreos específicos asociados. *Phytophthora* puede provocar el marchitamiento generalizado de la copa del árbol e incluso matar rápidamente a plantas jóvenes (Sánchez-Hernández *et al.*, 1998). También puede causar flacidez y desecación de hojas y brotes, amarilleamiento de hojas y defoliación, síntomas prácticamente indistinguibles de los causados por *V. dahliae*. De hecho, prospecciones efectuadas por Sánchez-Hernández *et al.* (1998) en olivares andaluces al objeto de

Figura 1. Árbol afectado de verticilosis.

identificar la etiología del denominado "síndrome de la seca" del olivo revelaron que los agentes causales de dicho síndrome eran *V. dahliae* y *Phytophthora megasperma* en un 36,2% y 33,3% de los campos inspeccionados, respectivamente. Estos resultados subrayan la necesidad de recurrir al aislamiento del agente causal a partir del material vegetal afectado y/o disponer de herramientas, básicamente de índole molecular, que sean rápidas, específicas y consistentes para obtener un diagnóstico correcto.

Biología de *Verticillium dahliae*

El agente causal: taxonomía, características generales y huéspedes

Como ya se ha mencionado, el agente etiológico de la VO es el hongo de suelo *V. dahliae* Kleb. (división Ascomycota, subdivisión Pezizomycota, clase Sordariomycetes, subclase Hypocreomycetidae, orden Glomerellales, familia Plectosphaerellaceae) (www.mycobank.org). Es una especie hemibiotrófica y haploide. *Verticillium dahliae* parece reproducirse solamente mediante esporas producidas mitóticamente y estructuras latentes muy persistentes transmitidas fundamentalmente por suelo infestado o material vegetal infectado (Pegg y Brady, 2002; Barbara y Clewes, 2003; Fradin y Thomma, 2006; Klosterman *et al.*, 2009; Milgroom *et al.*, 2014). Por ello, no es sorprendente que la estructura de sus poblaciones sea altamente clonal (Collado-Romero *et al.*, 2006, 2008; Dung *et al.*, 2013). Este patógeno está caracterizado por la presencia de conidióforos y la producción de conidias hialinas y fiálidas dispuestas en conidióforos erectos llamados verticilos. Las colonias de *V. dahliae* tienen una tasa de crecimiento moderada en medios de cultivo y exhiben una amplia gama de morfologías (López-Escudero *et al.*, 2003). Las células de las hifas, fiálidas y conidias son mononucleares, pero la punta de las hifas puede tener hasta 15 núcleos. *Verticillium dahliae* se diferencia morfológicamente de otras especies fitopatógenas dentro del género *Verticillium* por la formación de sus típicas estructuras de resistencia melanizadas denominadas microesclerocios (ME) (**Figura 2**). En general, los aislados de *V. dahliae* muestran un rango de crecimiento óptimo entre 21 y 27°C.

Verticillium dahliae es una de las especies más importantes dentro del género *Verticillium*, debido a su amplia distribución y gama de huéspedes, que incluye no solo un gran número de especies leñosas y herbáceas de relevancia económica (Sinclair *et al.*, 1987; Hiemstra y Harris, 1998; Pegg y Brady, 2002; European Food Safety Authority Panel on Plant Health, 2014), sino también de malezas, con las importantes implicaciones epidemiológicas que ello conlleva (Thanassoulopoulos *et al.*, 1981; Vargas-Machuca *et al.*, 1987; Yildiz *et al.*, 2009). Este amplio rango de huéspedes y la supervivencia a largo plazo de los ME en el suelo hacen que este patógeno sea de muy difícil control. Otras causas que explican su complicado manejo son su inaccesibilidad a tratamientos químicos efectivos (p. ej. fungicidas sistémicos), ya que durante una parte de su ciclo vital se encuentra confinado en los haces vasculares de la planta, o la distribución de material de propagación aparentemente sano, pero que puede ser portador del hongo. En la actualidad no existe una medida de control individual efectiva, por lo que se recomienda el uso de variedades tolerantes y una estrategia de control integrado de la enfermedad (López-Escudero y Mercado-Blanco, 2011).

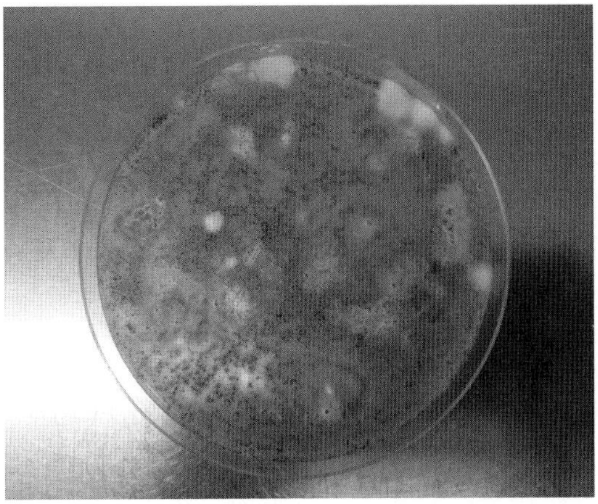

Figura 2. Placa de cultivo de *V. dahliae* con formación de microesclerocios, estructuras oscuras.

Ciclo de vida de *Verticillium dahliae*

Los ME, estructuras de resistencia presentes en el suelo durante la fase no parasítica de *V. dahliae* y producidas en tejidos muertos o moribundos de plantas infectadas, constituyen la principal fuente de inóculo infectivo del hongo en condiciones naturales (Wilhelm, 1955; Schnathorst, 1981). La fase parasítica de *V. dahliae* comienza con la germinación de los ME en el suelo, que suele estar inducida por la presencia de exudados de plantas tanto susceptibles como no susceptibles al hongo. Tras la germinación de los ME se forma una hifa infectiva que penetra por la raíz y se dirige hacia el xilema, dando lugar a micelio y esporas que son transportadas hacia la parte aérea de la planta, ayudadas por la transpiración de la misma (Pegg y Brady, 2002). La producción de conidias, al contrario que el crecimiento de las hifas, parece estar favorecida en el interior del xilema, probablemente debido a un ambiente físico-químico que proporciona bajo nivel de oxígeno y un potencial hídrico negativo (Ioannou *et al.*, 1977; Duncan y Himelick, 1988). Como en otras plantas huésped, la colonización de las raíces de olivo se realiza predominantemente a través de un mecanismo de entrada pasivo, facilitado por la presencia de (micro)lesiones en la raíz (Prieto *et al.*, 2009) producidas naturalmente (p. ej. causada por nematodos o artrópodos) o daños causados por el hombre (p. ej. prácticas culturales). La entrada a través de raíces intactas o raíces laterales emergentes, así como la presencia de un mecanismo activo de penetración, no son descartables, si bien parecen eventos menos frecuentes (Rodríguez-Jurado, 1993; Prieto *et al.*, 2009; López-Escudero y Mercado-Blanco, 2011). Una vez que el hongo está en el xilema, puede alcanzar rápidamente la parte aérea. Cuando la colonización de la planta es generalizada, los síntomas de la VO comienzan a ser evidentes. En los estadios finales de la enfermedad se forman ME en los tejidos moribundos de la planta, pudiendo éstos formarse incluso en el exterior de los haces vasculares. La posterior descomposición en el suelo de restos vegetales infectados, que facilita el aumento del número de propágulos del hongo en el suelo, cierra la fase parasítica del hongo (Navas-Cortés *et al.*, 2008). Cuando las condiciones ambientales sean adecuadas para la germinación de los ME, comenzará un nuevo ciclo infectivo (Pegg y Brady, 2002).

Morfológica y fisiológica de aislados de *Verticillium dahliae* que infectan olivo

Las colonias de *V. dahliae* procedentes de olivos infectados muestran grandes diferencias morfológicas cuando se cultivan en medios microbiológicos. También se observan diferencias a nivel microscópico en estructuras tales como conidióforos y ME (Pegg y Brady, 2002). No obstante, los criterios morfológicos no son lo suficientemente precisos como para diferenciar entre grupos que pueden mostrar, por ejemplo, diferencias en patogenicidad o virulencia, aunque cierta correlación entre morfología y tamaño de los ME y la virulencia de los aislados que los producen ha sido constatada (López-Escudero *et .al.*, 2011). Por otra parte, reseñar que aislados de *V. dahliae* que causan defoliación en algodón y olivo pueden detoxificar el alcaloide sanguinarina y tienen una temperatura óptima de crecimiento de 24-27 °C, mientras que los aislados que no inducen defoliación en estos huéspedes no son capaces de detoxificar este compuesto y su temperatura óptima oscila entre 21 y 24 °C (Bejarano-Alcázar *et al.*, 1996).

Diversidad genética y patogénica en *Verticillium dahliae*

Patotipos

El amplio rango de huéspedes y una aparente baja especificidad sugieren *a priori* que las poblaciones de *V. dahliae* presentan baja diversidad genética y patogénica. Sin embargo, la variabilidad en virulencia que muestran los aislados de *V. dahliae* que infectan olivo se evidencia por la presencia de dos patotipos. Así, la gravedad de los ataques de la VO depende de la virulencia del patotipo que infecte el árbol. Los aislados de *V. dahliae* que infectan olivo se han clasificado tradicionalmente en patotipos defoliante (D) y no defoliante (ND), según su capacidad de causar o no, respectivamente, la caída de hojas verdes (Rodríguez-Jurado *et al.,* 1993). El patotipo D es altamente virulento y provoca síntomas graves como marchitez, clorosis, defoliación, drástica reducción de peso y altura y, finalmente, muerte del árbol (López-Escudero y Blanco-López, 2001; Birem *et al.,* 2009). El patotipo ND causa síntomas más leves (defoliación de hojas verdes) o moderados (clorosis o necrosis). Del mismo modo, induce una reducción de peso y, en menor medida, de altura en condiciones ambientales favorables (López-Escudero y Blanco-López, 2001; Martos-Moreno *et al.,* 2006). El patotipo D se describió por primera vez en California en los años 60 del pasado siglo en plantas de algodón que mostraban síntomas de defoliación severa. Posteriormente se detectó en Perú, China, España, Irán, Tayikistán, Grecia, Turquía e Israel, también en algodonero. El patotipo D se detectó igualmente por primera vez infectando olivo en California. Actualmente está muy extendido por las principales regiones olivicultoras de la cuenca mediterránea (Jiménez-Díaz *et al.,* 2012; Milgroom *et al.,* 2016). En España, el patotipo D se detectó por primera vez en algodonero en la provincia de Sevilla (Blanco-López *et al.,* 1989; Bejarano-Alcázar *et al.,* 1996), pero en la actualidad se ha propagado por toda Andalucía, mostrando una clara tendencia a ser el patotipo prevalente (López-Escudero *et al.,* 2010; Jiménez Díaz *et al.,* 2012). Se han propuesto dos hipótesis para el origen del patotipo D. Bell (1992) sugirió que surgió en un único evento, propagándose por todo el mundo mediante semillas de algodón contaminadas. Sin embargo, la amplia distribución geográfica del patotipo D en algodón y en los suelos donde se cultiva el mismo es también compatible con una hipótesis multifocal (Jiménez-Díaz *et al.,* 2012). En el contexto descrito, es oportuno mencionar que la virulencia que muestra un determinado aislado de *V. dahliae* es similar en algodón y olivo (virulencia cruzada). Por tanto, un aislado del patotipo D muestra el mismo grado de virulencia en ambos huéspedes.

Razas

La variabilidad patogénica en *V. dahliae* también se sustenta en la existencia de razas. La raza 1 se define por la presencia del gen efector *Ave1*, que confiere avirulencia en los cultivares de tomate o lechuga que portan el gen de resistencia *Ve1* o su homólogo *Vr1*, respectivamente (Kawchuk *et al.*, 2001; de Jonge *et al.*, 2012). *Ve1* y sus homólogos codifican receptores que reconocen productos codificados por el gen *Ave1*, dando lugar a una respuesta de defensa contra la infección por la raza 1 (de Jonge *et al.*, 2012). Por otro lado, *Ave1* confiere mayor virulencia a los aislados de la raza 1 en plantas de tomate y *Arabidopsis* que carecen del gen *Ve1* (de Jonge *et al.*, 2012). Por el contrario, la raza 2 se define por la ausencia de *Ave1* y, por lo tanto, es potencialmente virulenta en plantas que portan *Ve1*, porque evaden el reconocimiento (de Jonge *et al.*, 2012; Short *et al.*, 2014). Los aislados de la raza 2 en tomate son genéticamente diversos, postulándose que tenían orígenes múltiples (Dobinson *et al.*, 1998). En el caso de los aislados que infectan olivo no se han descrito razas patogénicas. Sin embargo, la presencia de *Ave1* no se ha detectado en aislados del patotipo D que infectan a olivo, lo que sugiere que pudieran adscribirse a la raza 2 (Leyva-Pérez *et al.*, 2017). Los análisis de secuencias de nucleótidos sugieren que *V. dahliae* adquirió el gen *Ave1* de plantas mediante transferencia horizontal de genes (THG) (de Jonge *et al.*, 2012). En este escenario, dado que los eventos de THG de plantas a hongos se consideran raros, surge la hipótesis de que la raza 1 surgió solo una vez y es genéticamente mucho menos diversa que la raza 2. Para entender completamente la variación patogénica en *V. dahliae*, esta debe ser contextualizada dentro de la estructura altamente clonal de las poblaciones de esta especie (Jiménez-Díaz *et al.*, 2012; Jiménez-Gasco *et al.*, 2014; Milgroom *et al.*, 2014).

Grupos de compatibilidad vegetativa (VCGs)

Aunque sin excluirla totalmente, no se dispone de evidencias claras de reproducción sexual en *V. dahliae*. Por lo tanto, la estructura genética de sus poblaciones está determinada por la diversidad genotípica, influenciada a su vez por el tamaño de la población (densidad de inóculo), deriva genética, tasa de mutación, distribución y diseminación del patógeno en material vegetal infectado y/o suelo infestado, migración (flujo) de genotipos, tasa de mortalidad y tipo de reproducción asexual (McDonald y Linde, 2002). En este contexto, el mecanismo de intercambio de material genético entre e intra poblaciones de *V. dahliae* reside en la anastomosis (fusión) de hifas y posterior heterocariosis (fusión de núcleos). Antes de disponer de la actual batería de marcadores moleculares, la clonalidad de los aislados de *V. dahliae* se describió por primera vez por grupos de compatibilidad vegetativa (VCGs), que comprenden aislados que pueden formar heterocariontes estables (Katan, 2000). La incompatibilidad en ascomicetos está controlada por los *loci het* (Leslie, 1990), que funcionan a modo de sistema de reconocimiento que permite a los individuos identificarse y diferenciarse unos de otros. Solo la presencia de los mismos alelos en cada uno de estos *loci* permite la formación de un heterocarionte estable (Leach y Yoder, 1983). Los VCGs de *V. dahliae* se identifican principalmente utilizando mutantes espontáneos que no utilizan nitrato (*nit*). Dos aislados pertenecen al mismo VCG si sus mutantes *nit* se anastomosan y producen crecimiento de tipo silvestre en ensayos de complementación (Korolev y Katan, 1997). Según Katan (2000), los aislados de *V. dahliae* de diferentes VCGs eran poblaciones genéticamente aisladas que varían, potencialmente, en una serie de características ecológicas, fisiológicas y en virulencia. El estudio de los VCGs ha servido de este modo para explorar la diversidad genética en poblaciones de *V. dahliae* desde la perspectiva de origen geográfico y/o planta huésped. Hasta el año 2000 se aceptaba que existían los siguientes VCGs: VCG1 (A y B), VCG2 (A y B) y VCG4 (A y B) (Joaquim y Rowe, 1990; Strausbaugh *et al.*, 1992; Chen, 1994; Daayf *et al.*, 1995; Zhengjun *et al.*, 1998; Korolev *et al.*, 2000). La diferenciación en los subgrupos A y B se basaba en la frecuencia y el vigor de la complementación de los mutantes *nit* (Joaquim y Rowe, 1991; Strausbaugh, 1993). Se han descrito otros VCGs menos prevalentes o localizados en áreas geográficas muy concretas (VCG3, VCG5, VCG6, VCGBr o VCGBa) (Joaquim y Rowe, 1990; Strausbaugh *et al.*, 1992; Bhat y Subbarao, 1999; Jiménez-Díaz *et al.*, 2006). En cuanto a los aislados de *V. dahliae* que infectan al olivo, solo se han identificado VCG1A, VCG2 (A y B) y VCG4B (p. ej. Pérez-Artés *et al.*, 2000; Cherrab *et al.*, 2002; Collado-Romero *et al.*, 2006; Dervis *et al.*, 2010).

Diversidad genética y molecular: correlación con especificidad de huésped, virulencia y distribución geográfica

Para mejorar las estrategias de control de la VO es crucial conocer la relación existente entre patogenicidad y estructura de una determinada población de *V. dahliae* (p. ej. composición en VCGs) vinculada a un contexto geográfico y/o huésped. Sin embargo, no siempre resulta fácil establecer una asociación clara entre aislados de un VCG particular y su patogenicidad o virulencia en una planta huésped determinada (Katan, 2000). Tradicionalmente los análisis de VCGs se han empleado para estudiar la diversidad genética de *V. dahliae*, bajo la premisa de que aislados pertenecientes a un mismo VCG descendían de un ancestro común; es decir, VCG y linaje clonal pueden considerarse conceptos sinónimos. Sin embargo, los análisis de secuencias IGS ("Intergenic Spacer Sequences") y de SNPs ("Single Nucleotide Polymorphisms") indican que los VCGs pueden comprender grupos de aislados genéticamente heterogéneos, filogenéticamente distanciados (Jiménez-Gasco *et al.*, 2014). De hecho, se han descrito complementaciones débiles y formación de heterocariontes entre aislados pertenecientes a diferentes VCGs (o ciertos subgrupos), o incluso entre diferentes especies de *Verticillium* (Joaquim y Rowe, 1990; Strausbaugh *et al.*, 1992; Daayf *et al.*, 1995; Hiemstra y Rataj-Guranowska, 2003). Esto sugiere la existencia de una fuente de variación genética (parasexualidad) que supera la barrera de los VCGs dentro de *Verticillium*. La aparición de híbridos interespecíficos podría así contribuir a la diversidad y evolución de este género y ser relevante en la aparición de rasgos novedosos, como la adaptación a nuevos huéspedes y/o el aumento de la virulencia frente a determinados genotipos del huésped (Collado Romero *et al.*, 2010). Mientras que algunos trabajos apuntan a una distribución mundial prevalente de los VCG1, VCG2 y VCG4, lo que sugiere una diversidad limitada de VCGs (p. ej. Joaquim y Rowe, 1990; Korolev *et al.*, 2001), otros, a que determinados VCGs pueden prevalecer en un cultivo y en un área geográfica (p. ej. Joaquim y Rowe, 1991; Subbarao *et al.*, 1995; Katan, 2000; Hiemstra y Rataj-Guranowska, 2003). Esto último sugeriría, al contrario que la primera tesis, que distintos aislados de un mismo VCG muestran diferentes grados de virulencia en un mismo cultivo (Elena, 1999; Korolev *et al.*, 2000, 2001). Un ejemplo, entre otros, que apoya la existencia de una relación entre grupo genético del patógeno y especificidad de huésped es la asociación del patotipo D que infecta algodón (y olivo) con el VCG1A observado en zonas de Asia central, China, Israel, Perú, España, Turquía y Estados Unidos (Daayf *et al.*, 1995; Zhengjun *et al.*, 1998; Korolev *et al.*, 2001; Korolev *et al.*, 2008, Dervis *et al.*, 2008). Este, además, sería un buen ejemplo de dispersión de aislados desde un foco original de genotipos de algodón infectados.

En el caso particular de aislados de *V. dahliae* que infectan el olivo, se pueden establecer como principales conclusiones que los aislados altamente virulentos suelen corresponder al patotipo D, perteneciendo todos ellos al VCG1A, y que el resto de los aislados asignados a otros VCGs (VCG2 y VCG4) corresponden al patotipo ND (Pérez-Artés *et al.*, 2000; Collado-Romero *et al.*, 2006; Dervis *et al.*, 2010). Sin embargo, no siempre se observa una correlación entre VCGs y virulencia en los aislados procedentes de olivo (Tantaoui *et al.*, 2002). Incluso se puede hablar de una graduación en el nivel de virulencia dentro de VCG1A/

patotipo D, mostrando algunos de los aislados de este grupo cuadros sintomatológicos menos severos, mientras que algunos de patotipo ND producen sintomatologías de tipo D (Dervis *et al.*, 2010). Por tanto, los VCGs proporcionan información útil sobre la diversidad de *V. dahliae*, pero insuficiente para correlacionar de forma total la diversidad genética con nivel de virulencia o especificidad de huésped.

Las herramientas moleculares proporcionan mayor resolución que los VCGs para desentrañar la compleja estructura de las poblaciones de *V. dahliae*. En concreto, los marcadores moleculares ayudan a estimar la variabilidad en fenotipos tales como patogenicidad y virulencia en hongos que solo se reproducen de forma asexual. Para estudiar la variación dentro de *V. dahliae* se han utilizado el análisis y la comparación de las ya mencionadas secuencias IGS e ITS ("Internal Transcribed Spacer") de genes que codifican para el ARN ribosómico, así como secuencias repetidas de ADN (Morton *et al.*, 1995*a* y *b*; Subbarao *et al.*, 1995; Dobinson *et al.*, 1998; Pramateftaki *et al.*, 2000). Los aislados de *V. dahliae* que infectan olivo han sido asimismo analizados mediante RAPD ("Random Amplified Polymorphic DNA") (Cherrab *et al.*, 2000; Lachquer y Sedra, 2002; Bellahcene *et al.*, 2005; Nigro *et al.*, 2005), AFLP ("Amplified Fragment Length Polymorphism") (Collado-Romero *et al.*, 2006) y marcadores específicos de PCR (Mercado-Blanco *et al.*, 2003; Bellahcene *et al.*, 2005; Collado Romero *et al.*, 2006; Dervis *et al.*, 2010). Los perfiles RAPD se han utilizado para caracterizar aislados marroquíes procedentes de olivos en base a su origen geográfico (Cherrab, 2000). Lachquer y Sedra (2002), por su parte, no encontraron correlación entre marcadores RAPD, origen geográfico o huésped. En Argelia (Bellahcene, 2005) y en la región italiana de Apulia (Nigro *et al.*, 2005), los perfiles RAPD de aislados de *V. dahliae* procedentes de olivos mostraron una diversidad limitada. En Argelia se detectó un único VCG1B/patotipo ND, mientras que en el estudio italiano no se encontró correlación entre aislados (todos del patotipo ND igualmente), cultivares de olivo de procedencia y ubicación geográfica. Los estudios sobre variabilidad molecular de las poblaciones de *V. dahliae* que infectan a algodón y a olivo en España proporcionaron marcadores SCAR ("Sequence Characterized Amplified Region") en base a diferentes patrones de RAPD específicos para los patotipos D y ND (Pérez-Artés *et al.*, 2000), que, por otra parte, revelaron una alta diversidad molecular. Todos los aislados del patotipo D examinados, asignados al VCG1A, constituyeron un grupo genéticamente homogéneo. Sin embargo, la diversidad genética del resto de aislados evaluados (caracterizados como patotipo ND) era mucho mayor, no siendo posible asociar ningún patrón RAPD específico a los diferentes VCGs (VCGs 2A, 2B o 4B) en los que estos aislados se incluían (Pérez-Artés *et al.*,

2000). Posteriormente, se evaluó la variabilidad molecular de los VCGs de *V. dahliae* que infectan algodón, olivo (y alcachofa) de varias zonas de la cuenca mediterránea mediante AFLP, lo que ofreció mayor resolución que la aportada mediante marcadores RAPDs (Collado-Romero *et al.,* 2006). Los resultados demostraron que los aislados de *V. dahliae* dentro de un subgrupo de VCG eran similares a nivel molecular, y que los subgrupos de VCGs eran independientes de la planta huésped y el origen geográfico. Según este trabajo, los VCGs eran grupos clonales, cada uno genéticamente diferenciado y/o aislado de los otros. En cuanto a los aislados que infectan olivo, el VCG1A (que, como sabemos, incluye al patotipo D de algodón y olivo) resultó ser molecularmente similar a un grupo que se encuentra exclusivamente en alcachofa (VCG2B^{334}/2β^{334}). El análisis RAPD, como se ha indicado anteriormente, mostró una baja variabilidad molecular entre los aislados VCG1A/patotipo D (algodón y olivo) procedentes del sur de España. Sin embargo, los marcadores AFLP y PCR específicos para distinción de patotipos en una colección más amplia de aislados reveló diferencias moleculares entre aislados del VCG1A/ patotipo D de España y aislados del mismo grupo de Grecia y Turquía. Esto sugiere que podrían surgir nuevas cepas de *V. dahliae* pertenecientes al VCG1A en diferentes áreas geográficas o, también, que las mismas podrían haberse propagado desde un foco común en diferentes momentos/importaciones. La ausencia de un marcador PCR consistente para identificar inequívocamente todos los aislados D procedentes de diferentes lugares de la cuenca mediterránea y diferenciarlos de los aislados ND apoyaría cualquier de estas dos hipótesis (Collado-Romero *et al.,* 2006), ya que se han detectado diferentes patrones moleculares (dos) dentro de las poblaciones del patotipo D (Collado-Romero *et al.,* 2006; Korolev *et al.,* 2008; Dervis *et al.,* 2010).

Las herramientas moleculares también han servido para estudiar las relaciones evolutivas entre los (sub)grupos de VCGs de *V. dahliae.* El análisis de patrones AFLP y de secuencias de ADN conservadas de una amplia colección de aislados revelaron un bajo número de polimorfismos en el caso de las últimas entre aislados de diferentes VCGs (Collado-Romero *et al.,* 2008, 2010). Las genealogías de genes individuales proporcionaron muy poca resolución a nivel de VCGs. Sin embargo, las relaciones evolutivas entre VCGs de *V. dahliae* sí se resolvieron mediante análisis filogenéticos de patrones AFLP, genealogías de genes múltiples y los datos combinados de ambas, identificándose dos linajes principales. El primero incluyó a los VCGs 1A (es decir, aislados del patotipo D), 1B y 2B^{334}, y el segundo, el que comprende a los del patotipo ND, englobó a dos subgrupos estrechamente relacionados de VCGs, a saber, el VCG2A y VCG4B, por una parte, y el VCG2B^{824}, VCG4A y VCG6, por otra. Este estudio demostró que los subgrupos de VCGs de *V. dahliae* eran monofiléticos, a excepción del VCG2B, que parecía tener origen polifilético (Collado-Romero *et al.,* 2008). Diferentes trabajos han mostrado que, salvo los VCGs 1A y 1B, estrechamente relacionados, el resto de los subgrupos para un determinado VCG no están relacionados filogenéticamente, no comparten un ancestro común y son más cercanos a subgrupos de otros VCGs que a otros subgrupos de su propio VCG. Así, se considera que el VCG 2B es polifilético (Collado-Romero *et al.,* 2008; Dung *et al.,* 2013; Jiménez-Gasco *et al.,* 2014), barajándose dos hipótesis para su origen: mutación de los *loci het* o *vic,* o intercambio de material genético mediante un proceso parasexual. Basándose en secuencias IGS y SNP, se ha sugerido la existencia de tres linajes clonales principales que comprenden a los aislados de los VCGs 1A y 1B, los de VCGs 2A y 4B y, por último, los de VCG 4A, además de la existencia de otros VCGs o subgrupos de VCGs más infrecuentes y que parecen ser genéticamente diferentes: VCG 2B (2B-I, 2B-II, y 2B-III), VCG 3 y VCG 6 (Jiménez-Gasco *et al.,* 2014). Esto es consistente con la posible existencia de eventos de recombinación (quizás raros o pasados) que determinan la estructura de las poblaciones de *V. dahliae*, donde cabe la hipótesis de una exitosa expansión clonal de ciertos individuos, posiblemente asociada con la agricultura. Por su parte, Milgroom *et al.* (2014), mediante el análisis de 26.000 SNPs, han confirmado que las poblaciones de *V. dahliae* estudiadas tienen una estructura altamente clonal, identificándose nueve linajes clonales (1A, 1B, 2A, $2B^{R1}$, $2B^{334}$, $2B^{824}$, 4A, 4B y 6), sugiriéndose que los linajes existentes han podido surgir a partir de eventos de recombinación desde antepasados con reproducción sexual. Estos resultados corroboraban los obtenidos anteriormente mediante análisis de IGS, SNP y microsatélites (Dung *et al.*, 2013; Jiménez-Díaz *et al.,* 2014).

La estructura clonal de las poblaciones de *V. dahliae* es probablemente una consecuencia de selección y adaptación de aquellas a la historia agronómica de los cultivos con los que interaccionan (Douhan y Johnson, 2001; Jiménez-Díaz *et al.,* 2006; Korolev *et al.,* 2008; Milgroom *et al.,* 2016). Así, si la raza 1 (ver más arriba) surgió una vez, es de esperar que los aislados de dicha raza aparezcan en un linaje clonal único, situación que encontramos en el patotipo D (Milgroom *et al.,* 2014, 2016; Jiménez-Díaz *et al.*, 2017). Aunque la correlación de linajes clonales y variación patogénica es muy clara para este patotipo, la información disponible sobre las relaciones de las razas 1 y 2 con los linajes clonales es limitada, y a veces contradictoria (consultar, p. ej., Maruthachalam *et al.,* 2010; Ligoxigakis y Markakis, 2012; Hu *et al.,* 2015). La idea de una fuerte estructura clonal en las poblaciones de *V. dahliae*, independiente del huésped y la región geográfica, se ha visto aún más reforzada de forma reciente (Jiménez *et al.*, 2017), corroborándose en este estudio que todos los aislados encuadrados en el linaje 1A pertenecen al patotipo D.

Todos estos estudios han proporcionado conocimientos fundamentales sobre la estructura de las poblaciones de *V. dahliae* que infectan olivo. Por otra parte, estos trabajos ofrecen una valiosa perspectiva práctica: la disponibilidad de herramientas moleculares para la detección, tanto *in planta* como en suelo, del patógeno. De hecho, a partir de la variedad de marcadores moleculares identificados, puede hacerse una selección adecuada de aquellos claramente asociados con grupos específicos o ligados a un rasgo fenotípico particular, por ejemplo, el patotipo. Así, se han identificado secuencias de ADN a partir de las que se han diseñado cebadores específicos de VCG o de patotipo, y desarrollado diversos protocolos basados en la PCR para la detección y diagnóstico específico de *V. dahliae* y sus variantes patogénicas (p. ej. Pérez-Artés *et al.,* 2000; Mercado-Blanco *et al.,* 2003; Collado-Romero *et al.,* 2006, 2009).

Interaccicón planta-patógeno durante la infección

En las infecciones de plantas susceptibles a la enfermedad, como se ha comentado anteriormente, existen dos fases principales en el ciclo de vida del hongo; la fase parasítica y la fase no parasítica. La primera de ellas es la que ocurre desde que el hongo germina desde sus estructuras de resistencia (ME) hasta que los síntomas de infección en la planta son eminentes, generándose de nuevo dichas estructuras, cerrando el ciclo y entrando de nuevo en la fase no parasítica. Esta fase parasítica se puede dividir a su vez en tres fases distintas: (i) infección de la raíz, (ii) colonización del sistema vascular y (iii) desarrollo de los síntomas (Prieto *et al.*, 2009). Es en esta fase en la que se juegan los factores que van a dar lugar a la interacción planta-patógeno durante la infección. Durante la infección por parte de *V. dahliae* D de la variedad de olivo susceptible Arbequina, se ha observado que la mitad de las conidias sobre la superficie de la raíz están germinadas, llegando a ser casi el total al tercer día (Prieto *et al.*, 2009). Es en este día tres tras la inoculación cuando se observan ya diferencias en las zonas colonizadas, siendo mayor la colonización en las zonas de diferenciación y elongación que en la zona meristemática de la raíz, observándose una complicada red de hifas cubriendo la superficie. La biomasa del hongo se incrementa a lo largo de los días y se empiezan a localizar estructuras no parasíticas a partir del día seis. En ausencia de heridas en la raíz, las hifas y MS se localizan sobre la superficie y ocasionalmente hay colonización de las células de la epidermis al séptimo día. No se observa la penetración de las hifas del hongo en los espacios intercelulares entre células de la epidermis o directamente a través de ellas. Por el contrario, *V. dahliae* aprovecha macro- o microlesiones como sitios de penetración preferentes en las raíces de olivo. Tras la penetración en la raíz, ocurre una proliferación masiva de las hifas del patógeno dentro del córtex de plantas tras nueve días de la inoculación, tanto intra- como extracelularmente, observándose también colonización del xilema longitudinal y transversalmente. Este hecho, que ocurre entre los seis y nueve días tras la inoculación, coincide con el aumento de ADN total detectado por Mercado-Blanco *et al.*, 2003, a los siete días tras la inoculación, medido mediante PCR a tiempo real (RT-PCR) en raíces de distintas variedades de olivo (Acebuche, Arbequina y Picual).

Entender los mecanismos desencadenados en la planta huésped por la presencia del patógeno es el instrumento necesario para diseñar nuevas estrategias de control de la enfermedad. Aunque el conocimiento existente hasta la fecha de la interacción planta-patógeno ha sido mejorado por estudios histológicos, histoquímicos, microscópicos, moleculares y "-ómicos", la información sobre las bases genéticas de defensa de las plantas frente a hongos vasculares (Yadeta y Thomma, 2013) o radicales (Okubara y Paulitz, 2005; Larroque *et al.*, 2013) es todavía escasa.

Los mecanismos de defensa desplegados por las plantas van desde la generación de barreras estructurales, p. ej. tilosas (Dixon y Pegg, 1969), activación de respuestas metabólicas, p. ej. biosíntesis de fitoalexinas (Hammerschmidt, 1999), y/o el desencadenamiento de cascadas genéticas relacionadas con la defensa de la planta, mediadas por distintas moléculas señalizadoras, p. ej. salicilato, jasmonato, etc. (Derksen *et al.*, 2013b). En el caso de ataques por parte de *V. dahliae*, las respuestas que se conocen por parte de las plantas pueden ser estructurales, p. ej. formación de tilosas en el xilema y/o bioquímicas, p. ej. acumulación de compuestos fenólicos (Báidez *et al.*, 2007, Markakis *et al.*, 2010). Además, estas respuestas pueden ser constitutivas (Mueller y Morgham, 1993) o inducidas en respuesta a la infección por el patógeno (Daayf *et al.*, 1997; Markakis *et al.*, 2010).

En la variedad frantoio tolerante a la infección se ha observado, mediante el uso de genotecas sustractivas, la inducción temprana de genes relacionados con la respuesta a estrés biótico y abiótico (p. ej. *CO-MT.*, *Hva22*) y represión (p. ej. *defensin raffinose synthase*) (Gómez-Lama Cabanás *et al.*, 2015). Además de factores de transcripción relacionados también con estreses de este tipo, como *GRAS1* y genes *WRKY* (p. ej. *WRKY44*, *WRKY33* y *WRKY20*), que están sistemáticamente sobreexpresados, y otros que se encuentran en ambas genotecas; como diferentes factores de elongación (p. ej. EF-1α) y genes codificantes para β-amilasas.

Durante la última década, el desarrollo de las tecnologías de secuenciación de nueva generación o "next-generation sequencing" (NGS), junto con las de secuenciación genómica y los avances en proteómica, ha generado un gran número de investigaciones dentro de lo que se puede denominar estudios "-ómicos". Estos métodos ofrecen un amplio abanico de oportunidades para incrementar y mejorar nuestro conocimiento del funcionamiento y de la dinámica de los sistemas biológicos, desde el nivel celular hasta los ecosistemas. Particularmente, los estudios transcriptómicos son los que se han visto más impulsados por esta nueva tecnología (Jiménez-Ruiz *et al.,* 2017). Hoy en día, el ARN-seq o secuenciación del ADNc, generado a partir de una población de ARN mediante NGS, es una de las herramientas más utilizadas. De hecho, ha remplazado a otros métodos anteriores que también trabajaban a gran escala, como los *microarrays* y los análisis seriales de expresión génica. Esta aproximación puede mostrar todo el repertorio de secuencias que se están expresando en un tejido particular en un espacio temporal concreto, incluyendo transcritos de bajo nivel de expresión, gracias a su profundidad de secuenciación (Strickler *et al.,* 2012), ofreciendo una casi completa imagen de los eventos transcriptómicos en una muestra biológica. Además, no es necesario un conocimiento previo de la secuencia a nivel genómico, ya que estos datos pueden ser usados para crear un ensamblaje *de novo* sobre el que alinear los fragmentos de transcritos secuenciados, junto con el potencial de detectar extremos de los exones e incluso *splicing* alternativo en el mismo experimento (Martin *et al.,* 2013). Los datos pueden usarse para caracterizar genes (Alves-Carvalho *et al.,* 2015), mejorar la anotación de un genoma (Warren *et al.,* 2015), identificar y caracterizar nuevos ARN no codificantes (Wang *et al.,* 2009), descubrir información de nuevos transcritos (Hübner *et al.,* 2015), evaluar la expresión génica (Mata-Pérez *et al.*, 2015), comprobar polimorfismos de un solo nucleótido (SNPs) (Shearman *et al.*, 2015) y/o el splicing alternativo y variaciones estructurales. Esta técnica es, además, extremadamente práctica en especies no modélicas, para las cuales no existen datos genómicos o los recursos son escasos o limitados, ya que se centra en la región codificante de la secuencia en lugar de en el genoma al completo.

Varios estudios genómicos y transcriptómicos se han llevado a cabo en olivo con diversos objetivos: identificar pequeños ARN (Donaire *et al.*, 2011, Yanik *et al.*, 2013), descubrimiento de SNPs (Kaya *et al.*, 2013), para el estudio de la transición juvenil a adulto (García-López *et al.*, 2014), analizar la respuesta sistémica de defensa frente a VO de la variedad tolerante frantoio (Gómez-Lama Cabanás *et al.*, 2015) y estudiar dicha respuesta en la variedad susceptible picual (Jiménez-Ruiz *et al.*, 2017). Incluso usar la tecnología del ARN-seq para ensamblar un transcriptoma de diferentes tejidos con datos provenientes de diferentes plataformas de secuenciación (454 y Sanger) (Muñoz-Mérida *et al.*, 2013), para la construcción de una base de datos con información de la parte reproductora de la planta (Carmona *et al.*, 2015) y para estudiar la aclimatación al frío de las hojas (Leyva-Pérez *et al.*, 2014).

Los cambios en la expresión génica que genera la infección por *V. dahliae* se han estudiado en un amplio rango de plantas (Gayoso *et al.*, 2010; Derksen *et al.*, 2013a; Zhang *et al.*, 2013; Daayf 2015). El ARN-seq está siendo utilizado extensamente en este tipo de estudios, analizando, por ejemplo, la expresión en los ME (Duressa *et al.*, 2013; Hu *et al.*, 2014; Xiong *et al.*, 2014), y para estudiar la interacción huésped-patógeno en algodón (Xu *et al.*, 2011; Sun *et al.*, 2013; Zhang *et al.*, 2013; Chen *et al.*, 2015), en tabaco (Faino *et al.*, 2012), tomate (Tan *et al.*, 2015) y berenjena silvestre (Zhou *et al.*, 2016), entre otros. Sin embargo, se conoce muy poco sobre los cambios en la expresión de genes durante la interacción que ocurren en plantas leñosas como es el olivo, en el que la enfermedad es, si cabe, más problemática, ya que son plantas perennes que no se pueden cultivar anualmente para lograr un control efectivo de la enfermedad.

Recientemente se han generado dos transcriptomas ensamblados *de novo* durante el proceso de infección entre *V. dahliae* y *O. europaea* de la variedad susceptible picual, uno específico del hongo (Vedah) y otro de la planta (Oleup) (Jiménez-Ruiz *et al.*, 2017). El análisis transcriptómico de ambos transcriptomas a diferentes tiempos de infección ha permitido establecer seis grupos de genes asociados según sus patrones de expresión, que resumen en cierto modo la mayor parte de los procesos biológicos que se ponen en juego en la interacción planta-patógeno. De forma general, estudiando los genes de olivo más específicos obtenidos por un análisis de enriquecimiento de términos GO, existe una alta predominancia de genes relacionados con proteolisis, plegamiento proteico y con biosíntesis (Jiménez-Ruiz *et al.*, 2017). Este hecho parece indicar un cambio brusco en la abundancia proteica, al igual que se ha visto en otras plantas, como es el caso del algodón bajo la infección de *V. dahliae* (Xie *et al.*, 2014). Los cambios en el contenido proteico aparecen antes que ningún daño observable en la planta, por lo que parecen ser consecuencia de la respuesta de la planta a la infección. Por ejemplo, aparece una fuerte sobreexpresión de una quitinasa de clase I (PR4) que podría ser una barrera de defensa frente al hongo; las quitinasas y glucanasas son proteinas conocidas por su relación con patogénesis y su fuerte inducción y bajo la respuesta a infección por hongos (Mathivanan *et al.*, 1998; Metzger y Meins 2000; Hamid *et al.*, 2013). Entre los genes diferencialmente expresados que forman los diferentes grupos en Vedah se encuentran genes efectores, cuatro de ellos que codifican llamativamente para proteínas de unión a quitinas, posiblemente inducidos para inactivar la quitinasa de olivo

(Jiménez-Ruiz *et al.*, 2017). También se encuentran dos genes del tipo *Ace1*, que median indirectamente en la avirulencia a través de metabolitos secundarios (Jiménez-Ruiz *et al.*, 2017; Stergiopoulos y de Wit 2009). Sin embargo, no se identifican genes potenciales de virulencia en el patógeno ni muchos de los definidos como genes de resistencia en plantas, lo que podría explicarse por que la interacción planta-patógeno entre *V. dahliae* y picual sea una interacción compatible, ya que la respuesta a la infección por parte de la planta es insuficiente. Por ejemplo, un factor de virulencia del hongo, el gen *mcmI* (Xiong *et al.*, 2016), se expresa a muy bajo nivel siete días tras la infección, y la mayoría de genes descritos en plantas para la resistencia a *V. dahliae* no se expresan de forma notoria en esta variedad susceptible (Jiménez-Ruiz *et al.*, 2017). Es destacable que varios de los genes diferencialmente expresados en picual codifican para proteínas directamente implicadas en el metabolismo de protección de las especies de oxígeno reactivo (ROS), una superóxido dismutasa Cu/Zn, tres glutation-peroxidasas y una glutation S-transferasa (Jiménez-Ruiz *et al.*, 2017). Dicha respuesta también se localiza en el patógeno, se identifican una superóxido dismutasa Mn, una glutation S-transferasa, una catalasa y una glutation reductasa altamente expresadas (Jiménez-Ruiz *et al.*, 2017). Cabe destacar que la respuesta en *V. dahliae* se detecta antes (dos días tras la inoculación) que en picual (siete días después). Así, una vez el patógeno se introduce en la raíz, una rápida y potente respuesta ROS se induce en las hifas, mientras que dicha movilización en la planta necesita de más tiempo para desarrollarse, lo que podría alterar significativamente la expresión génica y abundancia proteica. La infección por parte del hongo llevó a la muerte de todas las plantas usadas en este ensayo días después de finalizar la toma de muestras (Jiménez-Ruiz *et al.*, 2017).

Algunos de los genes descritos por Jiménez-Ruiz *et al.*, 2017, coinciden con aquellos descritos por Gómez-Lama Cabanás *et al.* (2015) en la variedad tolerante frantoio en respuesta también a la infección por *V. dahliae*, como son la inducción de algunas β-glucosidasas, subunidades del citocromo P450, proteinas del tipo taumatina, lipooxigenas, alcohol deshidrogenasas y metiltransferasas, que parecen ser parte de una respuesta sistémica a la infección.

Tolerancia/susceptibilidad a la infección

Como se ha comentado anteriormente, la expansión del cultivo del olivo a nivel mundial está generando un cambio en la industria tradicional de la propagación de estas plantas, llevándola a un plano mucho más amplio, que hace necesaria la certificación de variedades y plantas libres de patógenos, sobre todo desde la expansión de la verticilosis en los setenta y más recientemente el brote de *Xylella fastidiosa* en Plugia (Italia). Entender los mecanismos que confieren tolerancia al olivo frente a la infección por *V. dahliae* proporciona información valiosa para la mejora vegetal de variedades tolerantes a VO, para desarrollar nuevas herramientas de diagnóstico y para mejorar las estrategias de control integrado de la enfermedad (Gómez-Lama Cabanás *et al.*, 2015).

Se ha intentado evaluar la resistencia o susceptibilidad del olivo a la verticilosis de diferentes formas (Markakis *et al.*, 2009), como controlar la infección con portainjertos resistentes (Bubici y Cirulli 2012) y estudiar la resistencia bajo condiciones de cultivo de invernadero (Trapero *et al.*, 2013; García-Ruiz *et al.*, 2014). Recientemente, la resistencia del huésped se ha estudiado en un gran número de genotipos de olivo (Arias-Calderón *et al.*, 2015a, Arias-Calderón *et al.*, 2015b, Trapero *et al.*, 2015). Del mismo modo, se han estudiado otros aspectos de la infección como son la respuesta a la inoculación por punción en el tallo (López-Escudero *et al.*, 2007), el proceso de colonización (Prieto *et al.*, 2009), la recuperación natural que sufren algunas plantas tras la infección como estrategia de control de la enfermedad (Bubici y Cirulli 2014), el efecto de la temperatura del suelo en la respuesta a VO (Calderón *et al.*, 2014), respuestas de tipo sistémico que pudiesen estar relacionadas con la respuesta a la enfermedad (Gómez-Lama Cabanás *et al.*, 2015) y la estructura genética de enzimas que son capaces de degradar la pared celular como factores de patogenicidad (Gharbi *et al.*, 2015a, Gharbi *et al.*, 2015b).

Sin embargo, la propagación constante de la VO y el aumento de la prevalencia del patotipo D, altamente virulento, en algunas áreas geográficas ha acrecentado la amenaza que supone *V. dahliae* para los campos de olivo que son susceptibles a la enfermedad (López-Escudero *et al.*, 2011). Aunque algunas variedades de olivo se definen como resistentes o tolerantes, la mayor parte de las variedades de olivo cultivado en la actualidad son susceptibles a la enfermedad (Sesli *et al.*, 2010; Erten y Yıldız 2011; Trapero *et al.*, 2013; García-Ruiz *et al.*, 2015). Es más, las variedades susceptibles y extremadamente susceptibles son las más importantes vistas desde un punto de vista económico e histórico en sus áreas de cultivo concretas: hojiblanca y picual en España, konservolia y kalamon en Grecia y la mundialmente cultivada manzanillo (López-Escudero y Mercado-Blanco 2011). En consecuencia, la enfermedad es muy difícil de controlar y se aconseja la implementación de una estrategia integrada para su manejo. Dicha estrategia debe combinar diferentes tipos de medidas, como serían el uso de variedades tolerantes, material de propagación de dichas variedades libre de patógenos, unas prácticas apropiadas de cultivo y/o la aplicación de agentes de control biológico (López-Escudero y Mercado-Blanco 2011). Obviamente, el uso de variedades resistentes/tolerantes a la VO es la aproximación más eficiente y medio-ambientalmente acertada a la hora de controlar la enfermedad (Tsror 2011; Arias-Calderón *et al.*, 2015a). Hasta la fecha no se han descrito variedades de olivo completamente resistentes a la VO, aunque algunos estudios se han realizado en este sentido para buscar recursos genéticos de resistencia a *V. dahliae* (López-Escudero y Mercado-Blanco 2011). Se usa el término tolerancia (Robb 2007) para referirse a estas variedades que son capaces de enfrentarse a la infección por parte de *V. dahliae* sin desarrollar sintomatología severa de la enfermedad (como, por ejemplo, frantoio o changlot real), al contrario de las variedades susceptibles (picual). Frantoio se considera hasta el momento la variedad más tolerante a esta nociva enfermedad, además se ha visto que un alto número de plantas procedentes de semilla de esta variedad son también tolerantes aun cuando se cruzaban con una variedad susceptible como picual (Trapero *et al.*, 2015). Sin embargo, no todos los progenitores tolerantes confieren tolerancia a su descendencia: changlot real y empeltre, que se consideran muy tolerantes (López-Escudero *et al.*, 2004; Martos-Moreno *et al.*, 2006; Trapero *et al.*, 2013), en su mayoría dan lugar a descendientes susceptibles (Trapero *et al.*, 2015).

En la variedad frantoio, se propone que la tolerancia esté mediada por mecanismos bioquímicos activados en los tejidos radiculares (Gómez-Lama Cabanás *et al.*, 2015) más que por características estructurales de la planta como podrían ser tapones vasculares (Bubici y Cirulli 2012). Estos mecanismos bioquímicos son menos notorios en variedades susceptibles que en variedades tolerantes (Báidez *et al.*, 2007; Markakis *et al.*, 2010; Bubici y Cirulli 2012; Gómez-Lama Cabanás *et al.*, 2015; Leyva-Pérez *et al.*, 2017). Cabe destacar que Daayf *et al.* (1997) observaron respuestas similares (acumulación de revestimientos y pared celular y depósitos de compuestos fenólicos) en algodón (*Gossypium hirsutum* L.) infectado por *V. dahliae*, siendo también estas reacciones más pronunciadas en variedades tolerantes que en susceptibles.

La genómica funcional es un área prometedora en este sentido, ya que permite al estudio del estrés biótico el aumento del conocimiento actual necesario en relación a la tolerancia del olivo y a disminuir la dependencia de los plaguicidas (Corrado *et al.*, 2016). Un gran número de estudios han descrito recientemente a gran escala la participación de genes en respuesta a diferentes estreses (a)bióticos, identificado algunos de ellos y describiendo una compleja red de vías de señalización implicadas en la resistencia del olivo (Corrado *et al.*, 2012; Gómez-Lama Cabanás *et al.*, 2014; Leyva-Pérez *et al.*, 2014; Alagna *et al.*, 2016). La mayoría de los estudios de estrés biótico se llevan a cabo enfocados en el transcriptoma, ya que la mayor parte de las proteínas implicadas en la resistencia son productos génicos directos. Aunque no todos los genes inducidos o reprimidos en respuesta a estrés tienen necesariamente un efecto directo, estos estudios destacan las principales vías metabólicas activadas y permiten la identificación de una gran cantidad de genes sobre los cuales investigar más a fondo. Si bien la proteómica y metabolómica serían los estudios que de forma complementaria identificarían proteínas y metabolitos secundarios relacionados con esta respuesta, hasta ahora no se están desarrollando en este campo del conocimiento (Corrado *et al.*, 2016).

Analizando la variedad tolerante frantoio en la infección por *V. dahliae* se describen amplios cambios transcriptómicos que ocurren en los órganos aéreos, mientras que la interacción con el hongo tiene lugar en la ráiz (Gómez-Lama Cabanás *et al.*, 2015). Cabe destacar que la mayor parte de estos genes sistemáticamente expresados o reprimidos están relacionados con respuesta a distintos tipos de estrés (p. ej. catalasa, proteínas de unión de calmodulina, rap1-12-like; un factor de transcripción que responde a etileno, una liasa de cianohidrina de acetona, taumatina, entre las inducidas, y una defensina, una 6-fosfogluconolactosa cloroplastídica o una fosfatasa, entre las reprimidas). Se han realizado estudios de expresión de los genes *ACO* (aminociclopropanocarboxilato oxidasa *o* ACC oxidasa), *PR10* (proteína relacionada con patogénesis), *DEF* (proteína defensina de plantas), los factores de transcripción *GRAS1* y *DRR2* (proteínas de respuesta a resistencia de enfermedad), *CO-MT* (cafeoil-O-metiltransferasa), y *ACL* (liasa de cianohidrina de acetona) (Gómez-Lama Cabanás *et al.*, 2015). El análsis de *GRAS1* y *CO-MT* indica que la ruta de los fenilpropanoides y este factor de transcripcicón son sistemáticamente inducidos cuando *V. dahliae* coloniza la raíz. El análisis comparado en variedades tolerantes y una susceptible de *GRAS1*, *DRR2*, *ACL* y *ACO* mostró similitudes en los patrones de expresión dependiendo del nivel de susceptibilidad/tolerancia de las variedades analizadas. *GRAS1* aumenta ligeramente su expresión en las variedades tolerantes, mientras que tiende a ser reprimido en la susceptible; mientras que *DRR2* parece estar sobreexpresado en la susceptible y reprimido en las tolerantes, por lo que podrían usarse como marcadores de tolerancia/susceptibilidad.

Recientemente se ha analizado el proceso de infección mediante RNAseq de forma comparada entre la variedad tolerante frantoio y la susceptible picual (Leyva-Pérez *et al.*, 2017). Se han observado marcadas diferencias entre los transcriptomas basales de ambas variedades, unido a unas diferencias muy apreciables en la arquitectura del sistema radicular, aún siendo plantas de la misma edad y habiendo sido propagadas de la misma forma. Picual presenta mucha más masa radicular y mucho mayor número de raíces secundarias que frantoio, que parece estructurarse alrededor de una raíz central (**Figura 3**). Aunque se han realizado varios estudios comparando la expresión génica global entre plantas susceptibles y tolerantes bajo la infección de patógenos de plantas (Goyer *et al.*, 2015; Kwenda *et al.*, 2016; Matic *et al.*, 2016), incluyendo olivo (Giampetruzzi *et al.*, 2016), la realidad es que se obvian los análisis comparativos de la expresión génica basal, es decir, de los diferentes niveles de expresión entre las variedades huésped antes de producirse la infección. Esta información puede ser mucho más importante de lo que parece, ya que la expresión diferencial constitutiva puede contribuir a explicar la tolerancia/susceptibilidad a un determinado patógeno, precondicionando de este modo a la planta frente a la infección (Postnikova *et al.*, 2015). Si bien no siempre es de esperar que ocurra de este modo, Giampetruzzi *et al.* (2016) no encontraron diferencias en el transcriptoma basal del xilema entre dos variedades de olivo (Leccino y Oglariola salentina, tolerante y susceptible, respectivamente) en la infección con *X. fastidiosa* subs. *pauca*.

Como se ha comentado, y siendo las raíces el primer punto de contacto en el sistema planta-patógeno que conforman olivo y *V. dahliae*, es plausible pensar que diferencias en la arquitectura de la raíz, entre otros motivos, puede condicionar el desarrollo de la colonización del sistema radicular por parte de las hifas del hongo (Leyva-Pérez *et al.*, 2017). Mientras que el control genético y hormonal de la arquitectura y anatomía de la raíz se han estudiando en algunas

Figura 3. Raíces de frantoio y picual.

especies bajo diferencias nutricionales, mediambientales y bajo condiciones de estrés (Jung y McCouch 2013; Wachsman *et al.*, 2015), no existe esta información referente a las raíces de olivo en relación a tolerancia/susceptibilidad frente a la infección por *V. dahliae.* Cabe destacar que plantas de la variedad koroneiki muestran una arquitectura radicular con pocas ramificaciones (Chatzistathis *et al.*, 2013), similares a las que observan en frantoio, estando koroneiki calificado como tolerante frente a VO (Markakis *et al.*, 2010).

Desde otro punto de vista, se ha descrito un mayor contenido en lignina en las raíces de la variedad resistente a VO Sayali en contraste a los encontrados en la susceptible Chemlali (Gharbi *et al.*, 2017). En relación a esta diferencia, Leyva-Pérez *et al.* (2017) han identificado un gen del tipo 'dirigent' que está involucrado en la lignificación y que muestra una sobrerregulación en frantoio. La sobreexpresión del gen *DIRIGENT1* en algodón lleva a un mayor proceso de lignificación y obstaculiza la invasión por parte de *V. dahliae* (Shi *et al.*, 2012). Del mismo modo un gen descrito por Jiménez-Ruiz *et al.* (2015) como específico de la raíz de olivo y que codifica para una MLP, una proteína principal del látex involucrada en los mecanismos de defensa a patógenos, se encuentra reprimida en picual pero no en frantoio cuando son infectados por *V. dahliae.*

El análisis transcriptómico mediante RNAseq de frantoio/picual frente a la infección muestra que las respuestas a la infección por parte de *V. dahliae* D son bastante divergentes y parecen depender del grado de tolerancia mostrado por la variedad estudiada (Leyva-Pérez *et al.*, 2017). Globalmente, en la interacción *V. dahliae*-picual los genes diferencialmente sobreexpresados son predominantes, mientras que en *V. dahliae*-frantoio el número de genes sobreexpresados y reprimidos está muy equilibrado. Además, solo un 0.9% de los genes sobreexpresados diferencialmente coinciden en las dos variedades, y su análisis manifiesta que no están directamente relacionados con respuestas de defensa, la respuesta transcriptómica a la infección en las raíces es claramente distinta entre ambas variedades (Leyva-Pérez *et al.*, 2017).

Mientras que la resistencia genética frente a *V. dahliae* se ha descrito para numerosas herbáceas (p. ej. Lynch *et al.*, 1997; Bae *et al.*, 2008), es ausente o muy poco conocida para la mayor parte de cultivos, sobre todo en leñosas (Fradin y Thomma 2006; Keykhasaber *et al.*, 2017). El único locus funcionalmente caracterizado en la resistencia a la verticilosis es el locus *Ve* en tomate (*Solanum lycopersicum* L.) (Fradin *et al.*, 2009), estando los homólogos de *Ve1* ampliamente distribuidos en plantas (Song *et al.*, 2017). En el olivo se han descrito cuatro unigenes homólogos de *Ve1*, pero sin diferencias en los patrones de expresión relacionados con la susceptibilidad a VO entre ambas variedades de olivo analizadas, además de no detectar la presencia de *Ave1* en el aislado utilizado de *V. dahliae* patotipo D, por lo que no parecen contribuir a la tolerancia mostrada por frantoio (Leyva-Pérez *et al.*, 2017). Por otra parte, este hecho parece corroborarse al analizar la expresión de los genes que requiere el tomate en la resistencia mediada por *Ve1* (*EDS1*, *NDR1*, *BAK1*,*MEK2* y *SOBIR1*), ya que no se observan diferencias concretas en sus patrones de expresión, tan solo varios homólogos de los genes *BAK1* y *NDR1* muestran una regulación negativa en picual, apoyando la poca capacidad de esta variedad de enfrentarse al ataque del hongo (Li *et al.*, 2002; Nam y Li 2002; Nürnberger *et al.*, 2004).

Respecto al metabolismo ROS descrito en picual durante la VO (Jiménez-Ruiz *et al.*, 2017), también existen diferencias entre variedades (Leyva-Pérez *et al.*, 2017). Seis genes con una marcada respuesta a estrés ROS durante la infección en picual no se expresan en frantoio en ningún momento durante la infección por *V. dahliae*; por el contrario, ocho que están ligeramente sobre-expresados en frantoio no lo están en picual y solo seis muestran inducción en ambas variedades, siendo siempre más alta su expresión en la variedad susceptible picual. Aunque estos resultados requieran de estudios posteriores más detallados, sería interesante conocer también si la respuesta ROS descrita en *V. dahliae* durante la infección en picual (Jiménez-Ruiz *et al.*, 2017) depende también del nivel de tolerancia de la variedad de olivo infectada.

La susceptibilidad/tolerancia a la infección por el devastador hongo *V. dahliae* parece no estar relacionada con un solo o algunos productos génicos, si no que parece ser consecuencia de un proceso complejo y multifacético en el que intervienen no pocas características de cada variedad en cuestión antes, durante y después de la colonización de la raíz por parte del hongo. La disponibilidad de herramientas, como por ejemplo el transcriptoma 'PicFra' (Leyva-Pérez *et al.*, 2017), ayudará a mejorar el conocimiento y la compresión de la tolerancia del olivo a este patógeno vascular.

Métodos diagnósticos

Como principales medidas para el control de la enfermedad y evitar su dispersión cabe destacar la conveniencia de usar material de propagación sano y el establecimiento de plantaciones en suelos libres de patógeno. El uso de material no infectado requiere de técnicas que permitan la detección temprana de plantas infectadas. En este punto vamos a ver de una forma general los métodos de aislamiento y diagnóstico basados en cultivo y en la reacción en cadena de la polimerasa (PCR).

Basados en cultivos celulares

El diagnóstico general de hongos de infección vascular en huéspedes leñosos por aislamiento en medio de cultivo depende de la época del año (Montes *et al.*, 1997). El aislamiento de *V. dahliae* en medio de cultivo está muy asociado a la presencia de síntomas, siendo la primavera y principios de verano, con la presencia de síntomas frescos o recientes, la mejor época para el aislamiento y diagnóstico (Morera *et al.*, 2005). De este modo, la existencia de síntomas visibles limita el aislamiento a ciertos meses a lo largo del año e impide la posibilidad de aislar el patógeno en árboles con una infección temprana y/o asintomática de forma efectiva. La principal limitación de este método es la facilidad de obtener falsos negativos, por lo que no debería ser el método de elección para el diagnóstico de la infección.

Según describe Morera *et al.* (2005) el aislamiento del hongo se lleva a cabo cortando secciones circulares del tallo, sembradas después en PDA (patata-dextrosa-agar), previamente lavadas y desinfectadas con hipoclorito de sodio al 2% durente un minuto y secadas en una cabina de flujo laminar. Se incuban a 23 ºC en oscuridad y se observan al microscopio óptico a partir del cuarto día. A partir de estos aislamientos se preparan cultivos monospóricos que se usan en ensayos posteriores. Los aislamientos se pueden conservar a la temperatura descrita, y para periodos más largos se conservan los ME en talco (Nwanza 2002) y los cultivos en PDA a -20 ºC.

Basados en la PCR

Existen varias técnicas moleculares para el diagnóstico y la caracterización de hongos; particularmente en el caso del género *Verticillium* se utiliza la PCR para diferenciar las distintas especies que lo componen. Algunas de ellas se basan en el ADN mitocondrial, que, aunque se encuentra muy conservado en algunas regiones, proporciona el mejor criterio para la caracterización génica de sus especies (Typas 2000). Li *et al.* (1994) describieron un método de 'nested-PCR' o PCR anidada sobre ADN mitocondrial, mientras que otros investigadores han utilizado como base de la PCR el ARN ribosómico del hongo (Volossiouk *et al.*, 1995). Del mismo modo, también se puede distinguir entre los distintos patotipos de *V. dahliae*, D y ND, a partir de una "duplex-nested-PCR" (Mercado-Blanco *et al.*, 2001; 2002 y 2003a).

El primer paso es la obtención del ADN de la planta a diagnosticar, a partir de una pequeña muestra de tejido vegetal (40-100 mg), dependiendo del método que se realice, para llevar a cabo la PCR anidada, 'nested-PCR' o doble reacción en cadena de la polimerasa. Después se realiza una primera reacción de PCR usando la pareja de cebadores externos (NMS1/NMS2 en Li *et al.*, 1994 y D1/D2 en Mercado-Blanco *et al.*, 2002) y a partir de un pequeño volumen de esta primera reacción (2.5-3 µl) se lleva a cabo una segunda amplificación con parejas de cebadores internos que son complementarios a una zona más pequeña que la amplificada en la primera (VMSP1/VMSP2 en Li *et al.*, 1994 y INT2f/INT2r en Mercado-Blanco *et al.*, 2002). En ambos casos los resultados se pueden visualizar en un gel de agarosa 2% teñido con algún agente intercalante y visualizable con UV u otro método (p. ej. bromuro de etidio). En ambos ejemplos se diagnostica la presencia de *V. dahliae* (Li *et al.*, 1994), diferenciando el patotipo D en Mercado-Blanco *et al.* (2002) existiendo la posibilidad también de detectar el patotipo ND (Mercado-Blanco *et al.*, 2003a).

Mercado-Blanco *et al.* (2003b) describen la monitorización del proceso de colonización de *V. dahliae* en olivo mediante RT-PCR, utilizándola como una herramienta útil para evaluar la reacción entre distintas variedades de olivo y los diferentes patotipos del hongo. La cantidad de biomasa medida por RT-PCR del hongo en la planta correlaciona con el nivel de susceptibilidad a la infección en arbequina, picual y acebuche-L.

En conclusión, PCR y RT-PCR son excelentes técnicas para la diagnosis y cuantificación del patógeno, así como para su monitorización en los procesos de infección; según Morera *et al.* (2005) supone una mejora sobre los métodos de aislamiento en cultivo, aunque sigue siendo importante para la obtención de resultados concluyentes tener en cuenta el momento de la toma de la muestra y los síntomas presentes.

Bibliografía

Alagna, F., Kallenbach, M., Pompa, A., De Marchis, F., Rao, R., Baldwin, I. T., Bonaventure, G. y Baldoni, L. (2016): "Olive fruits infested with olive fly larvae respond with an ethylene burst and the emission of specific volatiles". *Journal of Integrative Plant Biology,* 58, 413-425.

Alves-Carvalho, S., Aubert, G., Carrère, S., Cruaud, C., Brochot, A. L., Jacquin, F., Klein, A., Martin, C., Boucherot, K. y Kreplak, J, da Silva, C., Moreau, S., Gamas, P., Wincker, P., Gouzy, J. y Burstin, J. (2015): "Full-length de novo assembly of RNA-seq data in pea (*Pisum sativum* L.) provides a gene expression atlas and gives insights into root nodulation in this species". *The Plant Journal*, 84, 1-19.

Aragüés, R., Guillén, M. y Royo, A. (2010): "Five-year growth and yield response of two young olive cultivars (*Olea europaea* L., cvs. Arbequina and Empeltre) to soil salinity". *Plant Soil*, 334, 423-432.

Aragüés, R., Puy, J., e Isidoro, D. (2004): "Vegetative growth response of young olive trees (*Olea europaea* L., cv. Arbequina) to soil salinity and water logging". *Plant Soil*, 258, 69-80.

Arias-Calderón, R., Rodríguez-Jurado, D., León, L., Bejarano-Alcázar, J., De la Rosa, R. y Belaj, A. (2015b): "Pre-breeding for resistance to Verticillium wilt in olive: Fishing in the wild relative gene pool". *Crop Protection*, 75, 25-33.

Arias-Calderón, R., León, L., Bejarano-Alcázar, J., Belaj, A., De la Rosa, R. y Rodríguez-Jurado, D. (2015a): "Resistance to Verticillium wilt in olive progenies from open-pollination". *Scientia Horticulturae*, 185, 34-42.

Bae, J., Halterman, D. y Jansky, S. (2008): "Development of a molecular marker associated with Verticillium wilt resistance in diploid interspecific potato hybrids". *Molecular Breeding*, 22, 61-69.

Báidez, A. G., Gómez, P., Del Río, J. A. y Ortuño, A. (2007): "Dysfunctionality of the xylem in *Olea europaea* L. plants associated with the infection process by *Verticillium dahliae* Kleb. Role of phenolic compounds in plant defense mechanism". *Journal of Agricultural and Food Chemistry*, 55, 3373-3377.

Barbara, D. J. y Clewes, E. (2003): "Plant pathogenic *Verticillium* species: how many of them are there?". *Molecular Plant Pathology*, 4, 297-305.

Bejarano-Alcázar, J., Blanco-López, M. A., Melero-Vara, J. M. y Jiménez-Díaz, R. M. (1996): "Etiology, importance, and distribution of Verticillium wilt of cotton in southern Spain". *Plant Disease*, 80, 1233-1238.

Bell, A. A. (1992): *Verticillium wilt*. Wallingford, UK: CABI publishing.

Bellahcene, M., Assigbetsé, K., Fortas, Z., Geiger, J. P., Nicole, M. y Fernández, D. (2005): "Genetic diversity of *Verticillium dahliae* isolates from olive trees in Algeria". *Phytopathologia Mediterranea*, 44, 266-274.

Bellahcene, M., Fortas, Z., Geiger, J. P., Matallah, A. y Henni, D. (2000): "Verticillium wilt in olive in Algeria: geographical distribution and extent of the disease". *Olivae*, 82, 41-43.

Bhat, R. G. y Subbarao, K. V. (1999): "Host range specificity in *Verticillium dahliae*", *Phytopathology*, 89, 1218-1225.

Birem, F., Alcántara, E., Blanco-López, M. A. y López-Escudero, F. J. (2009): "Physiologycal differences expressed by susceptible and resistant olive cultivars inoculated with *Verticillium dahliae*". 10th International Verticillium Symposium, Book of Abstracts, Corfu Island, Hellas, pp. 71.

Blanco-López, M. A., Jiménez-Díaz, R. M. y Caballero, J. M. (1984): "Symptomatology, incidence and distribution of Verticillium wilt of olive trees in Andalucía". *Phytopathologia Mediterranea*, 23, 1-8.

Blanco-López, M. A., Rodríguez-Jurado, D. y Jiménez-Díaz, R. M. (1989): *Current status of Verticillium wilt of cotton in southern Spain: Pathogen variation and population in soil*. Berlín: NATO ASI Series, Springer-Verlag.

Bubici, G. y Cirulli, M. (2012): "Control of Verticillium wilt of olive by resistant rootstocks". *Plant and soil,* 352, 363-376.

Bubici, G. y Cirulli, M. (2014): "Natural recovery from Verticillium wilt in olive: can it be exploited in a control strategy?". *Plant and soil,* 381, 85-94.

Caballero, J. M. y Del Río, C. (2008): *Métodos de multiplicación*. Madrid: Junta de Andalucía y Ediciones Mundi-Prensa.

Calderón, R., Lucena, C., Trapero-Casas, J. L., Zarco-Tejada, P. J. y Navas-Cortés, J. A. (2014): "Soil temperature determines the reaction of olive cultivars to *Verticillium dahliae* pathotypes". *PLoS One*, 9(10): e110664.

Carmona, R., Zafra, A., Seoane, P., Castro, A. J., Guerrero-Fernández, D., Castillo-Castillo, T., Medina-García, A., Cánovas, F. M., Aldana-Montes, J. F., Navas-Delgado, I., Alché, J. D. y Claros, M. G. (2015): "ReprOlive: a database with linked data for the olive tree (*Olea europaea* L.) reproductive transcriptome". *Frontiers in Plant Science, 11, 625*.

Chatzistathis, T., Orfanoudakis, M., Alifragis, D. y Therios, I. (2013): "Colonization of Greek olive cultivars' root system by arbuscular mycorrhiza fungus: root morphology, growth, and mineral nutrition of olive plants". *Scientia Agricola,* 70, 185-194.

Chen, W. (1994): "Vegetative compatibility groups of *Verticillium dahliae* from ornamental woody plants". *Phytopathology*, 84, 214-219.

Chen, J., Huang, J., Li, N., Ma, X., Wang, J. W., Liu, C. M., Liu, Y., Liang, Y., Bao, Y. y Dai, X. (2015): "Genome-wide analysis of the gene families of resistance gene analogues in cotton and their response to Verticillium wilt". *BMC Plant Biology*, 15, 148.

Cherrab, M., Bennani, A., Charest, P. M. y Serrhini, M. N. (2002): "Pathogenicity and vegetative compatibility of *Verticillium dahliae* Kleb. isolates from olive in Morocco". *Journal of Phytopathology*, 150, 703-709.

Cherrab, M., Serrhini, M. N. y Charest, P. M. (2000): "Characterization of Moroccan isolates of *Verticillium dahliae* Kleb. using RAPD markers". *Journal of Phytopathology*, 148, 243-249.

Collado-Romero, M., Jiménez-Díaz, R. M. y Mercado-Blanco, J. (2010): "DNA sequence analysis of conserved genes reveals hybridization events that increase genetic diversity in *Verticillium dahliae*". *Fungal Biology*, 114, 209-218.

Collado-Romero, M., Mercado-Blanco, J., Olivares-García, C., Valverde-Corredor, A. y Jiménez-Díaz, R. M. (2006): "Molecular variability within and among *Verticillium dahliae* vegetative compatibility groups determined by fluorescent amplified fragment length polymorphism and polymerase chain reaction markers". *Phytopathology*, 96, 485-495.

Collado-Romero, M., Mercado-Blanco, J., Olivares-García, C. y Jiménez-Díaz, R. M. (2008): "Phylogenetic analysis of *Verticillium dahliae* vegetative compatibility groups". *Phytopathology*, 98, 1019-1028.

Corrado, G., Garonna, A., Gómez-Lama Cabanás, C., Gregoriou, M., Martelli, G. P., Mathiopoulos, K. D., Mercado-Blanco, J., Saponari, M., Tsoumani K. T. y Rao, R. (2016): "Host Response to Biotic Stresses". *The Olive Tree Genome*, Springer, 75-98.

Corrado, G., Alagna, F., Rocco, M., Renzone, G., Varricchio, P., Coppola, V., Coppola, M., Garonna, A., Baldoni, L., Scaloni, A. y Rao, R. (2012): "Molecular interactions between the olive and the fruit fly *Bactrocera oleae.*" *BMC Plant Biology,* 12, 86.

Daayf, F., Nicole, M. y Geiger, J. (1995): "Differentiation of *Verticillium dahliae* populations on the basis of vegetative compatibility and pathogenicity on cotton". *European Journal of Plant Pathology*, 101, 69-79.

Daayf, F. (2015): "Verticillium wilts in crop plants: Pathogen invasion and host defence responses". *Canadian Journal of Plant Pathology,* 37, 8-20.

Daayf, F., Nicole, M., Boher, B., Pando, A. y Geiger, J. P. (1997): "Early vascular defense reactions of cotton roots infected with a defoliating mutant strain of *Verticillium dahliae.*" *European Journal of Plant Pathology*, 103, 125-136.

de Jonge, R., van Esse, H. P., Maruthachalam, K., Bolton, M. D., Santhanam, P., Saber, M. K., Zhang, Z., Usami, T., Lievens, B., Subbarao, K. V. y Thomma, B. P. (2012): "Tomato immune receptor Ve1 recognizes effector of multiple fungal pathogens uncovered by genome and RNA sequencing". *Proc Natl Acad Sci U S A*, 109, 5110-5115.

Derksen, H., Badawi, M., Henriquez, M. A., Yao, Z., El-Bebany, A. F. y Daayf, F. (2013a): "Differential Expression of Potato Defence Genes Associated with the Salicylic Acid Defence Signalling Pathway in Response to Weakly and Highly Aggressive Isolates of *Verticillium dahliae*". *Journal of Phytopathology*, 161, 142-153.

Derksen, H., Rampitsch, C. y Daayf, F. (2013b): "Signaling cross-talk in plant disease resistance". *Plant Science,* 207, 79-87.

Dervis, S., Kurt, S., Soylu, S., Erten, L., Soylu, E. M., Yildiz, M. y Tok, F. M. (2008): "Vegetative compatibility groups of *Verticillium dahliae* from cotton in the south-eastern Anatolia region of Turkey". *Phytoparasitica*, 36, 74-83.

Dervis, S., Mercado-Blanco, J., Erten, L., Valverde-Corredor, A. y Pérez-Artés, E. (2010): "Verticillium wilt of olive in Turkey: a survey on disease importance, pathogen diversity and susceptibility of relevant olive cultivars". *European Journal of Plant Pathology*, 127, 287-301.

Dixon, G. R. y Pegg, G. F. (1969): "Hyphal lysis and tylose formation in tomato cultivars infected by *Verticillium albo-atrum*". *Transactions of the British Mycological Society* 53, 109-118.

Dobinson, K. F., Patterson, N. A., White, G. J. y Grant, S. (1998): "DNA fingerprinting and vegetative compatibility analysis indicate multiple origins for *Verticillium dahliae* race 2 tomato isolates from Ontario, Canada". *Mycological Research*, 102, 1089-1095.

Donaire, L., Pedrola, L., de la Rosa, R. y Llave, C. (2011): "High-throughput sequencing of RNA silencing-associated small RNAs in olive (*Olea europaea* L.)". *PLoS One*, 6(11): e27916.

Douhan, L. I. y Johnson, D. A. (2001): "Vegetative compatibility and pathogenicity of *Verticillium dahliae* from spearmint and peppermint". *Plant Disease*, 85, 297-302.

Duncan, D. R. y Himelick, E. B. (1988): "Conidial production of *Verticillium dahliae* as influenced by a negative pressure potential". *Canadian Journal of Botany*. 66, 67-71.

Dung, J. K. S., Peever, T. L. y Johnson, D. A. (2013): "*Verticillium dahliae* populations from mint and potato are genetically divergent with predominant haplotypes". *Phytopathology*, 103, 445-459.

Duressa, D., Anchieta, A., Chen, D. M., Klimes, A., Garcia-Pedrajas, M. D., Dobinson, K. F. y Klosterman, S. J. (2013): "RNA-seq analyses of gene expression in the microsclerotia of *Verticillium dahliae*". *BMC Genomics*, 14, 607.

Elena, K. (1999): "Genetic relationships among *Verticillium dahliae* isolates from cotton in Greece based on vegetative compatibility". *European Journal of Plant Pathology*, 105, 609-616.

Erten, L. y Yıldız, M. (2011): "Screening for resistance of Turkish olive cultivars and clonal rootstocks to Verticillium wilt". *Phytoparasitica*, 39, 83-92.

Faino, L., de Jonge, R. y Thomma, B. P. H. J. (2012): "The transcriptome of *Verticillium dahliae*-infected *Nicotiana benthamiana* determined by deep RNA sequencing". *Plant Signaling & Behavior*, 7, 1065-1069.

Fradin, E. F. y Thomma, B. P. H. J. (2006): "Physiology and molecular aspects of Verticillium wilt diseases caused by *V. dahliae* and *V. alboatrum*". *Molecular Plant Pathology*, 7, 71-86.

Fradin, E. F., Zhang, Z., Ayala, J. C. J., Castroverde, C. D. M., Nazar, R. N., Robb, J., Liu, C. M. y Thomma, B. P. H. J. (2009): "Genetic dissection of Verticillium wilt resistance mediated by tomato *Ve1*". *Plant Physiology*, 150, 320-332.

García-López, M. C., Vidoy, I., Jiménez-Ruiz, J., Muñoz-Mérida, A., Fernández-Ocaña, A., de la Rosa, R., Barroso, J. B., Navarro, F., Trelles, O., Beuzón, C. R., Barceló, A., Valpuesta, V. y Luque, F. (2014): "Genetic changes involved in the juvenile-to-adult transition in the shoot apex of *Olea europaea* L. occur years before the first flowering". *Tree Genetics & Genomes*, 10, 585-603.

García-Ruiz, G. M., Trapero, C., Varo-Suarez, Á., Trapero, A. y López-Escudero, F. J. (2015): "Identifying resistance to Verticillium wilt in local Spanish olive cultivars". *Phytopathologia Mediterranea*, 54, 453-460.

Gayoso, C., Pomar, F., Novo-Uzal, E., Merino, F. y de Ilárduya, O. M. (2010): "The *Ve*-mediated resistance response of the tomato to *Verticillium dahliae* involves H_2O_2, peroxidase and lignins and drives PAL gene expression". *BMC Plant Biology*, 10, 232.

Gharbi, Y., Alkher, H., Triki, M. A., Barkallah, M., Emna, B., Trabelsi, R., Fendri, I., Gdoura, R. y Daayf, F. (2015a): "Comparative expression of genes controlling cell wall-degrading enzymes in *Verticillium dahliae* isolates from olive, potato and sunflower". *Physiological and Molecular Plant Pathology*, 91, 56-65.

Gharbi, Y., Triki, M. A., Trabelsi, R., Fendri, I., Daayf, F. y Gdoura, R. (2015b): "Genetic structure of *Verticillium dahliae* isolates infecting olive trees in Tunisia using AFLP, pathogenicity and PCR markers". *Plant Pathology*, 64, 871-879.

Gharbi, Y., Barkallah, M., Bouazizi, E., Gdoura, R. y Triki, M. A. (2017): "Differential biochemical and physiological responses of two olive cultivars differing by their susceptibility to the hemibiotrophic pathogen *Verticillium dahliae*". *Physiological and Molecular Plant Pathology*, 97, 30-39.

Giampetruzzi, A., Morelli, M., Saponari, M., Loconsole, G., Chiumenti, M., Boscia, D., Savino, V. N., Martelli, G. P. y Saldarelli, P. (2016): "Transcriptome profiling of two olive cultivars in response to infection by the CoDiRO strain of *Xylella fastidiosa* subsp. *pauca*". *BMC Genomics*, 17, 475.

Gómez-Lama Cabanás, C., Schilirò, E., Valverde-Corredor, A. y Mercado-Blanco, J. (2014): "The biocontrol endophytic bacterium *Pseudomonas fluorescens* PICF7 induces systemic defense responses in aerial tissues upon colonization of olive roots". *Frontiers in Microbiology*, 5, 427.

Gómez-Lama Cabanás, C., Schilirò, E., Valverde-Corredor, A. y Mercado-Blanco, J. (2015): "Systemic responses in a tolerant olive (*Olea europaea* L.) cultivar upon root colonization by the vascular pathogen *Verticillium dahliae*". *Frontiers in Microbiology*, 6, 928.

Goyer, A., Hamlin, L., Crosslin, J. M., Buchanan, A. y Chang, J. H. (2015): "RNA-Seq analysis of resistant and susceptible potato varieties during the early stages of potato virus Y infection". *BMC Genomics*, 16, 472.

Hamid, R., Khan, M. A., Ahmad, M., Ahmad, M. M., Abdin, M. Z., Musarrat, J. y Javed, S. (2013): "Chitinases: an update". *Journal of Pharmacy & Bioallied Sciences*, 5, 21-29.

Hammerschmidt, R. (1999): "Phytoalexins: what have we learned after 60 years?". *Annual Review of Phytopathology*, 37, 285-306.

Hiemstra, J. A. y Harris, D. C. (1998): *A compendium of Verticillium wilts in tree species.* Wageningen: Ponsen & Looijen.

Hiemstra, J. A. y Rataj-Guranowska, M. (2003): "Vegetative compatibility groups in *Verticillium dahliae* isolates from the Netherlands as compared to VCG diversity in Europe and the USA". *European Journal of Plant Pathology*, 109, 827-839.

Hu, X-P., Gurung, S., Short, D. P. G., Sandoya, G. V., Shang, W-J., Hayes, R. J., Davis, R. M. y Subbarao, K. V. (2015): "Nondefoliating and defoliating strains from cotton correlate with races 1 and 2 of *Verticillium dahliae*". *Plant Disease*, 99, 1713-1720.

Hu, D., Wang, C., Tao, F., Cui, Q., Xu, X., Shang, W. y Hu, X. (2014): "Whole genome wide expression profiles on germination of *Verticillium dahliae* microsclerotia". *PLoS One*, 9(6): e100046.

Hübner, S., Korol, A. B. y Schmid, K. J. (2015): "RNA-Seq analysis identifies genes associated with differential reproductive success under drought-stress in accessions of wild barley *Hordeum spontaneum*". *BMC Plant Biology*, 15, 134.

Ioannou, N., Scheneider, R. W. y Grogan, R. G. (1977): "Effect of oxygen, carbon dioxide and ethylene on growth, sporulation and production of microsclerotia by *Verticillium dahliae*". *Phytopathology*, 67, 645-650.

Jiménez-Díaz, R. M., Cirulli, M., Bubici, G., Jiménez-Gasco, M. M., Antoniou, P. P. y Tjamos, E. C. (2012): "Verticillium wilt: a major threat to olive production: current status and future prospects for its management". *Plant Disease*, 96, 304-329.

Jiménez-Díaz, R. M., Mercado-Blanco, J., Olivares-García, C. y Armengol, J. (2006): "Genetic and virulence diversity in *Verticillium dahliae* populations infecting artichoke in eastern-central Spain". *Phytopathology*, 96, 288-298.

Jiménez-Díaz, R. M., Olivares-García, C., Trapero-Casas, J. L., Jiménez-Gasco, M. M., Navas-Cortés, J. A., Landa, B. B. y Milgroom, M. G. (2017): "Variation of pathotypes and races and their correlations with clonal lineages in *Verticillium dahliae*". *Plant Pathology,* 66, 651-666.

Jiménez-Díaz, R. M., Tjamos, E. C. y Cirulli, M. (1998): *Verticillium wilt of major tree hosts. Olive*. Wageningen: Ponsen and Looijen.

Jiménez-Díaz, R. M., Trapero, J. L., Boned, J., Landa, B. B. y Navas, J. A. (2009): "Avances en el control biológico de la Verticilosis del olivo". *Vida Rural*, 296, 50-58.

Jiménez-Gasco, M. M., Malcolm, G. M., Berbegal, M., Armengol, J. y Jiménez-Díaz, R. M. (2014): "Complex molecular relationship between vegetative compatibility groups (VCGs) in *Verticillium dahliae*: VCGs do not always align with clonal lineages". *Phytopathology*, 104, 650-659.

Jiménez-Ruiz, J., García-López, M. C., Vidoy, I., Leyva-Pérez, M. O., Fernández-Ocaña, A., Barroso, J. B., Barceló, A., Beuzón, C. R., de la Rosa, R. y Luque, F. (2015): "Transcriptional analysis of adult cutting and juvenile seedling olive roots". *Tree Genetics & Genomes*, 11, 1-12.

Jiménez-Ruiz, J., Leyva-Pérez, M. O., Schilirò, E., Barroso, J. B., Bombarely, A., Mueller, L. A., Mercado-Blanco, J. y Luque, F. (2017): "Transcriptomic analysis of *Olea europaea* L. roots during the *Verticillium dahliae* early infection process". *The Plant Genome*, 10, 1-15.

Joaquim, T. R. y Rowe, R. C. (1990): "Reassessment of vegetative compatibility relationships among strains of *Verticillium dahliae* using nitrate-non-utilizing mutant". *Phytopathology*, 80, 1160-1166.

Joaquim, T. R. y Rowe, R. C. (1991): "Vegetative compatibility and virulence of strains of *Verticillium dahliae* from soil and potato plants". *Phytopathology*, 81, 552-558.

Jung, J. K. H. y McCouch, S. (2013): "Getting to the roots of it: genetic and hormonal control of root architecture". *Frontiers in Plant Science*, 4, 186.

Katan, T. (2000): *Vegetative compatibility in populations of Verticillium–An overview.* St Paul, MN, USA: APS Press.

Kawchuk, L. M., Hachey, J., Lynch, D. R., Kulcsar, F., van Rooijen, G., Waterer, D. R., Robertson, A., Kokko, E., Byers, R., Howard, R. J., Fischer, R. y Prüfer, D. (2001): "Tomato *Ve* disease resistance genes encode cell surface-like receptors". *Proc Natl Acad Sci U S A,* 98, 6511-6515.

Kaya, H. B., Cetin, O., Kaya, H., Sahin, M., Sefer, F., Kahraman, A. y Tanyolac, B. (2013): "SNP discovery by illumina-based transcriptome sequencing of the olive and the genetic characterization of Turkish olive genotypes revealed by AFLP, SSR and SNP markers". *PloS One*, 8(9): e73674.

Keykhasaber, M., Thomma, B. P. H. J. y Hiemstra, J. A. (2018): "Verticillium wilt caused by *Verticillium dahliae* in woody plants with emphasis on olive and shade trees". *European Journal of Plant Pathology*, 150, 21-37.

Klosterman, S. J., Atallah, Z. K., Vallad, G. E. y Subbarao, K. V. (2009): "Diversity, pathogenicity and management of *Verticillium* species". *Annual Review of Phytopathology*, 47, 39-62.

Korolev, N., Katan, J. y Katan, T. (2000): "Vegetative compatibility groups of *Verticillium dahliae* in Israel: their distribution and association with pathogenicity". *Phytopathology*, 90, 529-566.

Korolev, N., Pérez-Artés, E., Bejarano-Alcázar, J., Rodríguez-Jurado, D., Katan, J., Katan, T. y Jiménez-Díaz, R. M. (2001): "Comparative study of genetic diversity and pathogenicity among populations of *Verticillium dahliae* from cotton in Spain and Israel". *European Journal of Plant Pathology*, 107, 443-456.

Korolev, N., Pérez-Artés, E., Mercado-Blanco, J., Bejarano-Alcázar, J., Rodríguez-Jurado, D., Jiménez-Díaz, R. M., Katan, T. y Katan, J. (2008): "Vegetative compatibility of cotton defoliating *Verticillium dahliae* in Israel and its pathogenicity to various hosts". *European Journal of Plant Pathology*, 122, 603-617.

Korolev, N. y Katan, T. (1997): "Improved medium for selecting nitrate nonutilizing (nit) mutants of *Verticillium dahliae*". *Phytopathology*, 87, 1067-1070.

Kwenda, S., Motlolometsi, T. V., Birch, P. R. J. y Moleleki, L. N. (2016): "RNA-seq Profiling Reveals Defense Responses in a Tolerant Potato Cultivar to Stem Infection by *Pectobacterium carotovorum* ssp. *brasiliense*". *Frontiers in Plant Science*, 7, 1905.

Lachquer, K. y Sedra, M. H. (2002): "Characterisation of *Verticillium dahliae* Kleb. isolates from *Olea europaea* using RAPD markers". *Phytopathologia Mediterranea*, 41, 170-178.

Larroque, M., Belmas, E., Martinez, T., Vergnes, S., Ladouce, N., Lafitte, C., Gaulin, E. y Dumas, B. (2013): "Pathogen-associated molecular pattern-triggered immunity and resistance to the root pathogen *Phytophthora parasitica* in *Arabidopsis*". *Journal of Experimental Botany*, 64, 3615-3625.

Leach, J. y Yoder, O. C. (1983): "Heterokaryon incompatibility in the plant pathogenic fungus, *Cochliobolus heterostrophus*". *Journal of Heredity*, 74, 149-152.

Leslie, J. F. (1990): *Genetic exchange within sexual and asexual populations of genus Fusarium*. St. Paul, Minesota: APS Press.

Levin, A. G., Lavee, S. y Tsror (Lahkim), L. (2003a): "Epidemiology of *Verticillium dahliae* on olive (cv. Picual) and its effect on yield under saline conditions". *Plant Pathology*, 52, 212-218.

Levin, A. G., Lavee, S. y Tsror (Lahkim), L. (2003b): "Epidemiology and effects of Verticillium wilt on yield of olive trees (cvs. Barnea and Souri) irrigated with saline water in Israel". *Phytoparasitica*, 31, 333-343.

Leyva-Pérez, M. O., Jiménez-Ruiz, J., Gómez-Lama Cabanás, C., Valverde-Corredor, A., Barroso, J. B., Luque, F. y Mercado-Blanco, J. (2018): "Tolerance of olive (*Olea europaea* L.) cv. Frantoio to *Verticillium dahliae* relies on both basal and pathogen induced differential transcriptomic responses". *New Phytologist*, 217, 671-686.

Leyva-Pérez, M. O., Valverde-Corredor, A., Valderrama, R., Jiménez-Ruiz, J., Muñoz-Merida, A., Trelles, O., Barroso, J. B., Mercado-Blanco, J. y Luque, F. (2015): "Early and delayed long-term transcriptional changes and short-term transient responses during cold acclimation in olive leaves". *DNA Research*, 22, 1-11.

Li, J., Wen, J., Lease, K. A., Doke, J. T., Tax, F. E. y Walker, J. C. (2002). "*BAK1*, an Arabidopsis LRR receptor-like protein kinase, interacts with *BRI1* and modulates brassinosteroid signaling". *Cell*, 110, 213-222.

Ligoxigakis, E. K. y Markakis, E. A. (2012): "Incidence and pathogenicity of races and isolates of *Verticillium dahliae* in Crete, southern Greece". *Phytoparasitica*, 40, 493-506.

López-Escudero, F. J., Martos-Moreno, C. y Blanco-López, M. A. (2003): *Análisis y significado epidemiológico de la población de Verticillium dahliae en el suelo*. Córdoba: Servicio de publicaciones de la Universidad de Córdoba.

López-Escudero, F. J., Mercado-Blanco, J., Roca, J. M., Valverde-Corredor, A. y Blanco-López, M. A. (2010): "Verticillium wilt of olive in the Guadalquivir Valley (southern Spain): relations with some agronomical factors and spread of *Verticillium dahliae*". *Phytopathologia Mediterranea*, 49, 370-380.

López-Escudero, F. J., Roca, J. M., Valverde-Corredor, A. y Mercado-Blanco, J. (2011): "Correlation between virulence and morphological characteristics of microsclerotia of *Verticillium dahliae* isolates infecting olive". *Journal of Phytopathology*, 160, 431-433.

López-Escudero, F. J. y Blanco-López, M. A. (2001): "Effect of a single or double soil solarization to control Verticillium wilt in established olive orchards in Spain". *Plant Disease*, 85, 489-496.

López-Escudero, F. J. y Mercado-Blanco, J. (2011): "Verticillium wilt of olive: A case study to implement an integrated strategy to control a soil-borne pathogen". *Plant Soil*, 344, 1-50.

López-Escudero, F. J., Del Rio, C., Caballero, J. M. y Blanco-López, M. A. (2004): "Evaluation of olive cultivars for resistance to *Verticillium dahliae*". *European Journal of Plant Pathology*, 110, 79-85.

López-Escudero, F. J., Blanco-López, M. A., Rincón, C. D. R. y Reig, J. M. C. (2007): "Response of olive cultivars to stem puncture inoculation with a defoliating pathotype of *Verticillium dahliae*". *HortScience*, 42, 294-298.

Lynch, D. R., Kawchuk, L. M., Hachey, J., Bains, P. S. y Howard, R. J. (1997): "Identification of a gene conferring high levels of resistance to Verticillium wilt in *Solanum chacoense*". *Plant Disease*, 81, 1011-1014.

Markakis, E. A., Tjamos, S. E., Antoniou, P. P., Paplomatas, E. J. y Tjamos, E. C. (2009): "Symptom development, pathogen isolation and Real Time QPCR quantification as factors for evaluating the resistance of olive cultivars to *Verticillium* pathotypes". *European Journal of Plant Pathology,* 124, 603-611.

Markakis, E. A., Tjamos, S. E., Antoniou, P. P., Roussos, P. A., Paplomatas, E. J. y Tjamos, E. C. (2010): "Phenolic responses of resistant and susceptible olive cultivars induced by defoliating and nondefoliating *Verticillium dahliae* pathotypes". *Plant Disease*, 94, 1156-1162.

Martin, L. B. B., Fei, Z., Giovannoni, J. J. y Rose, J. K. C. (2013): "Catalyzing plant science research with RNA-seq". *Frontiers in Plant Science*, 4, 66.

Martos-Moreno, C., López-Escudero, F. J. y Blanco-López, M. A. (2006): "Resistance of olive cultivars to the defoliating pathotype of *Verticillium dahliae*". *HortScience*, 41, 1313-1316.

Maruthachalam, K., Atallah, Z. K., Vallad, G. E., Klostermanm S. J., Hayes, R. J., Davis, R. M. y Subbarao, K. V. (2010): "Molecular variation among isolates of *Verticillium dahliae* and polymerase chain reaction-based differentiation of races". *Phytopathology*, 100, 1222-1230.

Mata-Pérez, C., Sánchez-Calvo, B., Begara-Morales, J. C., Luque, F., Jiménez-Ruiz, J., Padilla, M. N., Fierro-Risco, J., Valderrama, R., Fernández-Ocaña A. y Corpas, F. J. (2015): "Transcriptomic profiling of linolenic acid-responsive genes in ROS signaling from RNA-seq data in *Arabidopsis*". *Frontiers in plant science*, 6, 122.

Mathivanan, N., Kabilan, V. y Murugesan, K. (1998): "Purification, characterization, and antifungal activity of chitinase from *Fusarium chlamydosporum*, a mycoparasiteto groundnut rust, *Puccinia arachidis*". *Canadian Journal of Microbiology*, 44, 646-651.

Matic, S., Bagnaresi, P., Biselli, C., Carneiro, G. A., Siciliano, I., Valé, G., Gullino, M. L. y Spadaro, D. (2016): "Comparative transcriptome profiling of resistant and susceptible rice genotypes in response to the seedborne pathogen *Fusarium fujikuroi*". *BMC Genomics*, 17, 608.

McDonald, B. A. y Linde, C. (2002): "Pathogen population genetics, evolutionary potential, and durable resistance". *Annual Review of Phytopathology*, 40, 349-379.

Mercado-Blanco, J., Rodríguez-Jurado, D., Pérez-Artés, E. y Jiménez-Díaz, R. M. (2001): "Detection of the nondefoliating pathotype of *Verticillium dahliae* in infected olive plants by nested PCR". *Plant Pathology*, 50, 609-619.

Mercado-Blanco, J., Rodríguez-Jurado, D., Pérez-Artés, E. y Jiménez-Díaz, R. M. (2002): "Detection of the defoliating pathotype of *Verticillium dahliae* in infected olive plants by nested PCR". *European Journal of Plant Pathology*, 108, 1-13.

Mercado-Blanco, J., Rodríguez-Jurado, D., Parrilla-Araujo, S. y Jiménez-Díaz, R. M. (2003a): "Simultaneous detection of the defoliating and nondefoliating *Verticillium dahliae* pathotypes in infected olive plants by duplex, nested polymerase chain reaction". *Plant Disease*, 87, 1487-1494.

Mercado-Blanco, J., Collado-Romero, M., Parrilla-Araujo, S., Rodríguez-Jurado, D. y Jiménez-Díaz, R. M. (2003b): "Quantitative monitoring of colonization of olive genotypes by *Verticillium dahliae* pathotypes with real-time polymerase chain reaction". *Physiological and Molecular Plant Pathology*, 63, 91-105.

Metzger, G. H. y Meins, F. (2000): *Functions and regulation of plant b-1, 3-glucanases, Pathogenesis Related proteins in plants*. Boca Raton, Florida: CRC Press.

Milgroom, M. G., Jiménez-Gasco, M. M., Olivares-García, C., Drott, M. T. y Jiménez-Díaz, R. M. (2014): "Recombination between clonal lineages of the asexual fungus *Verticillium dahliae* detected by genotyping by sequencing". *PLoS One*, 9(9): e106740.

Milgroom, M. G., Jiménez-Gasco, M. M., Olivares-García, C. y Jiménez-Díaz, R. M. (2016): "Clonal expansion and migration of a highly virulent, defoliating lineage of *Verticillium dahliae*". *Phytopathology*, 106, 1036-1046.

Montes, F., Páez, J. I., Vega, J. M. y Duhart, M. E. (1997): "Épocas de aislamiento de *Verticillium dahliae* Kleb en olivar en la provincia de Sevilla". *Boletín de Sanidad Vegetal Plagas,* 23, 439-447.

Morera, B., Páez, J. I., Vega, J. M. y Montes, F. (2005): "Comparación de métodos de diagnóstico de *Verticullium dahliae* en olivo: aislamiento en medio de cultivo y PCR". *Boletín de Sanidad Vegetal Plagas,* 31, 267-275.

Morton, A., Carder, J. H, y Barbara, D. J. (1995a): "Sequences of the internal transcribed spacers of the ribosomal RNA genes and relationships between isolates of *Verticillium alboatrum* and *V. dahliae*". *Plant Pathology*, 44, 183-190.

Morton, A., Tabrett, A. M., Carder, J. H. y Barbara, D. J. (1995b): "Subrepeat sequences in the ribosomal RNA intergenic regions of *Verticillium albo-atrum* and *V. dahliae*". *Mycological Research*, 99, 255-266.

Mueller, W. C. y Morgham, A. T. (1993): "Ultrastructure of the vascular responses of cotton to *Verticillium dahliae*". *Canadian Journal of Botany*, 71, 32-36.

Muñoz-Mérida, A., González-Plaza, J. J., Blanco, A. M., García-López, M. C., Rodríguez, J. M., Pedrola, L., Sicardo, M. D., Hernández, M. L., De la Rosa, R. y Belaj, A. (2013): "De Novo Assembly and Functional Annotation of the Olive (*Olea europaea*) Transcriptome". *DNA Research*, 20, 93-108.

Nam, K. H. y Li, J. (2002): "*BRI1/BAK1*, a receptor kinase pair mediating brassinosteroid signaling". *Cell*, 110, 203-212.

Navarro, C. y Parra, M. A. (2008): *Plantación*. Madrid: Junta de Andalucía and Ediciones Mundi-Prensa.

Navas-Cortés, J. A., Landa, B. B., Mercado-Blanco, J., Trapero-Casas, J. L., Rodríguez-Jurado, D. y Jiménez-Díaz, R. M. (2008): "Spatiotemporal analysis of spreads of infections by *Verticillium dahliae* pathotypes within a high tree-density olive orchard in Southern Spain". *Phytopathology*, 98, 167-180.

Nigro, F., Gallone, P., Romanazzi, G., Schena, L., Ippolito, A. y Salerno, M. G. (2005): "Incidence of Verticillium wilt on olive in Apulia and genetic diversity of *Verticillium dahliae* isolates from infected trees". *Journal of Plant Pathology*, 87, 13-23.

Nürnberger, T., Brunner, F., Kemmerling, B. y Piater, L. (2004): "Innate immunity in plants and animals: striking similarities and obvious differences". *Immunological Reviews*, 198, 249-266.

Nwanza, C. (2002): *Control de Verticillium dahliae en el suelo mediante la aplicación de residuos orgánicos*. Córdoba: Universidad de Córdoba.

Okubara, P. A. y Paulitz, T. C. (2005): "Root defense responses to fungal pathogens: a molecular perspective". *Plant and Soil*, 274, 1-2.

Pegg, G. F. y Brady, B. L. (2002): *Verticillium wilts*. Wallingford, UK: CABI publishing.

Pérez, B. A., Oriolani, E. J., Otero, M. L., Roca, M. M. E., Becerra, V., Brancher, N., Matías, C. A., Ladux, J. L., Arias, F. y Funes, C. (2010): "Sanitary status of olive (Olea europaea) in Argentina" 28th International Horticultural Congress (ISHS). Book of Abstracts (volume II) Symposia. Lisboa, Portugal, pp. 369.

Pérez-Magro, M. (2015): "El valor económico del aceite de oliva en España: El oro verde de la dieta mediterránea". Tesis de Grado, Universidad de Valladolid, España.

Pérez-Artés, E., García-Pedrajas, M. D., Bejarano-Alcázar, J. y Jiménez-Díaz, R. M. (2000): "Differentiation of cotton defoliating and nondefoliating pathotypes of *Verticillium dahliae* by RAPD and specific PCR analyses". *European Journal of Plant Pathology*, 106, 507-517.

Pérez-Jiménez, F., Ruano, J., Perez-Martínez, P., López-Segura, F. y López-Miranda, J. (2007): "The influence of olive oil on human health: not a question of fat alone". *Molecular Nutrition & Food Research*, 51, 1199-1208.

Postnikova, O. A., Hult, M., Shao, J., Skantar, A. y Nemchinov, L. G. (2015): "Transcriptome analysis of resistant and susceptible alfalfa cultivars infected with root-knot nematode *Meloidogyne incognita*". *PloS One*, 10(2): e0118269.

Pramateftaki, P. V., Antoniou, P. P. y Typas, M. A. (2000): "The complete DNA sequence of the nuclear ribosomal RNA gene complex of *Verticillium dahliae*: intraspecific heterogeneity within the intergenic spacer region". *Fungal Genetics and Biology*, 29, 19-27.

Prieto P., Navarro-Raya, C., Valverde-Corredor, A., Amyotte, S. G., Dobinson, K. F. y Mercado-Blanco, J. (2009): "Colonization process of olive tissues by *Verticillium dahliae* and its in planta interaction with the biocontrol root endophyte *Pseudomonas fluorescens* PICF7". *Microbial Biotechnology*, 2, 499-511.

Robb, J. (2007): "*Verticillium* tolerance: resistance, susceptibility, or mutualism?". *Botany*, 85, 903-910.

Rodríguez, E., García-Garrido, J. M., García, P. A. y Campos, M. (2009): "Large-scale epidemiological study and spatial patterns of Verticillium wilt in olive orchards in southern Spain". *Crop Protection*, 28, 46-52.

Rodríguez-Jurado, D. (1993): "Interacciones huésped-parásito en la marchitez del olivo (*Olea europaea* L.) inducida por *Verticillium dahliae* Kleb." Tesis, Universidad de Córdoba, España.

Ruggieri, G. (1946): "Una nuova malattia dell´olivo". *L'Italia Agricola*, 83, 369-372.

Sánchez-Hernández, M. E., Ruiz-Dávila, A., Pérez de Algaba, A., Blanco-López, M. A. y Trapero-Casas, A. (1998): "Occurrence and aetiology of death of young olive trees in southern Spain". *European Journal of Plant Pathology*, 104, 347-357.

Schnathorst, W. C. (1981): "Life cycle and epidemiology of Verticillium". En: *Fungal Wilt Diseases of Plants*. M. Mace (ed.), New York: Academic Press, pp. 81-111.

Sergeeva, V. y Spooner-Hart, R. (2009): "Olives diseases and disorders in Australia" 4th European Meeting of the IOBC working Group Integrated Protection of Olive Crops, Book of Abstracts, Córdoba, España, pp. 30.

Sesli, M., Onan, E., Oden, S., Yener, H. y Yegenoglu, E. D. (2010): "Resistance of olive cultivars to *Verticillium dahliae*". *Scientific Research and Essays*, 5, 1561-1565.

Shearman, J. R., Sangsrakru, D., Jomchai, N., Ruang-Areerate, P., Sonthirod, C., Naktang, C., Theerawattanasuk, K., Tragoonrung, S. y Tangphatsornruang, S. (2015): "SNP identification from RNA sequencing and linkage map construction of rubber tree for anchoring the draft genome". *PloS One*, 10(4): e0121961.

Shi, H., Liu, Z., Zhu, L., Zhang, C., Chen, Y., Zhou, Y., Li, F. y Li, X. (2012): "Overexpression of cotton *(Gossypium hirsutum) dirigent1* gene enhances lignification that blocks the spread of *Verticillium dahliae*". *Acta Biochimica et Biophysica Sinica*, 44, 555-564.

Short, D. P., Gurung, S., Maruthachalam, K., Atallah, Z. K. y Subbarao, K. V. (2014): "*Verticillium dahliae* race 2-specific PCR reveals a high frequency of race 2 strains in commercial spinach seed lots and delineates race structure". *Phytopathology*, 104, 779-785.

Sinclair, W. A., Lyon, H. H. y Johnson, W. T. (1987): *Diseases of trees and shrubs*. Ithaca y Londres. Comstock Publishing Associates, Cornell University Press.

Song, Y., Zhang, Z., Seidl, M. F., Majer, A., Jakse, J., Javornik, B. y Thomma, B. P. H. J. (2017): "Broad taxonomic characterization of Verticillium wilt resistance genes reveals an ancient origin of the tomato *Ve1* immune receptor". *Molecular Plant Pathology*, 18, 195-209.

Stergiopoulos, I. y de Wit, P. J. G. M. (2009): "Fungal effector proteins". *Annual review of phytopathology*, 47, 233-263.

Strausbaugh, C. A. (1993): "Assessment of vegetative compatibility and virulence of *Verticillium dahliae* isolates from Idaho potatoes and tester strains". *Phytopathology*, 83, 1253-1258.

Strausbaugh, C. A., Schroth, M. N., Weinhold, A. R. y Hancock, J. G. (1992): "Assessment of vegetative compatibility of *Verticillium dahliae* tester strains and isolates from California potatoes". *Phytopathology*, 82, 61-68.

Strickler, S. R., Bombarely, A. y Mueller, L. A. (2012): "Designing a transcriptome next-generation sequencing project for a nonmodel plant species". *American Journal of Botany*, 99, 257-266.

Subbarao, K. V., Chassot, A., Gordon, T. R., Hubbard, J. C., Bonello, P., Mullin, R., Okamoto, D., Davis, M. y Koike, S. T. (1995): "Genetic relationships and cross pathogenicities of *Verticillium dahliae* isolates from cauliflower and other crops". *Phytopathology*, 85, 1105-1112.

Sun, Q., Jiang, H., Zhu, X., Wang, W., He, X., Shi, Y., Yuan, Y., Du, X. y Cai, Y. (2013): "Analysis of sea-island cotton and upland cotton in response to *Verticillium dahliae* infection by RNA sequencing". *BMC Genomics*, 14, 852.

Tan, G., Liu, K., Kang, J., Xu, K., Zhang, Y., Hu, L., Zhang, J., Li, C. M. (2015): "Transcriptome analysis of the compatible interaction of tomato with *Verticillium dahliae* using RNA-sequencing". *Frontiers in Plant Science*, 6, 428.

Tantaoui, A., Lachqer, K. y Sedra, M. H. (2002): "Vegetative compatibility and pathogenicity of *Verticillium dahliae* isolates from olive (*Olea europea*)". *Phytopathologia Mediterranea*, 41, 19-27.

Thanassoulopoulos, C. C., Biris, D. A. y Tjamos, E. C. (1981): "Weed host as inoculum source of Verticillium in olive orchards". *Phytopathologia Mediterranea*, 20, 164-168.

Tjamos, E. C., Biris, D. A. y Paplomatas, E. J. (1991): "Recovery of olive trees from Verticillium wilt after individual application of soil solarisation in established olive orchards". *Plant Disease*, 75, 557-562.

Trapero, A., Roca, L. F., Moral, J., López-Escudero, F. J. y Blanco-López, M. A. (2009): "Enfermedades del olivo". *Phytoma*, 209, 18-24.

Trapero, C., Rallo, L., López-Escudero, F. J., Barranco, D. y Díez, C. M. (2015): "Variability and selection of Verticillium wilt resistant genotypes in cultivated olive and in the *Olea* genus". *Plant Pathology*, 64, 890-900.

Trapero, C., Serrano, N., Arquero, O., Del Río, C., Trapero, A. y López-Escudero F. J. (2013): "Field resistance to Verticillium wilt in selected olive cultivars grown in two naturally infested soils". *Plant Disease*, 97, 668-674.

Tsror, L. (2011): "Epidemiology and control of Verticillium wilt on olive". *Israel Journal of Plant Sciences*, 59, 59-69.

Typas, J. (2000): "Molecular characterization of *Verticillium* species". En: *Advances in Verticillium: research and disease management*. E. C. Tjamos, R. C. Rowe, J. B. Heale, D. R. Fravel (eds.), St Paul, Minnesota: APS Press, pp. 109-111.

Vargas-Machuca, R., Martin, C. y Galindez, W. (1987): "Recovery of *Verticillium dahliae* from weed plants in farmers' fields in Peru". *Plant Disease*, 71, 756-758.

Volossiouk, T., Robb, E. J. y Nazar, R. N. (1995): "Direct DNA extraction for PCR-mediated assays of soil organisms". *Applied and Environmental Microbiology*, 61, 3972-3976.

Wachsman, G., Sparks, E. E. y Benfey, P. N. (2015): "Genes and networks regulating root anatomy and architecture". *New Phytologist*, 208, 26-38.

Wang, Z., Gerstein, M. y Snyder, M. (2009): "RNA-Seq: a revolutionary tool for transcriptomics". *Nature Reviews Genetics*, 10, 57-63.

Warren, R. L., Keeling, C. I., Yuen, M. M. S., Raymond, A., Taylor, G. A., Vandervalk, B. P., Mohamadi, H., Paulino, D., Chiu, R. y Jackman, S. D. (2015): "Improved white spruce (*Picea glauca*) genome assemblies and annotation of large gene families of conifer terpenoid and phenolic defense metabolism". *The Plant Journal*, 83, 189-212.

Wilhelm, S. (1955): "Longevity of the Verticillium wilt fungus in the laboratory and field". *Phytopathology*, 45, 180-181.

Xie, Y., Wu, G., Tang, J., Luo, R., Patterson, J., Liu, S., Huang, W., He, G., Gu, S. y Li, S. (2014): "SOAPdenovo-Trans: De novo transcriptome assembly with short RNA-Seq reads". *Bioinformatics*, 30, 1660-1666.

Xiong, D., Wang, Y., Ma, J., Klosterman, S. J., Xiao, S. y Tian, C. (2014): "Deep mRNA sequencing reveals stage-specific transcriptome alterations during microsclerotia development in the smoke tree vascular wilt pathogen, *Verticillium dahliae*". *BMC Genomics*, 15, 324.

Xiong, D., Wang, Y., Tian, L. y Tian, C. (2016): "MADS-Box transcription factor *VdMcm1* regulates conidiation, microsclerotia formation, pathogenicity, and secondary metabolism of *Verticillium dahliae*". *Frontiers in Microbiology*, 7, 1192.

Xu, L., Zhu, L., Tu, L., Liu, L., Yuan, D., Jin, L., Long, L. y Zhang, X. Z. (2011): "Lignin metabolism has a central role in the resistance of cotton to the wilt fungus *Verticillium dahliae* as revealed by RNA-Seq-dependent transcriptional analysis and histochemistry". *Journal of Experimental Botany*, 62, 5607-5621.

Yadeta, K. A. y Thomma, B. P. (2013): "The xylem as battleground for plant hosts and vascular wilt pathogens". *Frontiers in Plant Science*, 4, 97.

Yanik, H., Turktas, M., Dundar, E., Hernández, P., Dorado, G. y Unver, T. (2013): "Genome-wide identification of alternate bearing-associated microRNAs (miRNAs) in olive (*Olea europaea* L.)". *BMC Plant Biology*, 13, 10.

Yildiz, A., Dogan, M. N., Boz, Ö. y Benlioglu, S. (2009): "Weed host of *Verticillium dahliae* in cotton fields and characterization of *V. dahliae* isolates from weeds". *Phytoparasitica*, 37, 171-178.

Zhang, Y., Wang, X. F., Ding, Z. G., Ma, Q., Zhang, G. R., Zhang, S. L., Li, Z. K., Wu, L. Q., Zhang, G. Y. y Ma, Z. Y. (2013): "Transcriptome profiling of *Gossypium barbadense* inoculated with *Verticillium dahliae* provides a resource for cotton improvement". *BMC Genomic,* 14, 637.

Zhengjun, X., Achar, P. N. y Benkang, G. (1998): "Vegetative compatibility groupings of *Verticillium dahliae* from cotton in mainland China". *European Journal of Plant Pathology*, 104, 871-876.

Zhou, X., Bao, S., Liu, J. J. y Zhuang, Y. (2016): "De novo sequencing and analysis of the transcriptome of the wild eggplant species *Solanum aculeatissimum* in response to *Verticillium dahliae*". *Plant Molecular Biology Reporter*, 34, 1193-1203.

Zohary, D. y Spiegel-Roy, P. (1975): "Beginnings of fruit growing in the old world". Science, 187, 319-327.

Relación de autores

Mohamad Alzein, Departamento de Biología Experimental, Universidad de Jaén
Amelia E Aránega, Departamento de Biología Experimental, Universidad de Jaén
Juan B. Barroso, Grupo de Bioquímica y Señalización Celular en Óxido Nítrico, Departamento de Biología Experimental, Centro de Estudios Avanzados en Olivar y Aceite de Oliva, Universidad de Jaén
Juan C. Begara Morales, Grupo de Bioquímica y Señalización Celular en Óxido Nítrico, Departamento de Biología Experimental, Centro de Estudios Avanzados en Olivar y Aceite de Oliva, Universidad de Jaén
Santos Blanco Ruíz, Dpto. de Biología Experimental, Universidad de Jaén
Fernando Bonet, Departamento de Biología Experimental, Universidad de Jaén
Abel Cuevas-Bermúdez, Departamento de Biología Experimental, Universidad de Jaén
Mounira Chaki, Grupo de Bioquímica y Señalización Celular en Óxido Nítrico, Departamento de Biología Experimental, Centro de Estudios Avanzados en Olivar y Aceite de Oliva, Universidad de Jaén
Houria Daimi, Departamento de Biología Experimental, Universidad de Jaén
Leticia Díaz Beltrán, Departamento de Biología Experimental, Universidad de Jaén
Jorge N Domínguez, Departamento de Biología Experimental, Universidad de Jaén
Ángel Dueñas, Departamento de Biología Experimental, Universidad de Jaén
Francisco J. Esteban, Departamento de Biología Experimental, Universidad de Jaén
Almudena Expósito, Departamento de Biología Experimental, Universidad de Jaén
Diego Franco, Departamento de Biología Experimental, Universidad de Jaén
Carlos García-Padilla, Departamento de Biología Experimental, Universidad de Jaén
Ana I Garrido-Godino, Departamento de Biología Experimental, Universidad de Jaén
Carmen Gómez-Lama Cabanás, Instituto de Agricultura Sostenible, CSIC, Córdoba
Raquel Hernández Cobo, Dpto. de Biología Experimental, Universidad de Jaén
Francisco Hernández-Torres, Departamento de Biología Experimental, Universidad de Jaén
Jaime Jiménez Ruiz, Dpto. de Biología Experimental, Universidad de Jaén
Estefanía Lozano-Velasco, Departamento de Biología Experimental, Universidad de Jaén

Francisco Luque Vázquez, Dpto. de Biología Experimental, Universidad de Jaén
Esther Martínez-Lara, Dpto. de Biología Experimental, Universidad de Jaén
Capilla Mata-Pérez, Grupo de Bioquímica y Señalización Celular en Óxido Nítrico, Departamento de Biología Experimental, Centro de Estudios Avanzados en Olivar y Aceite de Oliva, Universidad de Jaén
María N. Padilla, Grupo de Bioquímica y Señalización Celular en Óxido Nítrico, Departamento de Biología Experimental, Centro de Estudios Avanzados en Olivar y Aceite de Oliva, Universidad de Jaén
Juan Ángel Pedrosa Raya, Dpto. de Biología Experimental, Universidad de Jaén
María Ángeles Peinado Herreros, Dpto. de Biología Experimental, Universidad de Jaén
Alma Rus Martínez, Dpto. Biología Celular, Universidad de Granada
Verónica Martínez-Fernández, Departamento de Biología Experimental, Universidad de Jaén
Jesús Mercado Blanco, Instituto de Agricultura Sostenible, CSIC, Córdoba
Francisco Javier Molina Ortega, Dpto. de Fisioterapia, Universidad de Jaén
María Luisa del Moral Leal, Dpto. de Biología Experimental, Universidad de Jaén
Francisco Navarro, Departamento de Biología Experimental, Universidad de Jaén
Beatriz Sánchez-Calvo, Grupo de Bioquímica y Señalización Celular en Óxido Nítrico, Departamento de Biología Experimental, Centro de Estudios Avanzados en Olivar y Aceite de Oliva, Universidad de Jaén
Eva Siles Rivas, Dpto. de Biología Experimental, Universidad de Jaén
Eva Vargas Liébanas, Departamento de Biología Experimental, Universidad de Jaén
Raquel Valderrama, Grupo de Bioquímica y Señalización Celular en Óxido Nítrico, Departamento de Biología Experimental, Centro de Estudios Avanzados en Olivar y Aceite de Oliva, Universidad de Jaén
José Manuel Vilches, Departamento de Biología Experimental, Universidad de Jaén

Producto Gráfico Andaluz Sostenible
eco-Aseigraf
Nº Reg.: 0005-06

FSC
www.fsc.org
MIXTO
Procedente de fuentes responsables
FSC® C127630